高等教育工科院校机械制图辅导教材

机械制图

分步画法及空间概念建立图解

主编　喻全雄　王　伟　李云平

参编　汪　学　郭松梅

主审　赵大兴

机 械 工 业 出 版 社

本书是机械工业出版社出版的《机械制图学习指导与习题分步详解》的姊妹篇，是编者40多年从事机械设计和机械制图教学工作的经验总结。本书紧紧抓住机械制图教学中已知两视图补画第三视图和建立空间概念这两大重点和难点，明确提出了机械制图分步画法和建立空间概念的图解法。书中对机械设计和制造中经常出现的42个结构实例的绘图进行了详细讲解。本书是帮助学生建立空间概念的一个创新和突破，形式及内容都很实用。每个例题都做了已知轴测图画三视图的方法及步骤图解、并给出已知两视图补画第三视图的自我练习。使读者能够参照图例练习，在看图与画图中学会逐渐建立空间概念。全书共分两部分：第一部分是已知轴测图画三视图，给出了42个典型结构轴测图实例；第二部分是已知两视图补画第三视图的练习题及标准答案，给出了15个典型结构练习题，目的是让学生熟练掌握前面的学习方法，完成自测练习。

本书是工科类本科院校及高职高专学生学习机械制图的指导书，也是机械制图教师讲授机械制图课程得力的教学助手，更是初入职场从事机械设计和制造的有关技术人员尽快上手的必备技术基础参考书。

图书在版编目（CIP）数据

机械制图分步画法及空间概念建立图解/喻全雄，王伟，李云平主编. —北京：机械工业出版社，2018.8（2025.6重印）
ISBN 978-7-111-60877-6

Ⅰ.①机… Ⅱ.①喻… ②王… ③李… Ⅲ.①机械制图 Ⅳ.①TH126

中国版本图书馆CIP数据核字（2018）第210309号

机械工业出版社（北京市百万庄大街22号 邮政编码100037）
策划编辑：何月秋 责任编辑：何月秋 王春雨 责任校对：刘雅娜
封面设计：马精明 责任印制：张 博
北京机工印刷厂有限公司印刷
2025年6月第1版第5次印刷
260mm×184mm · 11.25印张 · 267千字
标准书号：ISBN 978-7-111-60877-6
定价：39.00元

凡购本书，如有缺页、倒页、脱页，由本社发行部调换

电话服务	网络服务
服务咨询热线：010-88379833	机 工 官 网：www.cmpbook.com
读者购书热线：010-88379649	机 工 官 博：weibo.com/cmp1952
	教育服务网：www.cmpedu.com
封面无防伪标均为盗版	金 书 网：www.golden-book.com

前 言

学习尺规绘图的目的是建立空间概念并将其用于读图和计算机绘图，而读图和计算机绘图又是从产品设计到产品制造的一项必不可少的技能。在机械制图学习（包括计算机建模）中，不论是在校的初学者还是刚参加工作的职场新人，当需要用二维图样或用高端软件建模来表达三维形体时，在尺规绘图或用高端软件建模时往往会产生形体表达先后顺序的困惑。其实画图和建模如同写文章一样，写文章一是要开篇开得好，二是要条理清晰、文笔通顺。而画图（或三维建模）则要求一是要步骤分得清，二是要先后顺序合理。只有这样才能使复杂的组合体（或者称为零件）变得简单易画。可以这样认为：无论多复杂的组合体都是由若干基本体经过切割、叠加、开槽、打（钻）孔、起肋、圆角等一系列的工序，按照一定的先后顺序加工完成的，这个顺序相当重要。在尺规绘图中它决定组合体视图绘制的难易程度；在生产上这个顺序可以决定零件加工的成败；在高端绘图软件的使用上这个顺序更是建模顺利与否的根本所在。掌握了这个顺序，就可以有条不紊地完成绘图和计算机建模工作；掌握了这个顺序，学生由尺规绘图到计算机绘图的过渡就会变得自然而有趣；掌握了这个顺序，教师的课堂演板就会变得轻松；掌握了这个顺序，就相当于破解了已知两视图补画第三视图和建立空间概念这两大重点和难点的密码。

为彻底解决尺规绘图及高端软件建模的顺序问题，本书在机械工业出版社出版的《机械制图学习指导与习题分步详解》的基础上，应广大读者的要求以较大的篇幅详细地对“已知轴测图画三视图的步骤及顺序”做了更为详细的讲解，通过对本书的学习可以解决以下几个问题：

1. 学会分析组合体的结构及成型过程，明确按组合体的成型过程和顺序绘图，并通过观察轴测图的变化逐一对照视图的表达，逐步建立空间概念，提高对工步、工序的实际分析能力。

2. 对照轴测图的逐步变化，理解视图图线、线型和虚实的渐变过程，巩固读者机械制图的理论知识和对现行国家标准的理解。

3. 学习已知轴测图画三视图及已知两视图补画第三视图，用视图表达组合体是机件表达方法的基础，而机件的表达方法（如全剖视图、半剖视图、斜剖视图、局部剖视图、阶梯剖视图、旋转剖视图、断面图、局部放大图等）一定是建立在视图绘制（包括虚线）的正确表达基础上。

4. 学会将尺规绘图的方法与高端软件建模的方法统一起来，如：尺规绘图的俯视图与软件绘图的草绘平面 *XY* 相对应；尺规绘图的主视图与软件绘图的草绘平面 *XZ* 相对应；尺规绘图的左视图与软件绘图的草绘平面 *YZ* 相对应。尺规绘图的起始不但要首先确定主视图的方向，而且还要确定绘制零件中的哪一个基本体，然后再根据实际情况轮换着完成表达零件形状和尺寸的若干个视图。而用高端软件建模只需要不断确定在哪一个草绘平面上绘制草图，然后不断地转换到工作平台进行拉伸、切割、钻孔、开槽等一系列的操作后完成建模，这个建模过程也是按顺序逐步完成的，关键是要从组合体的结构中分解出有一定顺序的加工步骤，而本书中的作图顺序和高端软件建模的顺序完全相同。本书一方面可以在建立空间概念的同时使绘图由复杂变得简单，由枯燥变得有趣；另一方面可以实现尺规绘图与高端软件建模的无缝对接。

本书既是本科院校及高职高专工科类学生学习机械制图的指导书，也是机械制图教师讲授机械制图课程得力的教学助手，更是初入职场从事机械设计和制造的有关技术人员尽快上手的必备技术基础参考书。

本书由喻全雄、王伟、李云平主编，汪学、郭松梅参编，赵大兴主审。本书在编写过程中得到了湖北工业大学、武汉软件工程职业学院领导和教师们的大力支持和帮助，还得到了机械工业出版社编辑们的细心指导和帮助，在此一并表示感谢！尽管编者竭心尽力，但由于水平所限，难免有疏漏和错误之处，恳请广大读者不吝赐教，欢迎交流学习（编者 QQ920245995）。

编　者

本书学习方法

为使读者更快更好地了解并掌握分步画法的精髓及作者在讲述分步画法中所要表达的思想，特对本书的讲解和表达方法作如下说明：

1. 任何复杂的组合体都是由最初始状态（基本体或复合基本体）通过叠加、切割、起肋、钻孔、开槽等一系列的变化过程逐步演变到最终状态的。为清楚表达这一动态的变化过程，本书在表达方法上采用了分步、分色的方法，但读者在读图和画图时一定要在同一视图上逐步完成读图和画图的全过程。

2. 在已知轴测图画三视图的分步画法中，因为从开始到完成之前的每一步均为草稿，故线段可以先采用细实线，最后一步检查加粗为作图的最后步骤，此时的线型及粗细均应符合国家标准的规定。

3. 学习和阅读本书一定要在深刻理解了正投影的概念及学习完机械制图组合体画图或者完成了机械制图全部课程的学习以后，再对照本书的例题，通过认真读图、抄图、补图，再到默画三视图的几个过程来完成空间概念的建立。

本书说明

一、什么是机械制图的分步画法

在机械制图的教学中，首先学习了关于机械制图国家标准的规定及正投影的一些基本概念和点、线、面、体的投影方法，然后学习了三视图的形成、截交、相贯的画法及在读图和画图中常用的形体分析法与线面分析法。而分步画法的根本就是在形体分析法和线面分析法的基础上，利用前面所学的机械制图基本知识和绘图方法，按合理的顺序将要表达的形体一步一步地绘制完成。注意每次只需要绘制一步的变化，这样好控制、好检查、不易出错，且绘图速度快，然后通过若干步完成绘图的全部过程。

二、什么是空间概念

任何机器和组成机器的最小单元（零件）都是由其长、宽、高等几何元素，经过一系列的加工过程而形成的，它们在有限范围内所表达的形状与尺寸在我们脑海中产生的二维和三维印象称之为空间概念。

三、空间概念的建立方法

在工程图的表达中，正投影是联系三维实体与二维图形之间不可分割的纽带，所以建立空间概念的前提是必须正确理解正投影的原理（即投影线互相平行且垂直于投影面）和投影方法（即主视图是从前向后看，俯视图是从上向下看，左视图是从左向右看）。而用正投影原理及投影方法通过已知两视图补画第三视图、已知轴测图画三视图和已知三视图画轴测图的训练方法是建立空间概念的不二法宝。只有通过大量的从二维到三维，再从三维到二维的刻苦训练才能建立正确的空间概念，提高想象能力，使读图、画图和建模的水平大幅提升。

四、机械制图基本知识在分步画法中的具体应用要点

1. 对机械制图中的基本理论要正确理解，对七种线、七种面的投影特性要深刻理解。

2. 在画图和补图时首先要理解所要表达的对象，在完成基本体投影的前提下要善于发现投影面平行面，并根据两线对一框的投影特性适时补画出投影面平行面（已知主、俯视图补画左视图时要适时发现并补画侧平面。已知主、左视图补画俯视图时要适时发现并补画

水平面。已知左、俯视图补画主视图时要适时发现并补画正平面)。

3. 在补画完投影面平行面以后，一定要善于发现投影面垂直线，并根据投影面垂直线在所垂直平面上的投影积聚成一点、另两投影反映实长的投影特性补画出全部投影。

4. 必须指出：投影面垂直面一线对两框的投影特性只适用于最后对视图正确与否的检查，不适用于补图和画图。

五、建立空间概念“三统一”的尺规训练方法的提出

在机械制图教与学的过程中往往会出现教师演板及学生做题“双慢”的问题，这是由训练方法所引起的。由于慢，教师在教的时候过多地依赖多媒体；由于慢，学生在学的时候觉得制图难。习题集往往只问对与错而忽略了按组合体的形成步骤抄题、解题和建立空间概念的训练，为解决这一问题，本人提出了尺规绘图及建立空间概念“三统一”的训练方法，即出题、解题和画立体图三种训练画法顺序要统一的理念，根据不同的组合体，按结构分解出合理的画图顺序，在几个视图中轮换着画（切记不要采用照相机式的画法)，并在训练中严格按成型顺序轮换着画图，这是解决“双慢”及建立空间概念的有效方法。

六、建立空间概念“三统一”具体的训练方法

1. 教师板书出题（也即学生读题） 教师板书出题的快与慢在很大程度上取决于教师本人对题目的理解，一般建立空间概念的出题都为已知两视图补画第三视图。出题要首先画出两个视图，另外一个视图是在出题完成后需要补画的，所以，在画这两个视图时一定要在黑板上根据机件的成型顺序及投影规律的变化在两个视图中轮换着边讲边画，这样学生在观看教师出题时对此机件已经建立了一个大致的空间概念，而根据机件的成型顺序出题的方法可以大大提高教师的演板速度及学生对此机件的理解。

2. 教师演板解题（也即学生做题） 因为在出题时机件的成型顺序已经给出，故在补画第三视图时也一定要根据前面给出的顺序逐一按步骤完成补画第三视图的全部过程。

3. 画立体图（也即想象机件立体的形状） 画立体图也是一个渐变的过程，一定要按照前面画二维图时的顺序由基本体通过一系列的加工及增减变化过程在立体图中按顺序逐渐完成。

把以上所说的建立空间概念的三种训练方法按照机件的成型顺序完全统一起来后，教师会发现：课堂演板速度快了！学生会发现：补图再也不难了！

尺规绘图建立空间概念的目标会在不断的训练中逐步完成！

目　录

第二部分 已知两视图，补画第三视图的练习题及标准答案

第一部分

机械制图的分步画法及空间概念图解

例 1

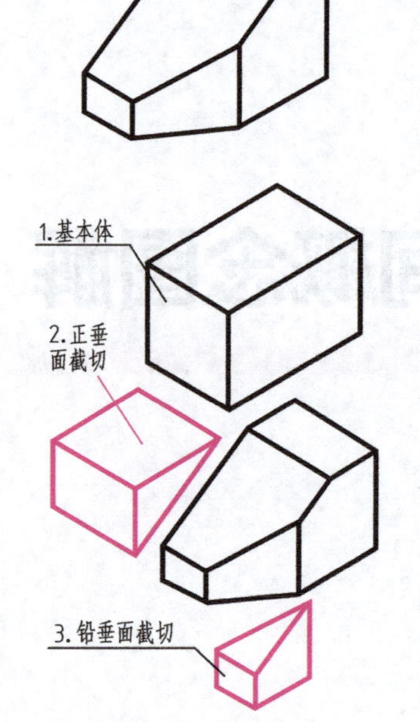

1.1 实体成型过程

本题为一立方体被一正垂面、一铅垂面所截，属于平面截切平面立体类型，作图时一定要注意截切位置，并正确选择截切顺序，截切顺序不同，可能影响作图的难易程度。

1.2 实体变化过程图解

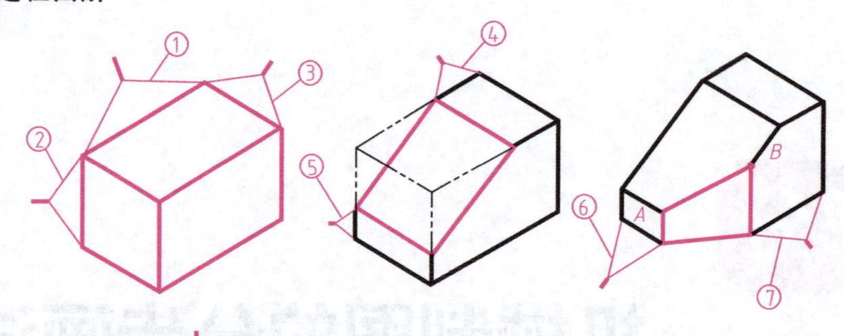

图示说明：⅄ 为分规；①②③……表示分规量取的顺序，后同

1.3 实体三视图分步画法详解

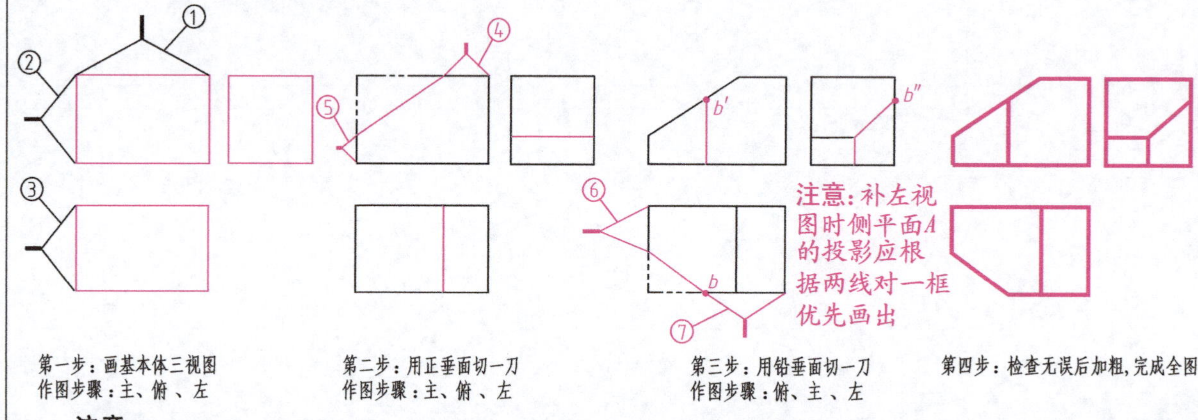

注意：

1. 为明确解题步骤，本题讲解采用分步画法，共分了四步，但在解题时一定要按作图步骤在同一三视图中逐步完成，此条务请遵照执行，后同。

2. 作三视图时一定要用分规仔细测量组合体的总体尺寸、定位尺寸及定形尺寸，并严格按照“长对正、宽相等、高平齐”的“三等”原则作图。

3. 所有的作图过程因为是草稿，其线型均先为细实线（自己看得见，别人仔细看才看得见），而最后检查后加粗，其图线线型及粗细全部按国家标准的规定绘制，后同。

1.4 已知主、俯视图，补画左视图的练习

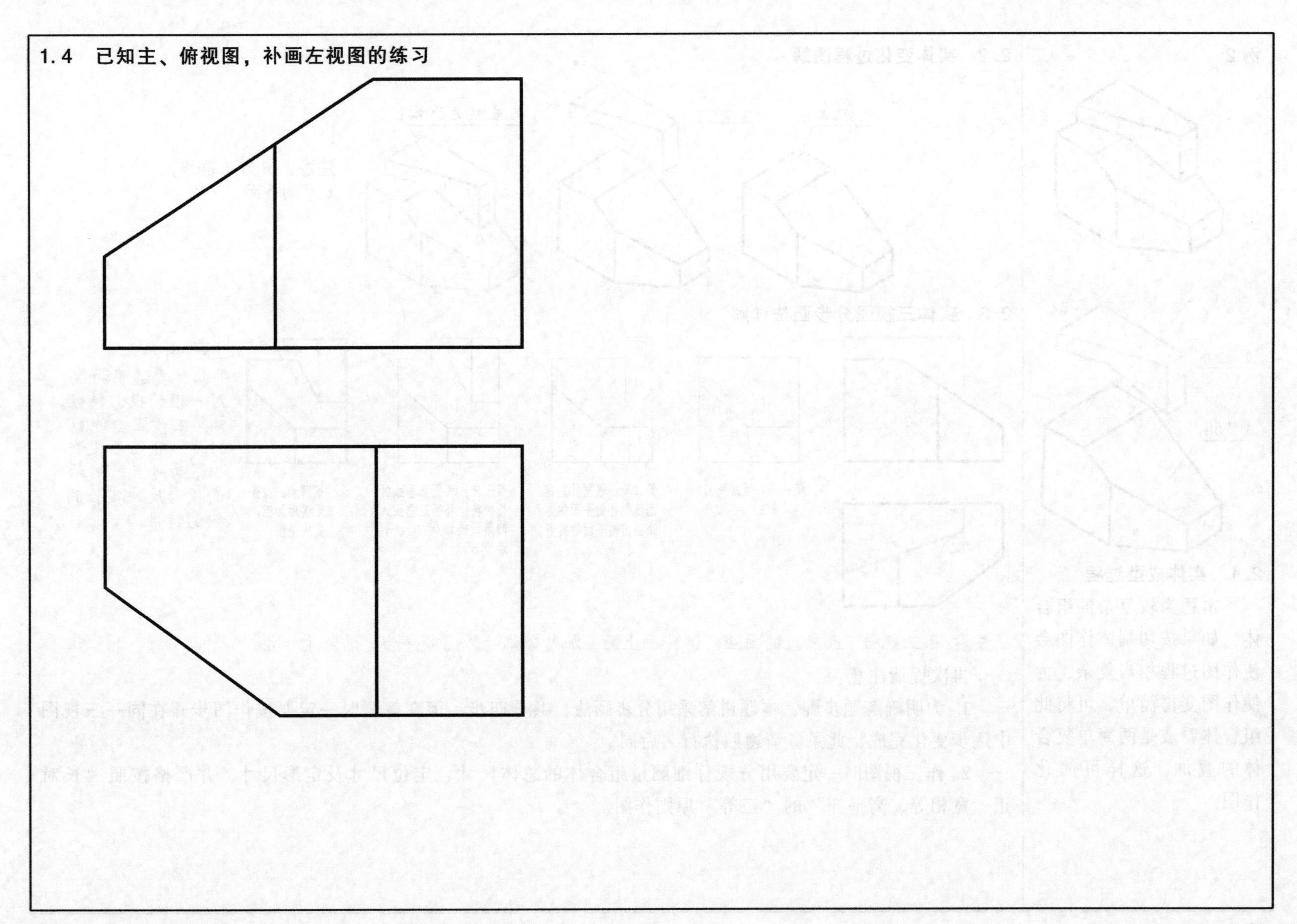

例 2

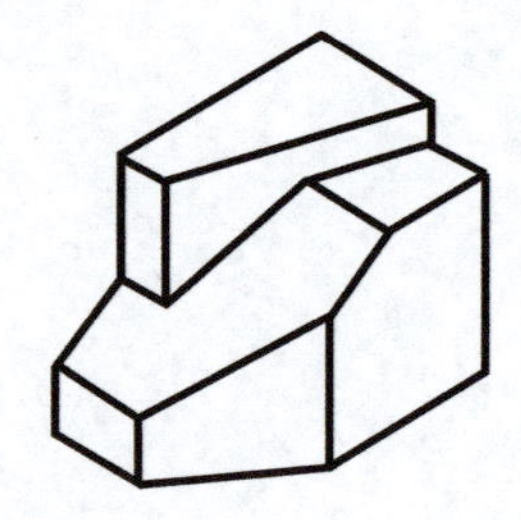

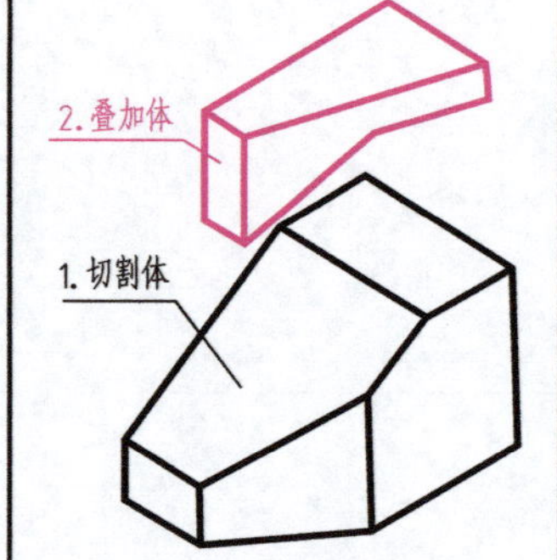

2.1 实体成型过程

本题为较复杂的组合体，如果按切割体作图会使作图过程相当复杂，为使作图变得简单，可将此组合体看成是两简单复合体的叠加，这样可简化作图。

2.2 实体变化过程图解

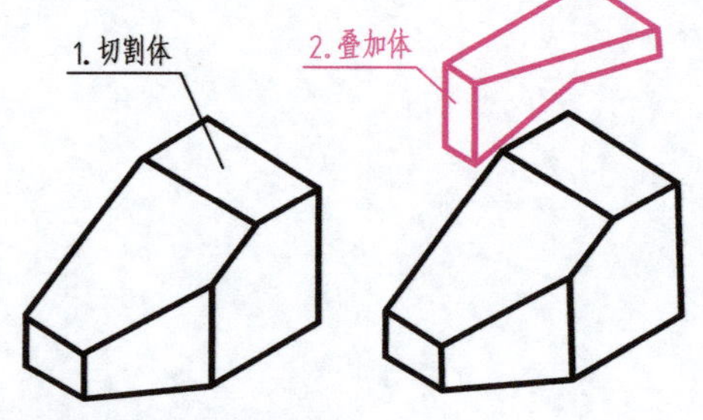

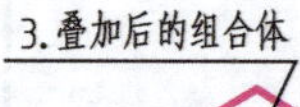

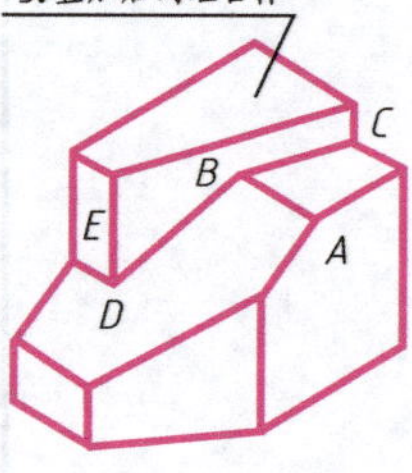

注意：AB 为正垂线，E 为侧平面。

2.3 实体三视图分步画法详解

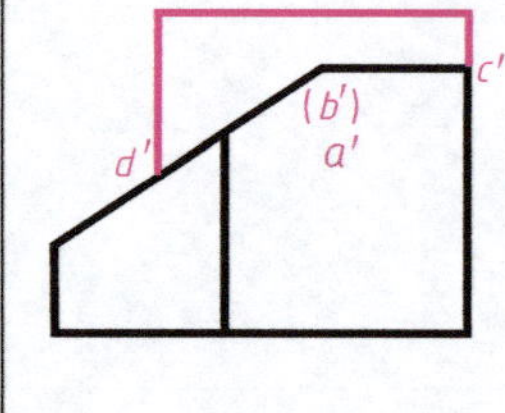

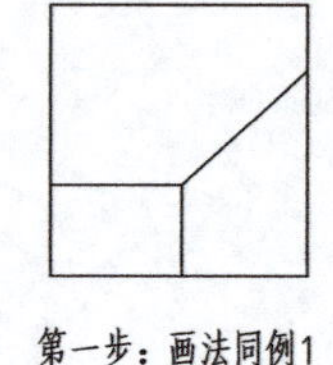

第一步：画法同例1

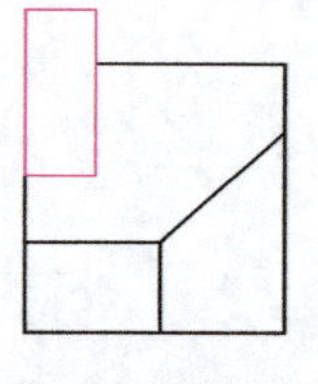

第二步：根据补左视图优先补侧平面的方法画出侧平面的投影

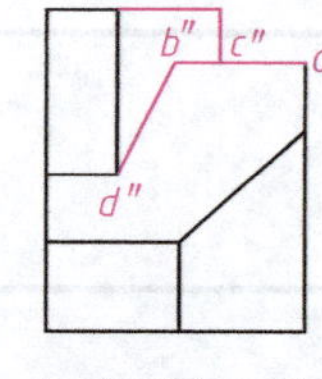

第三步：根据正垂线的投影特性补画正垂线 AB 的第三投影 a″b″，并连接 b″d″

第四步：检查无误后加粗，完成全图

注意：补第二步侧平面时要遵照两线对一框的投影特性。补第三步正垂线AB时要遵照正面投影积聚为一点，另两面投影反映实长的投影特性。

注意：画三视图下面底座的画法同例1，画上面叠加复合体的作图顺序为：俯、主、左。

再次提请注意：

1. 为明确解题步骤，本题讲解采用分步画法，共分四步，但在解题时一定要按作图步骤在同一三视图中逐步变化完成，此条务请遵照执行，后同。

2. 作三视图时一定要用分规仔细测量组合体的总体尺寸、定位尺寸及定形尺寸，并严格按照“长对正、宽相等、高平齐”的“三等”原则作图。

2.4 已知主、俯视图，补画左视图的练习

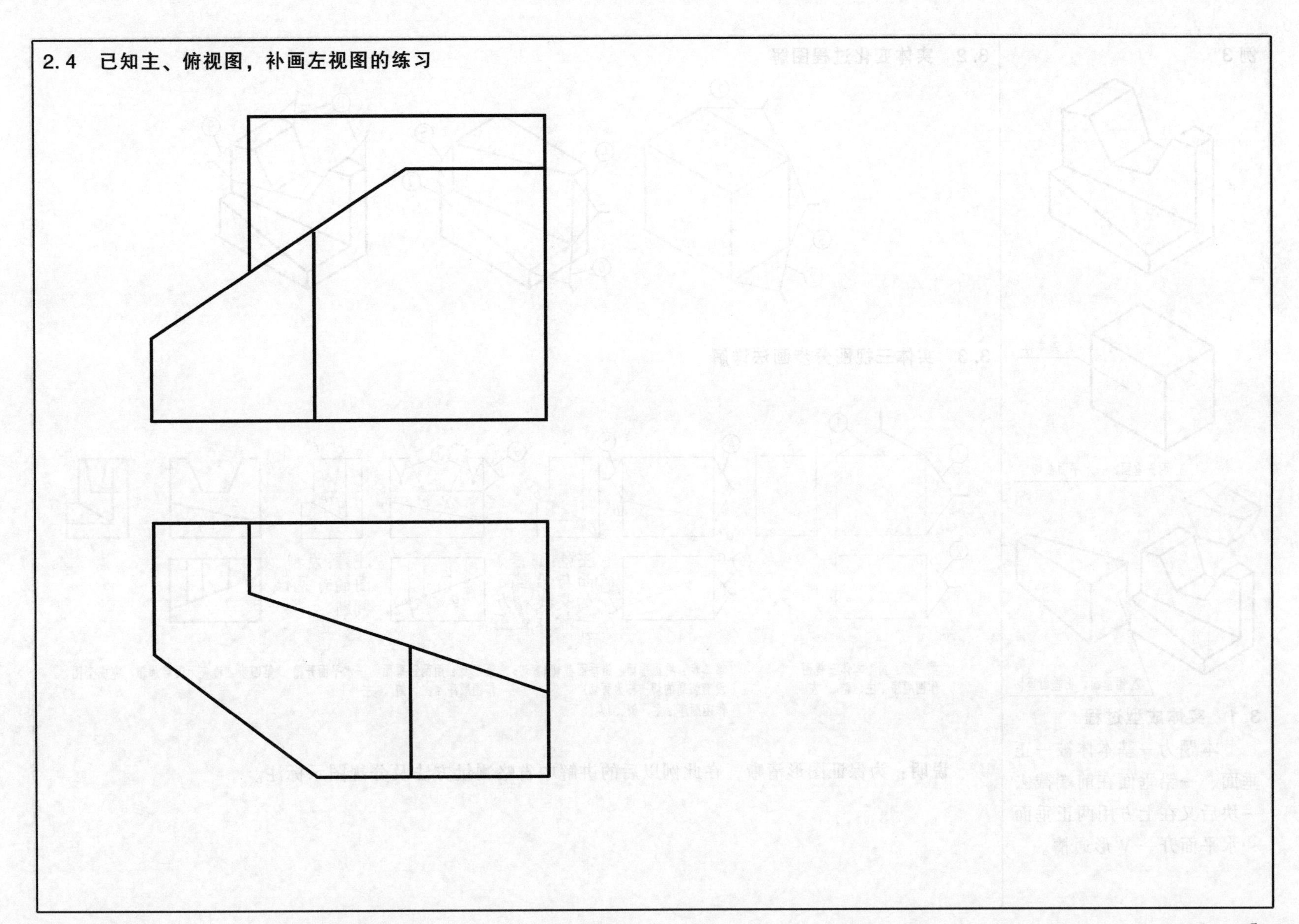

例 3

1. 基本体

3. 两正垂面、一水平面截切

2. 铅垂面、正垂面盲切

3.1 实体成型过程

本题为一基本体被一正垂面、一铅垂面在前端截去一块后又在上方用两正垂面一水平面开一 V 形通槽。

3.2 实体变化过程图解

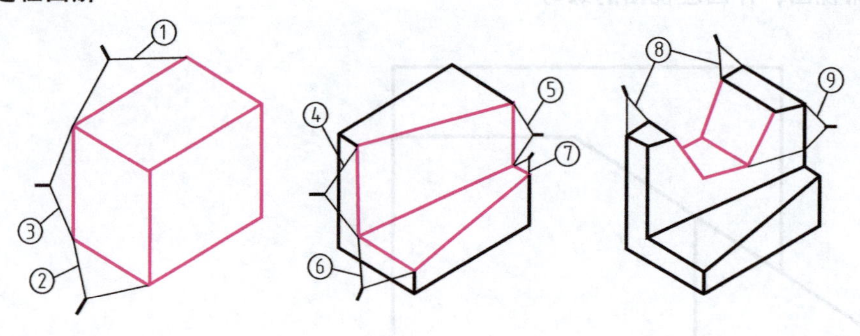

3.3 实体三视图分步画法详解

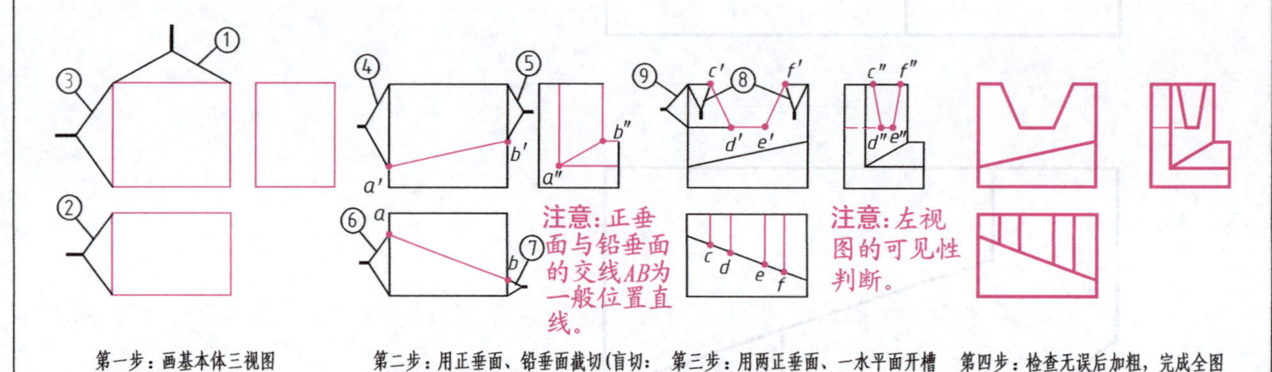

第一步：画基本体三视图
作图顺序：主、俯、左

第二步：用正垂面、铅垂面截切(盲切：没有切通的切法称为盲切)
作图顺序：主、俯、左

第三步：用两正垂面、一水平面开槽
作图顺序：主、俯、左

第四步：检查无误后加粗，完成全图

说明：为保证图形清晰，在此例以后的讲解中省略测量方法及分规图示标注。

3.4 已知主、俯视图，补画左视图的练习

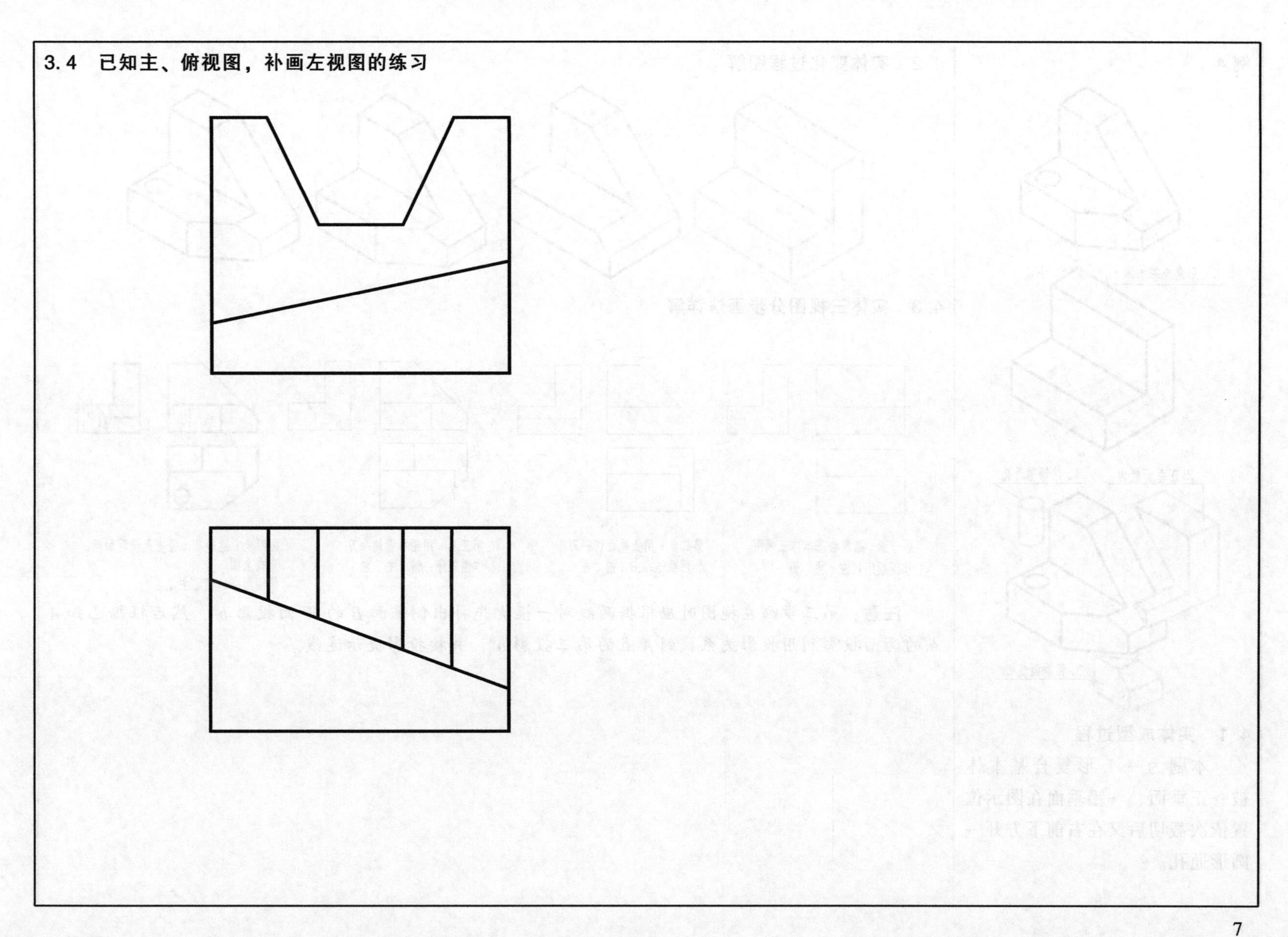

例 4

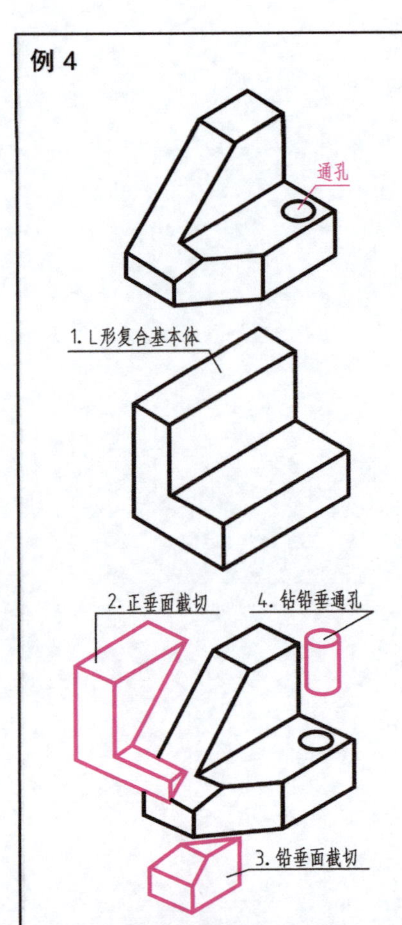

4.1 实体成型过程

本题为一 L 形复合基本体被一正垂面、一铅垂面在图示位置依次截切后又在右前下方开一圆形通孔。

4.2 实体变化过程图解

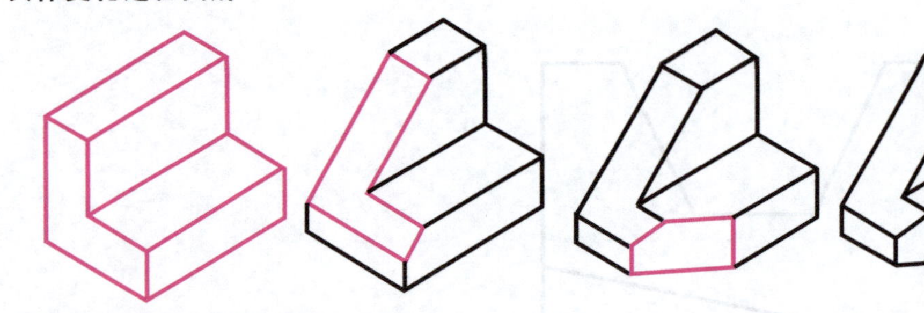

4.3 实体三视图分步画法详解

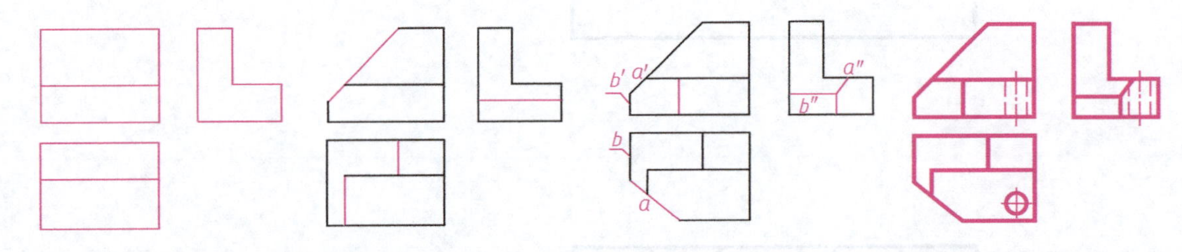

第一步：画复合基本体三视图
作图顺序：左、主、俯

第二步：用正垂面切一刀
作图顺序：主、俯、左

第三步：用铅垂面切一刀
作图顺序：俯、主、左

第四步：钻通孔，检查无误后加粗，完成全图
作图顺序：俯、主、左

注意： 第三步画左视图时应根据两线对一框优先补出侧平面 B 的 W 面投影 b''，然后根据已知 A 点的两面投影利用投影关系找到 A 点的第三投影 a''，并按投影提示连线。

4.4 已知主、俯视图，补画左视图的练习

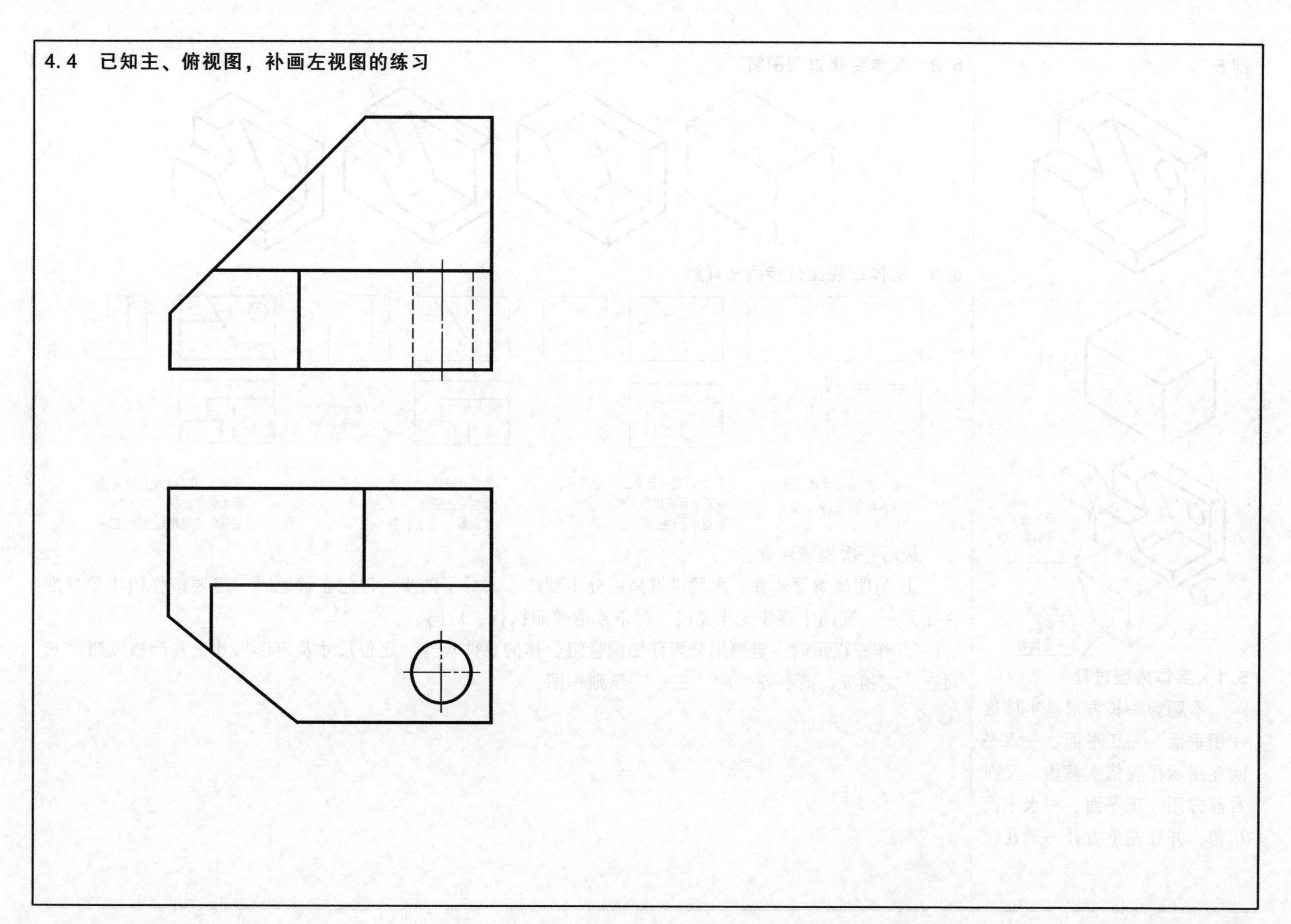

例 5

1.基本体

3.正平面、水平面截切

2.正垂面、正平面、水平面截切

4.钻孔

5.1　实体成型过程

本题为一长方形基本体被一正垂面、一正平面、一水平面在图示位置依次截切，又在右前方用一正平面、一水平面切角，并在左上方开一通孔。

5.2　实体变化过程图解

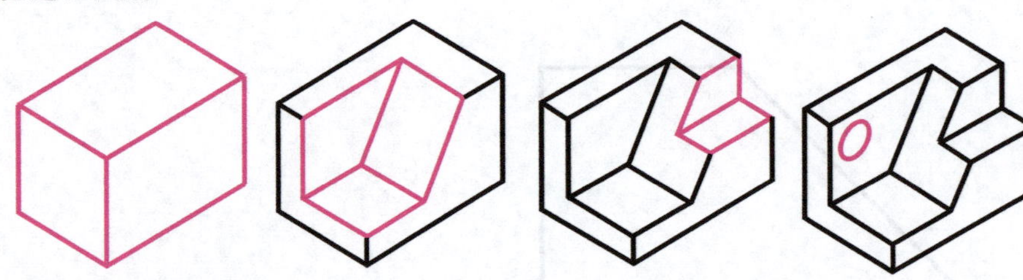

5.3　实体三视图分步画法详解

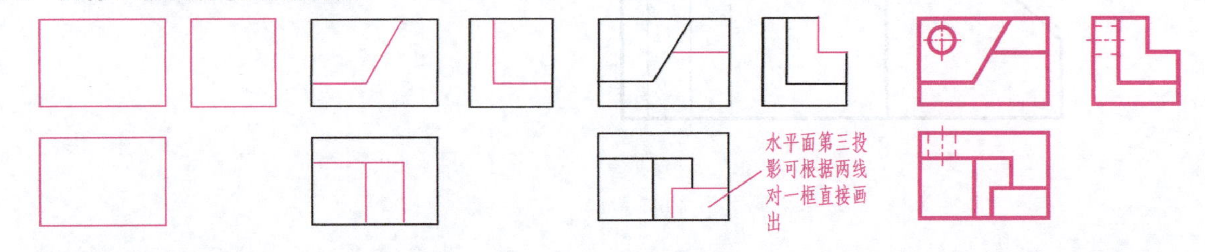

第一步：画基本体三视图
作图顺序：主、俯、左

第二步：用一正垂面、一水平面、一正平面盲切左上角
作图顺序：主、俯、左

第三步：用一正平面、一水平面在右上切角
作图顺序：左、主、俯

第四步：在左上角钻通孔，检查无误后加粗
钻孔作图顺序：主、俯、左

最后一次提请注意：

① 为明确解题步骤，本题讲解采用分步画法，共分了四步，但您在解题时一定要按作图步骤只准许在同一三视图中逐步变化完成，此条务请遵照执行，后同。

② 作三视图时一定要用分规仔细测量组合体的总体尺寸、定位尺寸及定形尺寸，并严格按照“长对正、宽相等、高平齐”的“三等”原则作图。

5.4 已知主、左视图，补画俯视图的练习

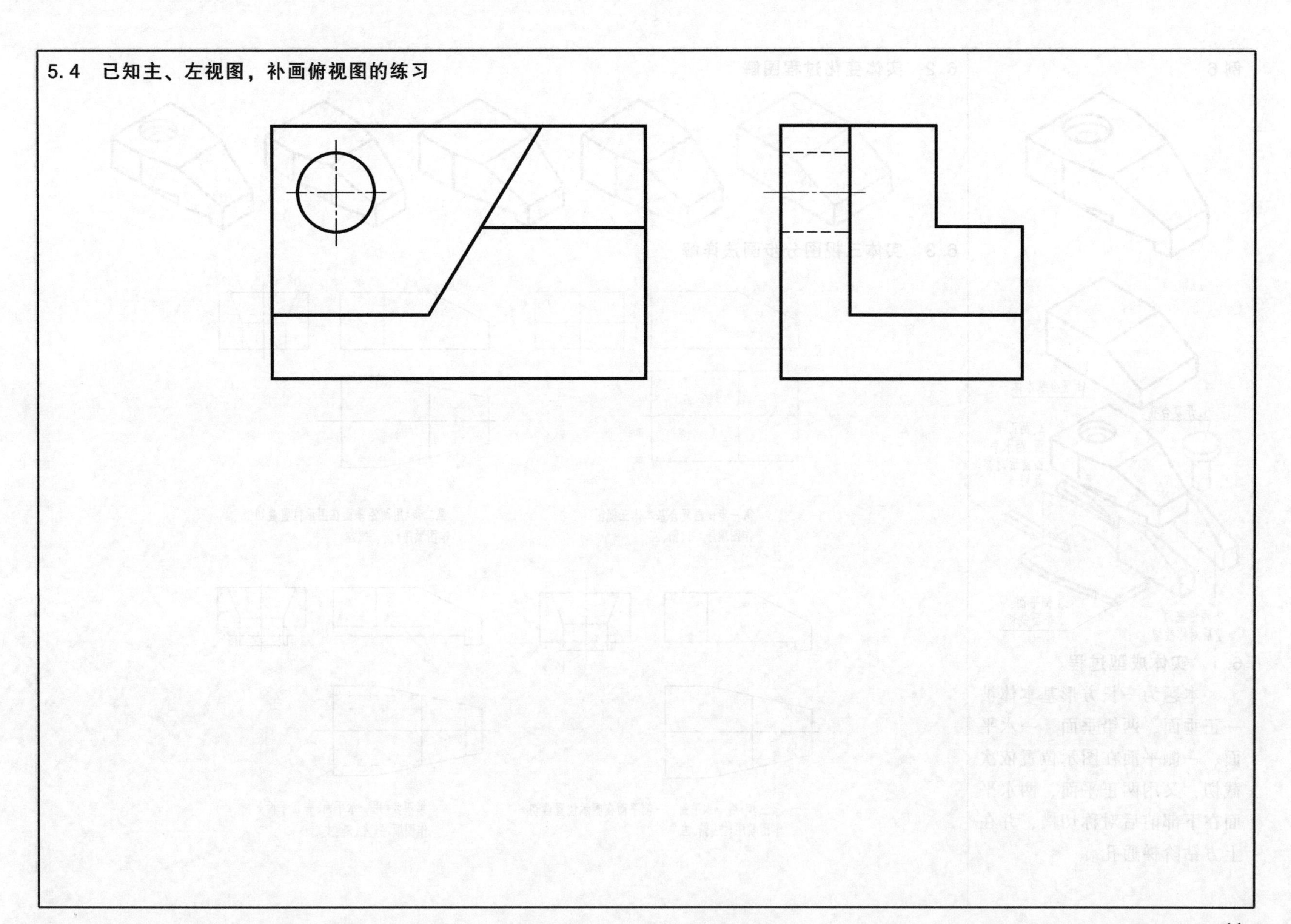

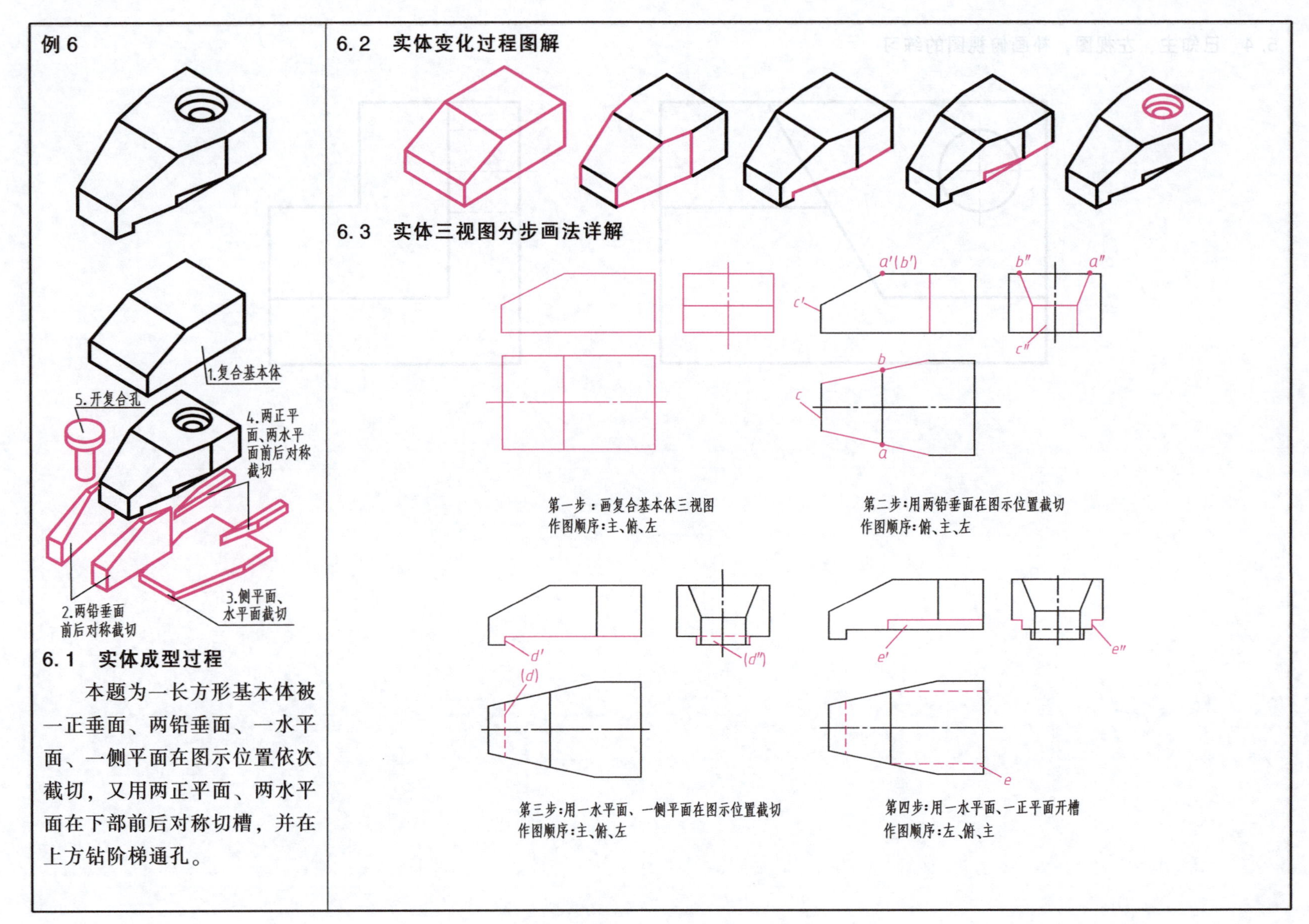
例 6
6.2 实体变化过程图解
6.3 实体三视图分步画法详解
1.复合基本体
5.开复合孔
4.两正平面、两水平面前后对称截切
2.两铅垂面前后对称截切
3.侧平面、水平面截切
6.1 实体成型过程
本题为一长方形基本体被一正垂面、两铅垂面、一水平面、一侧平面在图示位置依次截切，又用两正平面、两水平面在下部前后对称切槽，并在上方钻阶梯通孔。
a′(b′)
b″
a″
c′
c″
b
c
a
第一步：画复合基本体三视图
作图顺序：主、俯、左
第二步：用两铅垂面在图示位置截切
作图顺序：俯、主、左
d′
(d″)
(d)
e′
e″
e
第三步：用一水平面、一侧平面在图示位置截切
作图顺序：主、俯、左
第四步：用一水平面、一正平面开槽
作图顺序：左、俯、主

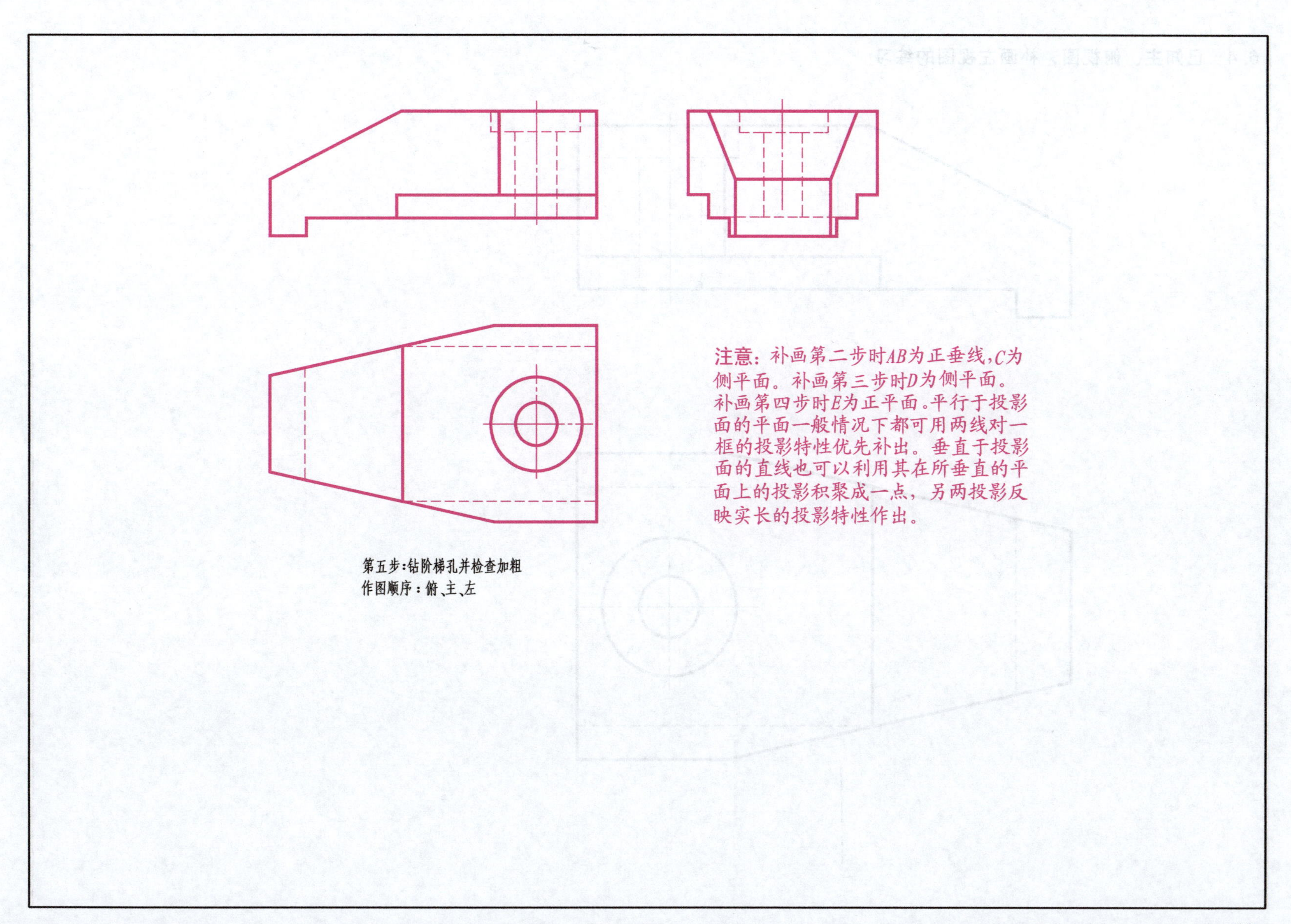
注意：补画第二步时AB为正垂线，C为侧平面。补画第三步时D为侧平面。补画第四步时E为正平面。平行于投影面的平面一般情况下都可用两线对一框的投影特性优先补出。垂直于投影面的直线也可以利用其在所垂直的平面上的投影积聚成一点，另两投影反映实长的投影特性作出。
第五步：钻阶梯孔并检查加粗
作图顺序：俯、主、左

6.4 已知主、俯视图，补画左视图的练习

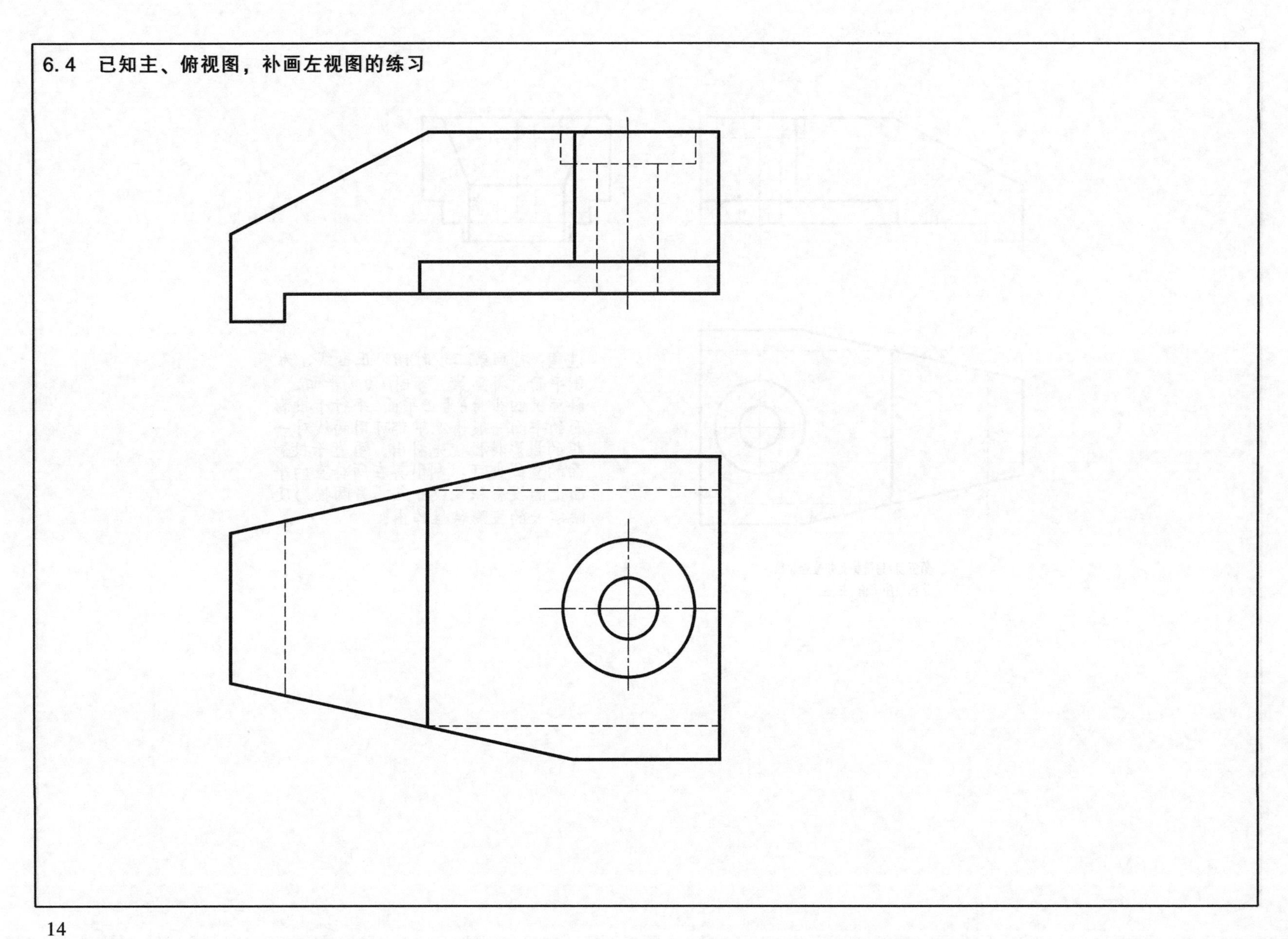

例 7

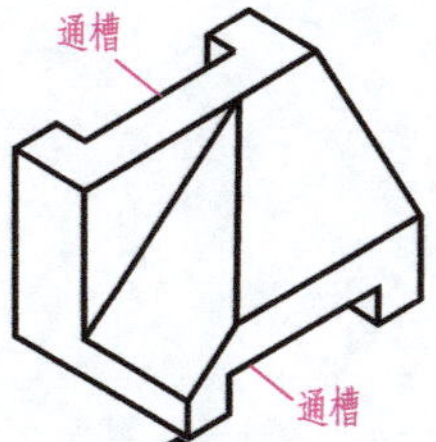

通槽

通槽

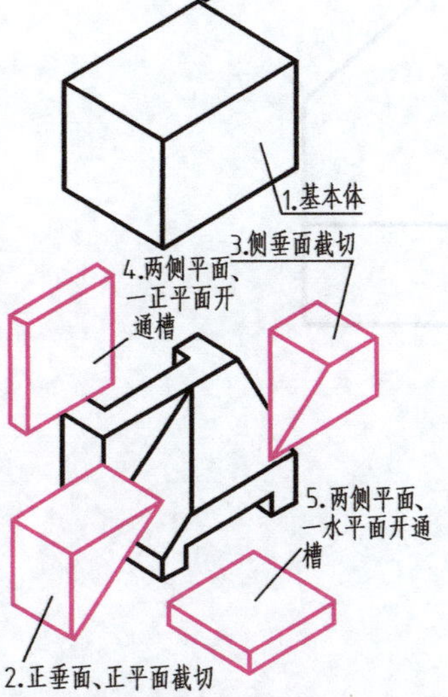

1.基本体

3.侧垂面截切

4.两侧平面、一正平面开通槽

5.两侧平面、一水平面开通槽

2.正垂面、正平面截切

7.1 实体成型过程

本题为一长方形基本体被一正垂面、一正平面、一侧垂面在图示位置依次截切后又用两侧平面、一正平面在后部切槽，最后用两侧平面、一水平面在下部开通槽。

7.2 实体变化过程图解

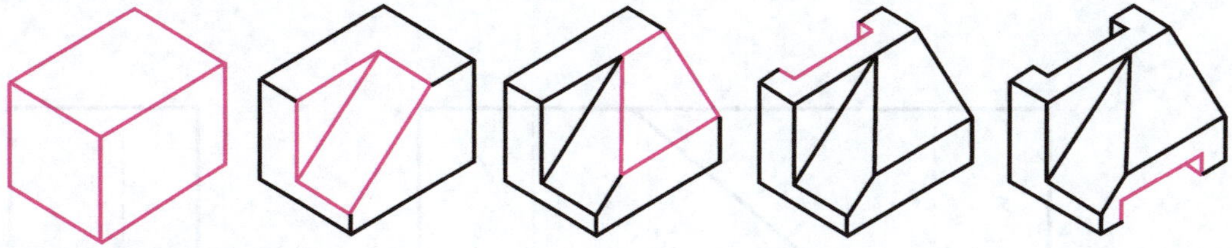

7.3 实体三视图分步画法详解

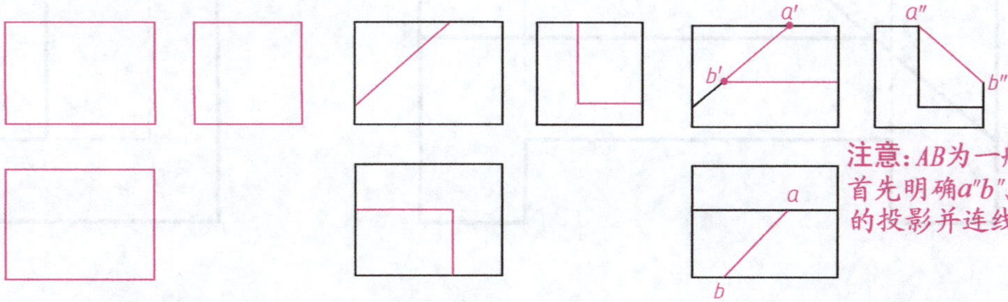

a′ a″ b′ b″ a b

注意：AB为一般位置直线，应首先明确$a''b''$、$a'b'$后再求出ab的投影并连线。

第一步：画基本体三视图
作图顺序：主、俯、左

第二步：用一正垂面、一正平面截切（盲切）
作图顺序：主、左、俯

第三步：用侧垂面截切
作图顺序：左、主、俯

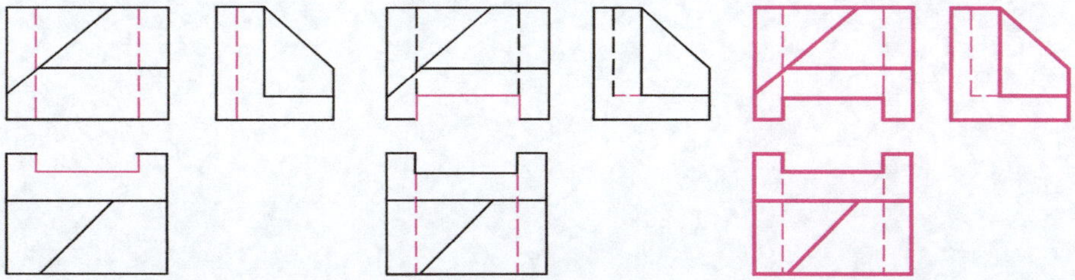

第四步：用两侧平面、一正平面开后面通槽
作图顺序：俯、主、左

第五步：用两侧平面、一水平面开下部通槽
作图顺序：主、俯、左

第六步：检查无误后加粗，完成全图

7.4 已知主、左视图，补画俯视图的练习

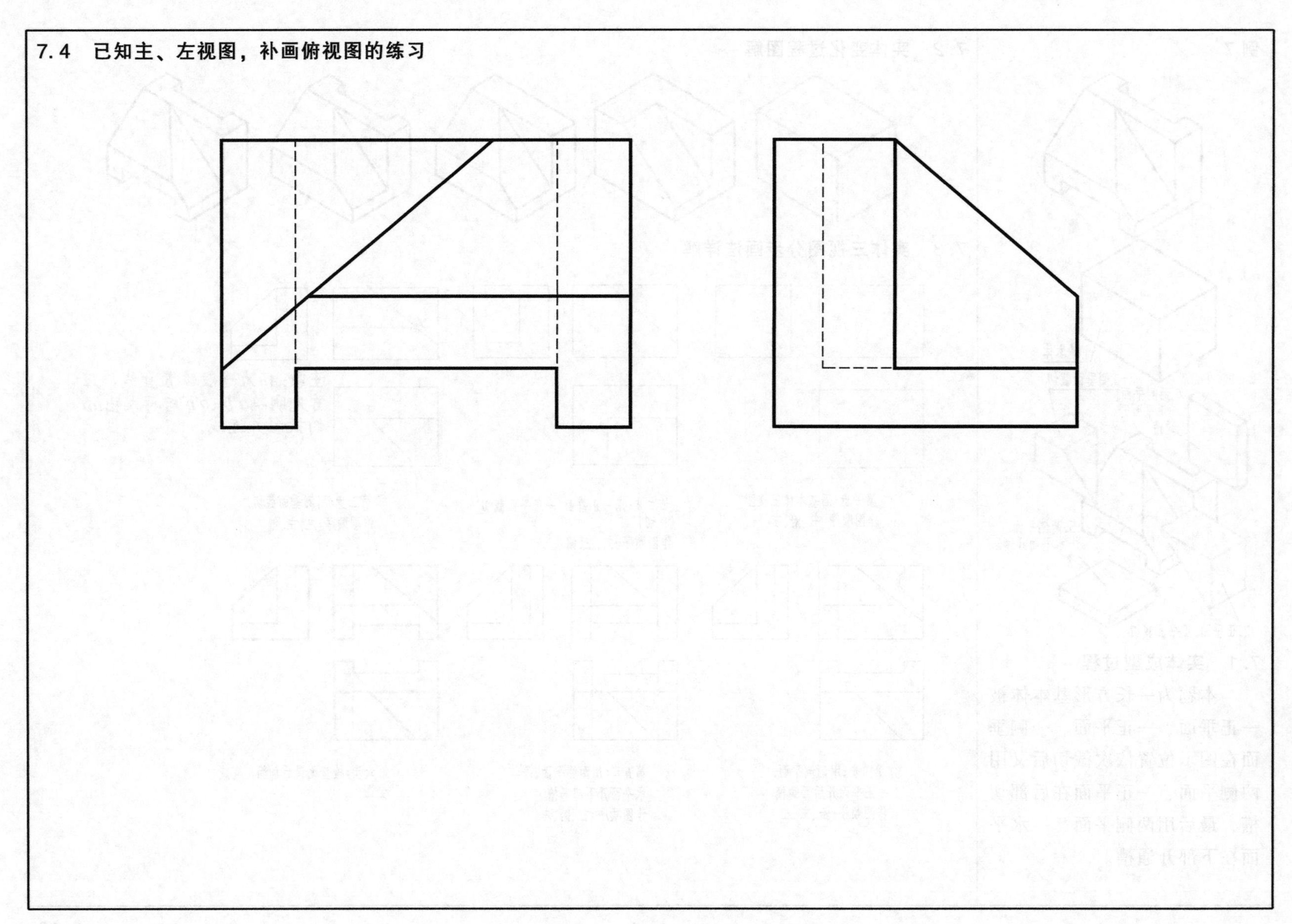

例 8

1. 基本体

5.开上部半圆通槽

4.开上部半圆盲槽

2.正平面、水平面截切

6.开中部复合盲槽

7.开中部通孔

3.开半圆盲槽

8.1 实体成型过程

本题为一长方体被一正平面、一水平面截切，在下、上部开半圆盲槽后再开半圆通槽、复合盲槽，最后开圆形通孔。

8.2 实体变化过程图解

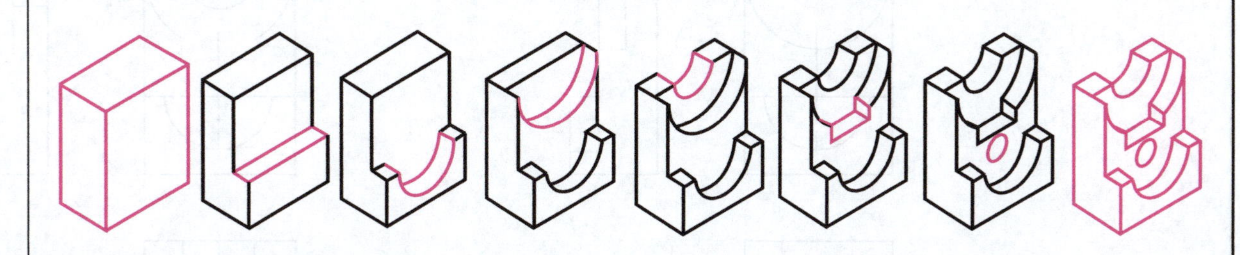

8.3 实体三视图分步画法详解

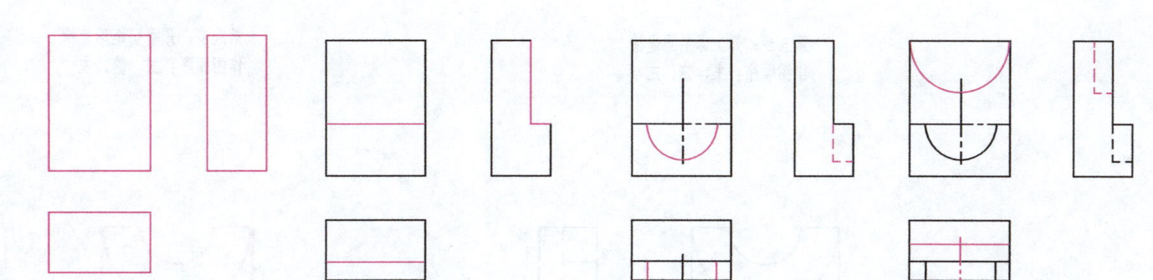

第一步：画基本体（四棱柱）
作图顺序：俯、主、左

第二步：用一正平面、一水平面截切
作图顺序：左、俯、主

第三步：开下部半圆盲槽
作图顺序：主、俯、左

第四步：开上部半圆盲槽
作图顺序：主、俯、左

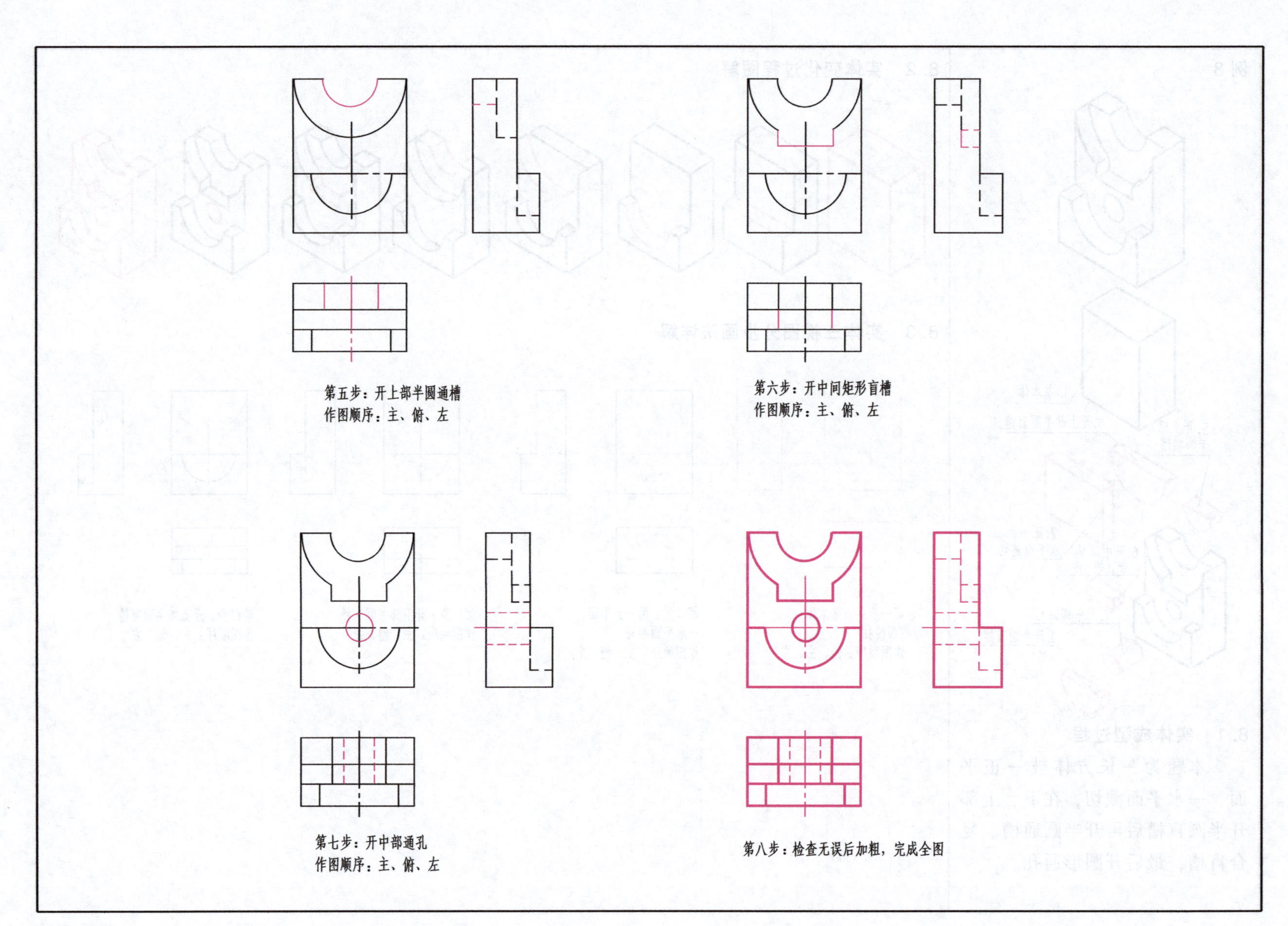
第五步：开上部半圆通槽
作图顺序：主、俯、左
第六步：开中间矩形盲槽
作图顺序：主、俯、左
第七步：开中部通孔
作图顺序：主、俯、左
第八步：检查无误后加粗，完成全图

8.4 已知主、左视图，补画俯视图的练习

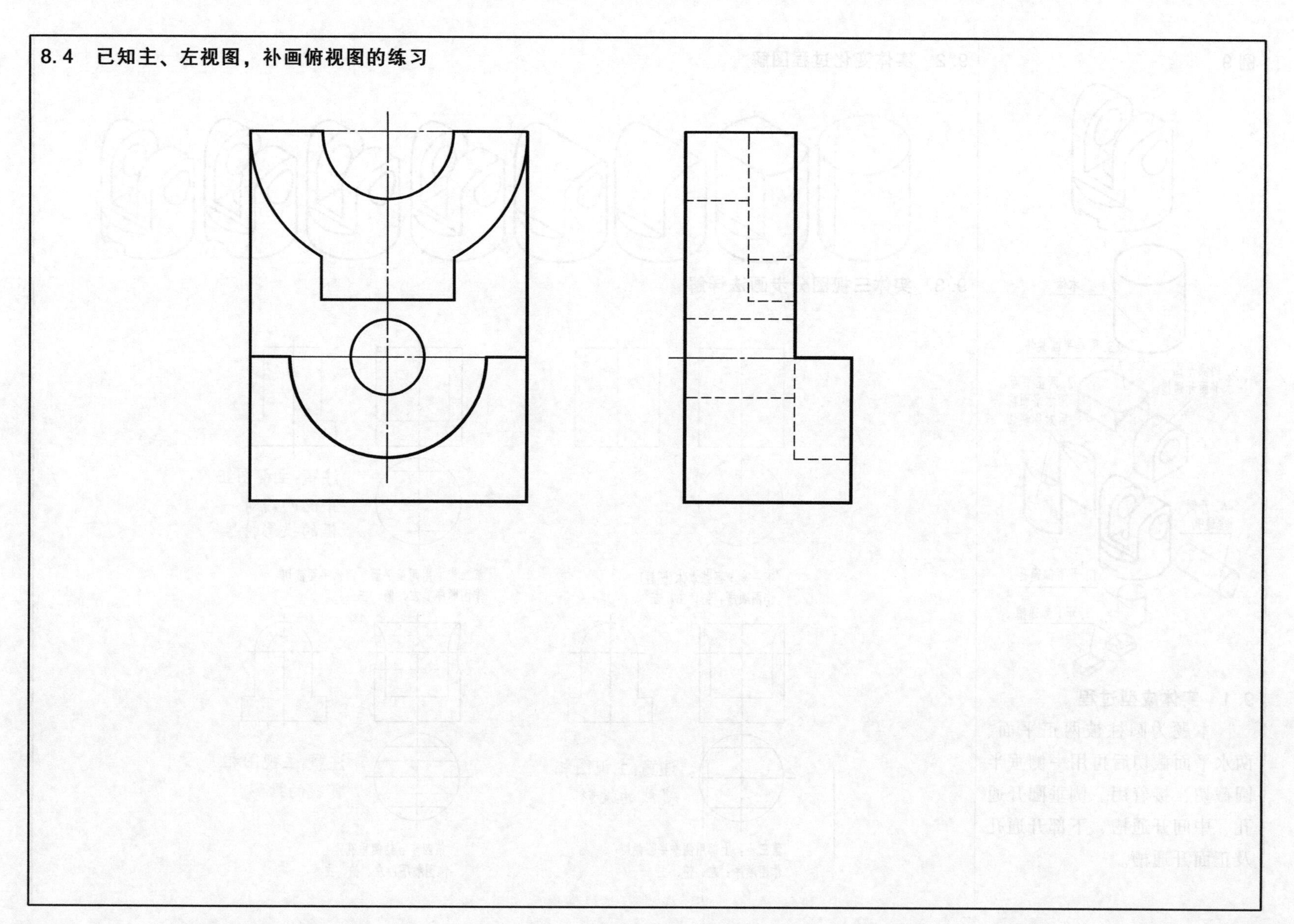

例 9

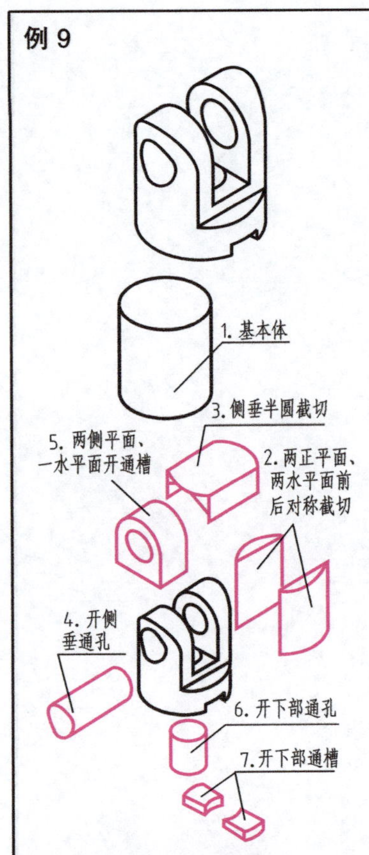

9.1 实体成型过程

本题为圆柱被两正平面、两水平面截切后再用一侧垂半圆截切，接着用一侧垂圆开通孔、中间开通槽、下部开通孔及正面开通槽。

9.2 实体变化过程图解

9.3 实体三视图分步画法详解

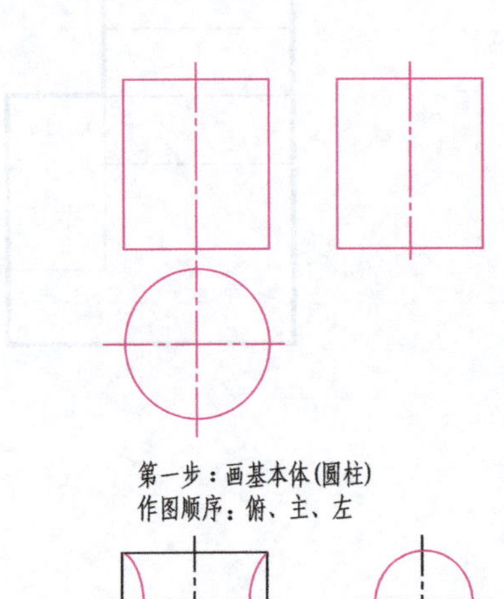

第一步：画基本体(圆柱)
作图顺序：俯、主、左

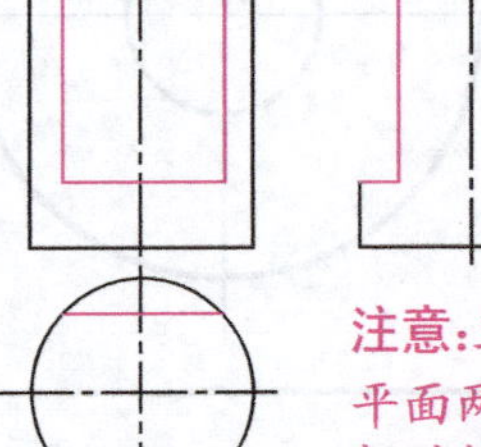

注意：主视图正平面两线对一框的投影特性

第二步：用两正平面、两水平面截切
作图顺序：左、俯、主

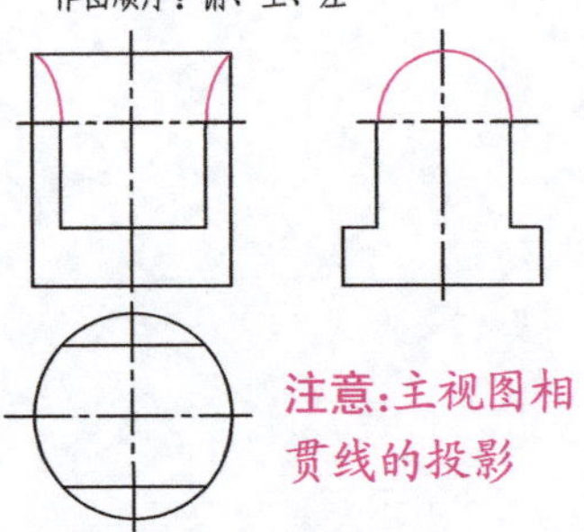

注意：主视图相贯线的投影

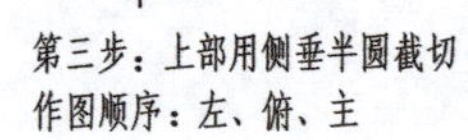

第三步：上部用侧垂半圆截切
作图顺序：左、俯、主

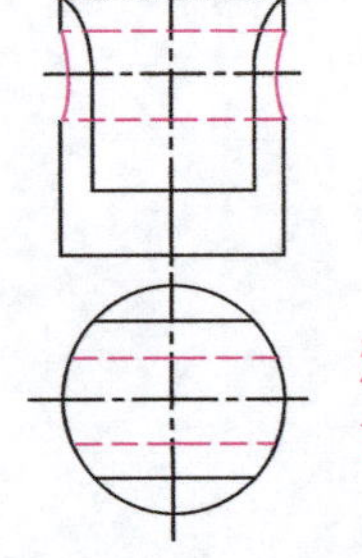

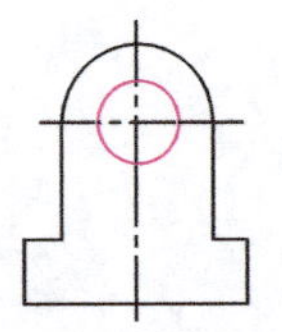

注意：主视图相贯线的投影

第四步：钻侧垂孔
作图顺序：左、俯、主

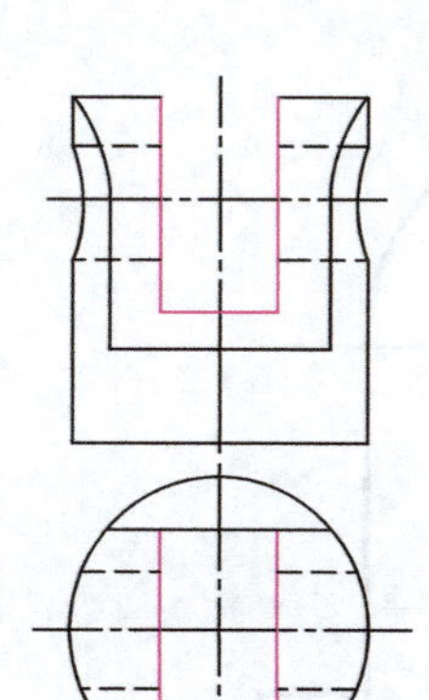

第五步：用两侧平面、一水平面开槽
作图顺序：主、俯、左

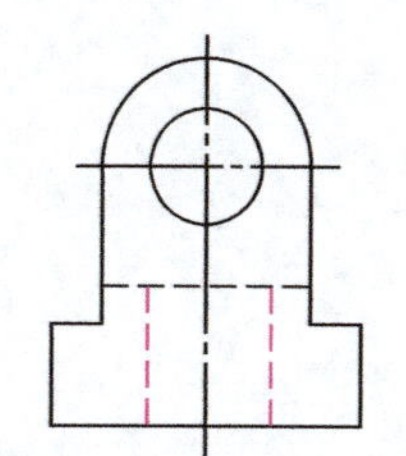

第六步：钻下部通孔
作图顺序：俯、主、左

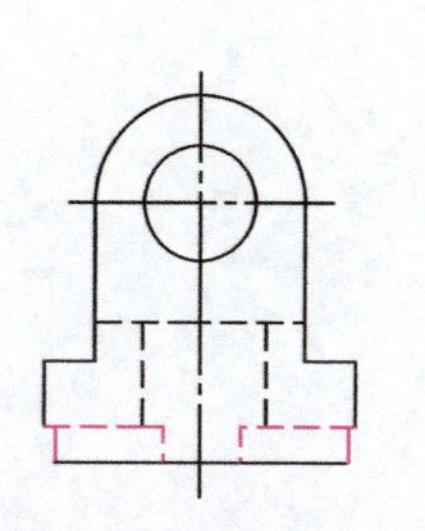

注意：左视图侧平面两线对一框的投影特性

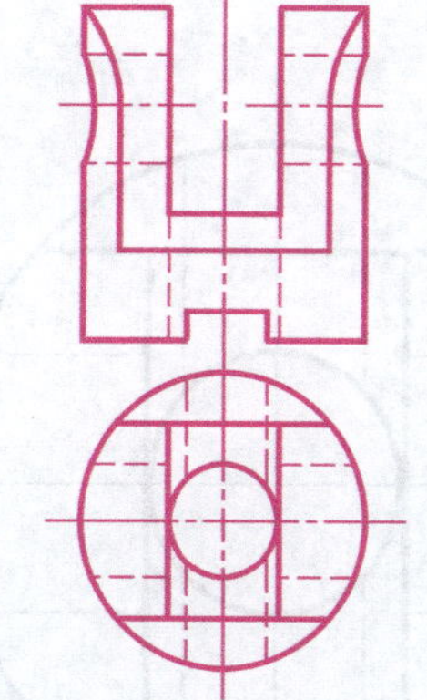

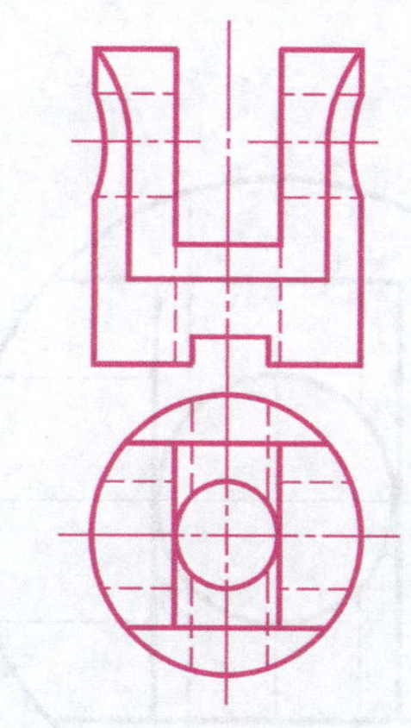

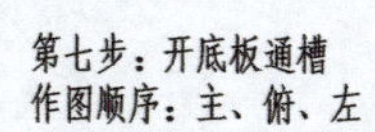

第七步：开底板通槽
作图顺序：主、俯、左

第八步：检查无误后加粗，完成全图

9.4 已知俯、左视图，补画主视图的练习

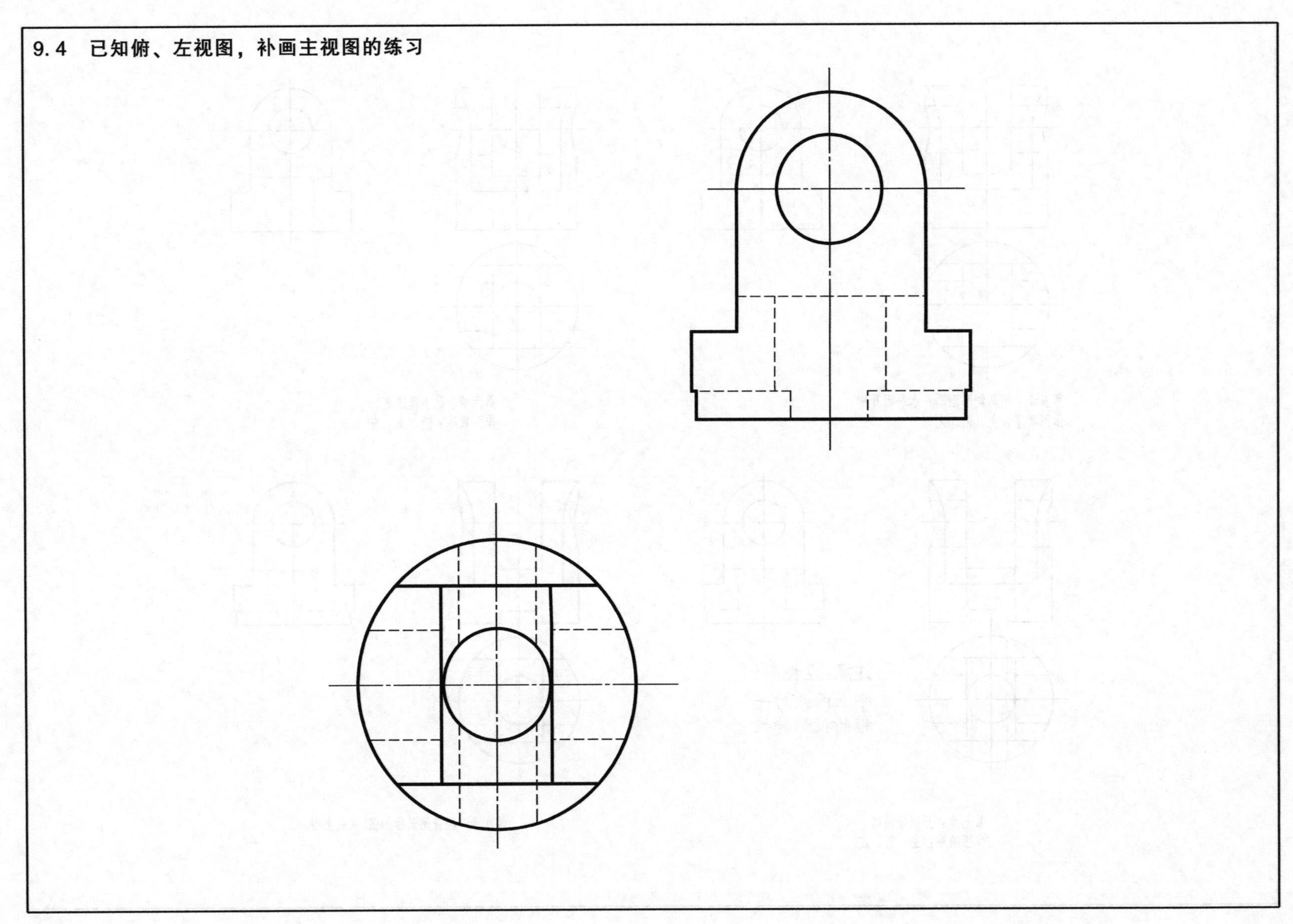

例 10

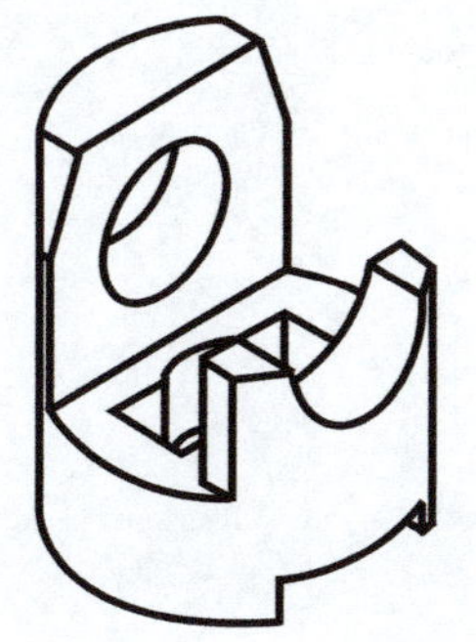

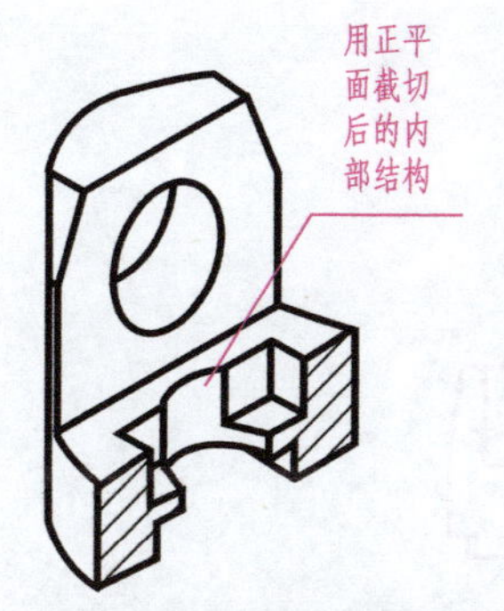

10.1 实体成型过程

本题为在圆形底座前后叠加复合圆台，然后用正垂圆开通孔，再用两正垂面左右切角、开下部盲槽并钻圆形通孔。

10.2 实体变化过程图解

10.3 实体三视图分步画法详解

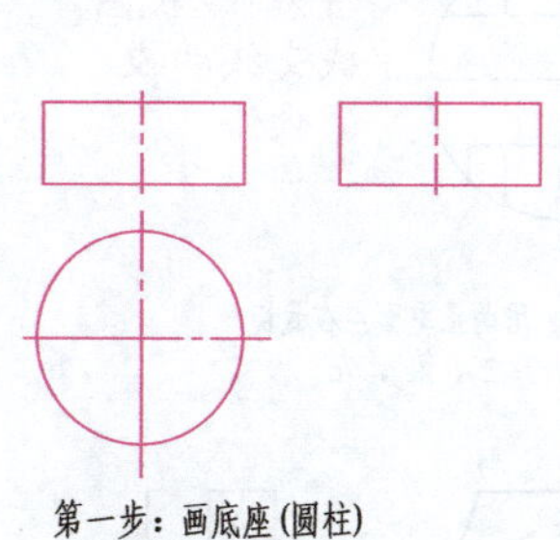

第一步：画底座(圆柱)
作图顺序：俯、主、左

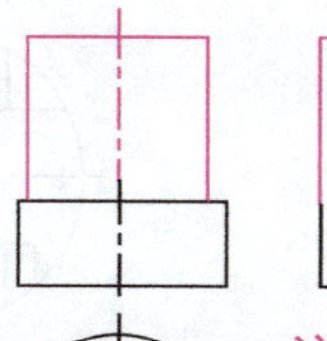

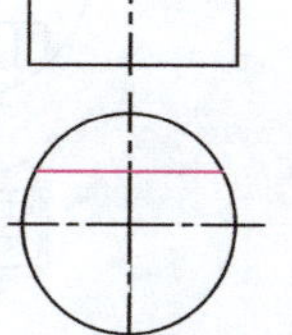

注意：左视图圆柱共面的投影特性

第二步：叠加后部复合圆柱
作图顺序：俯、左、主

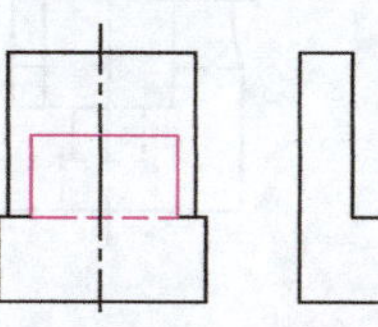

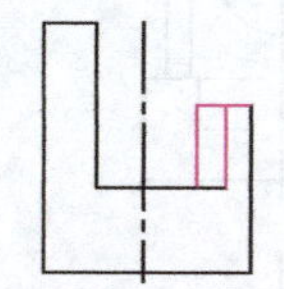

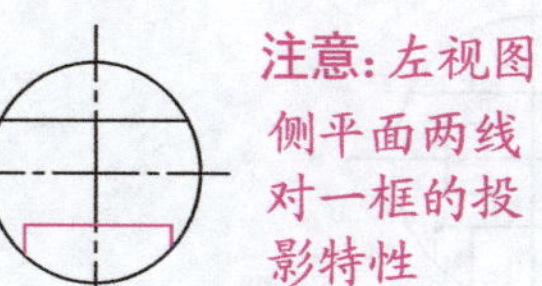

注意：左视图侧平面两线对一框的投影特性

第三步：叠加前部复合圆柱
作图顺序：俯、主、左

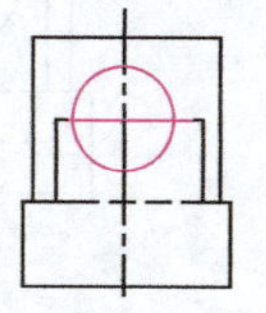

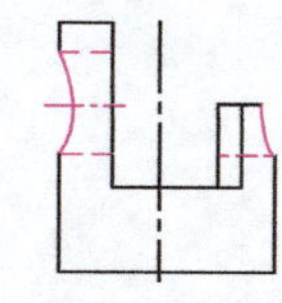

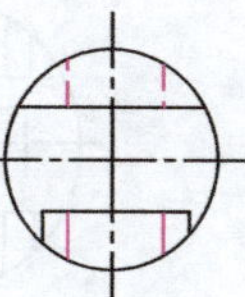

注意：左视图外相贯线投影的画法

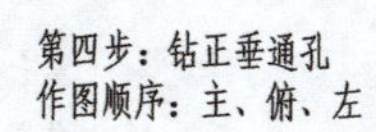

第四步：钻正垂通孔
作图顺序：主、俯、左

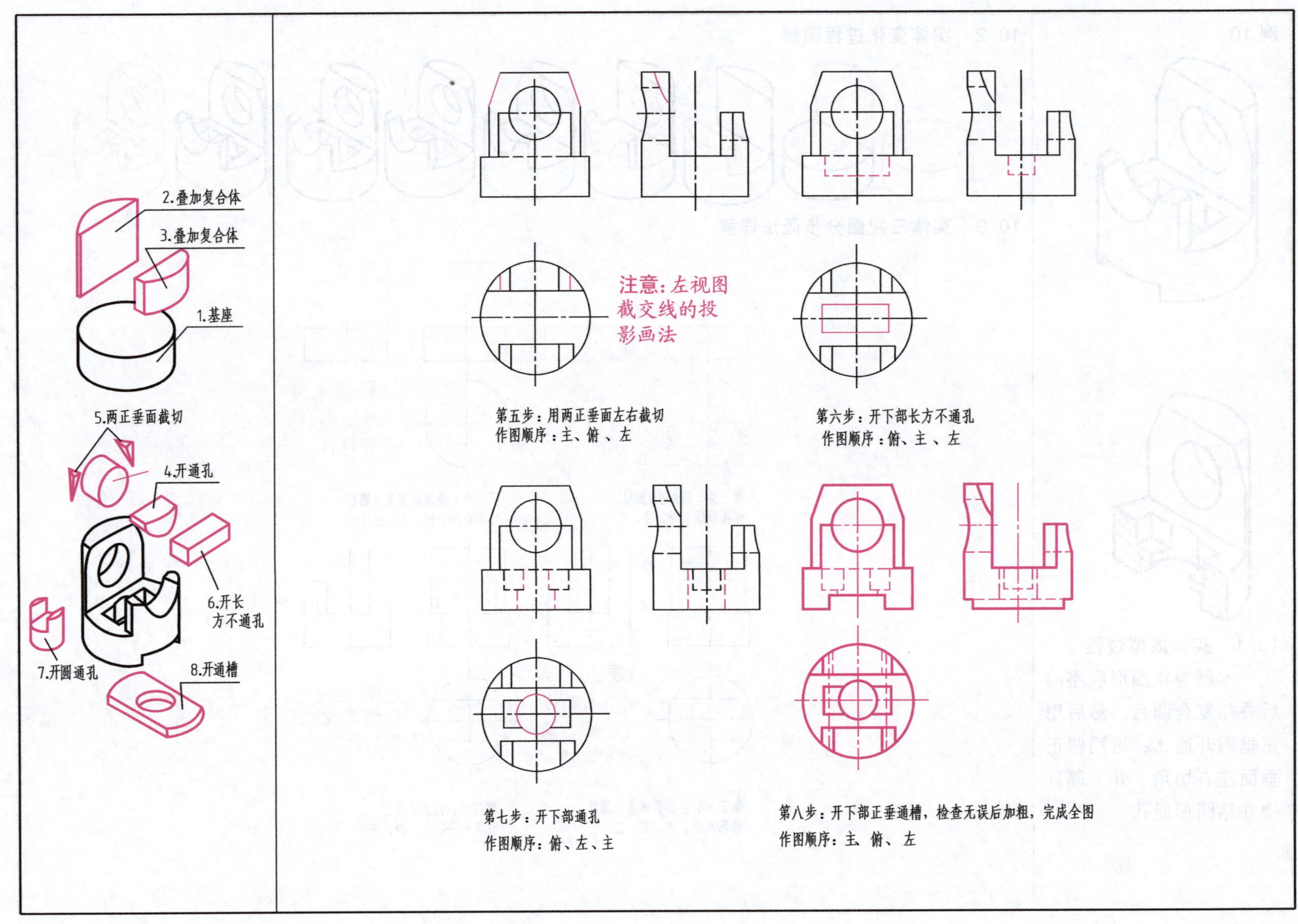

2.叠加复合体
3.叠加复合体
1.基座
5.两正垂面截切
4.开通孔
6.开长方不通孔
7.开圆通孔
8.开通槽
注意：左视图截交线的投影画法
第五步：用两正垂面左右截切
作图顺序：主、俯、左
第六步：开下部长方不通孔
作图顺序：俯、主、左
第七步：开下部通孔
作图顺序：俯、左、主
第八步：开下部正垂通槽，检查无误后加粗，完成全图
作图顺序：主、俯、左

10.4 已知主、俯视图，补画左视图的练习

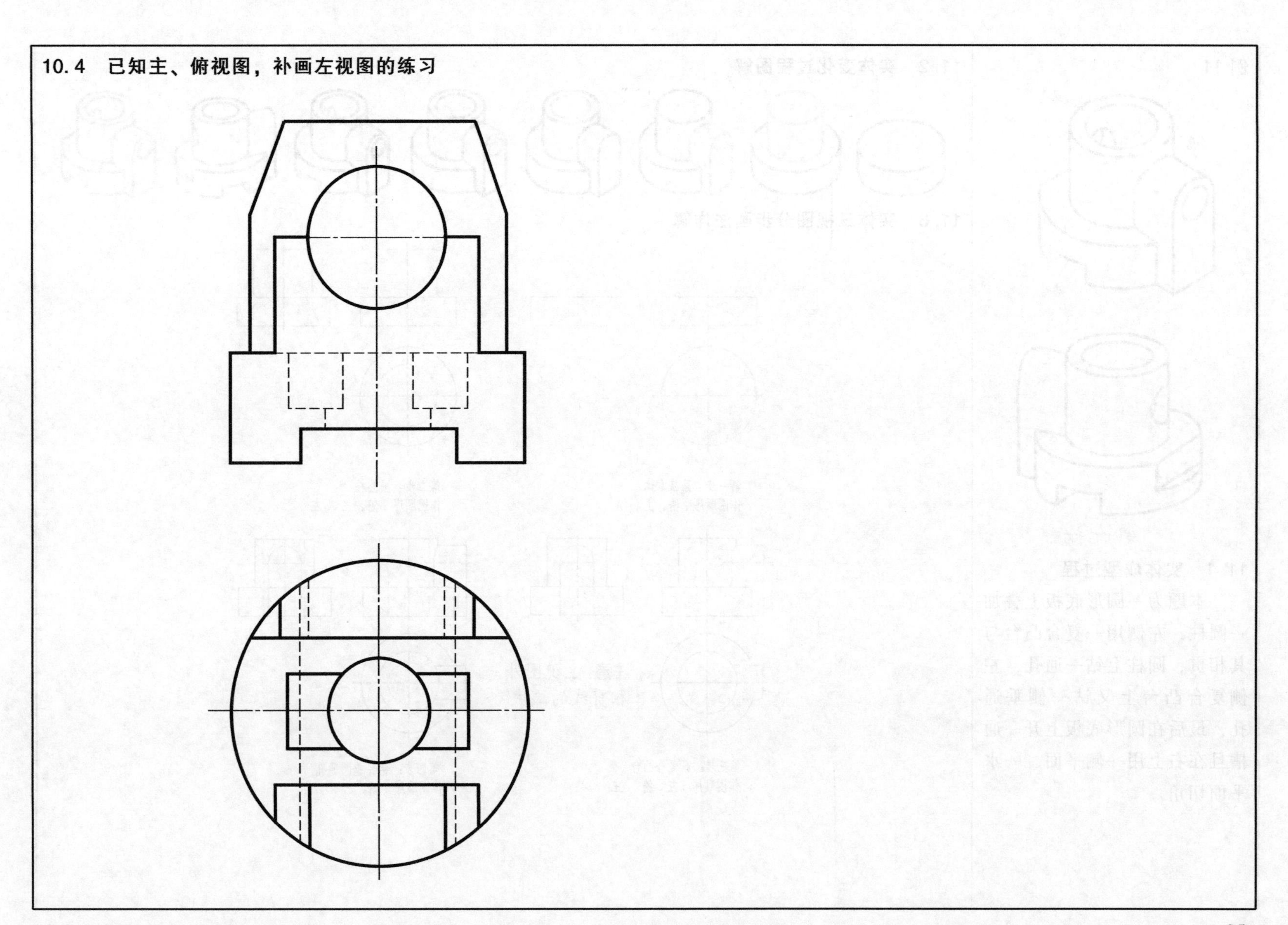

例 11

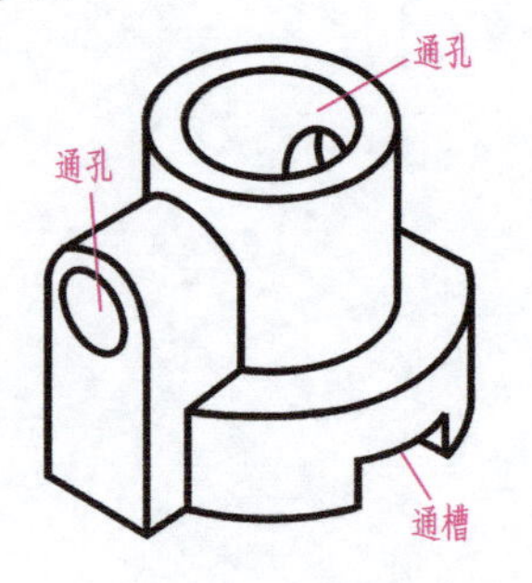

旋转180°看右面

11.1 实体成型过程

本题为一圆形底板上叠加一圆柱，左侧用一复合凸台与其相贯，圆柱上钻一通孔，左侧复合凸台上又钻一侧垂通孔，最后在圆形底板上开一通槽且在右上用一侧平面、一水平面切角。

11.2 实体变化过程图解

11.3 实体三视图分步画法详解

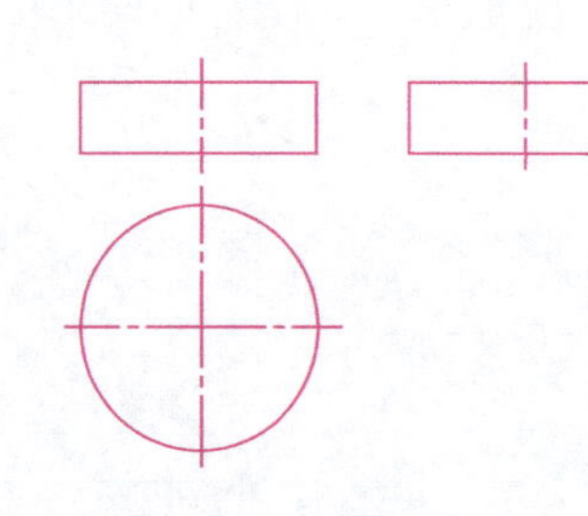

第一步：画基本体
作图顺序：俯、主、左

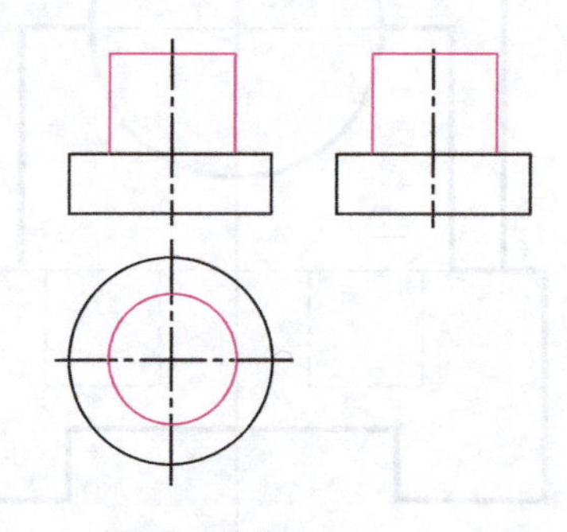

第二步：画圆柱
作图顺序：俯、主、左

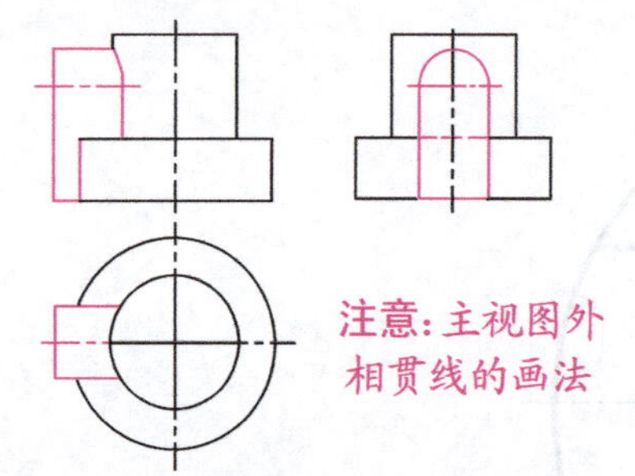

第三步：画复合凸台
作图顺序：左、俯、主

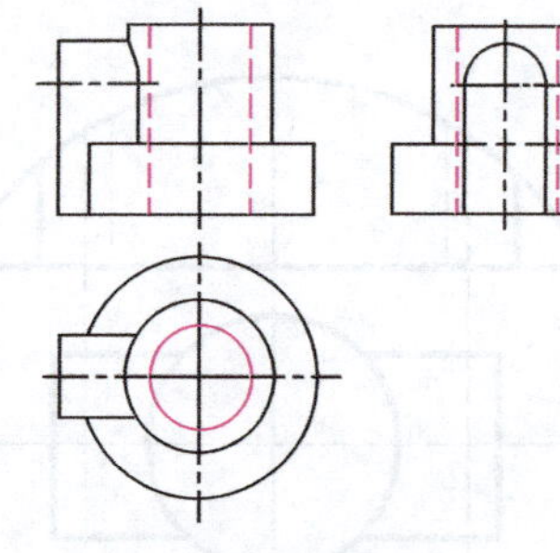

第四步：钻铅垂圆通孔
作图顺序：俯、主、左

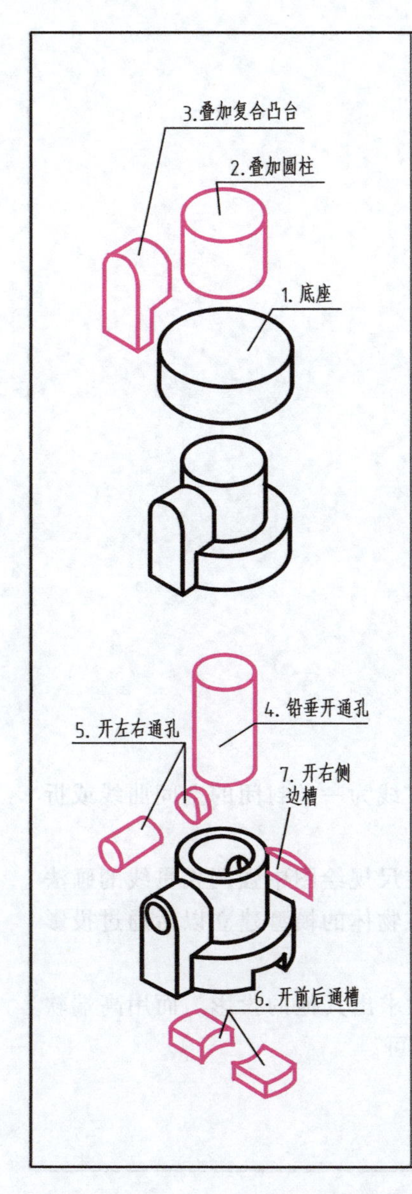

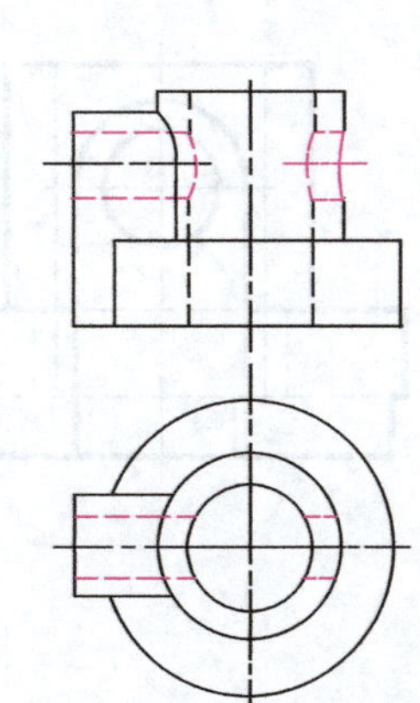
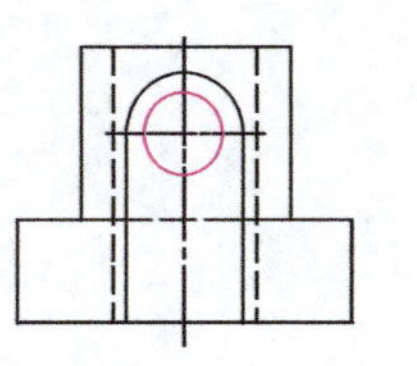

注意:主视图内、外相贯线的画法

第五步：钻侧垂圆通孔
作图顺序：左、俯、主

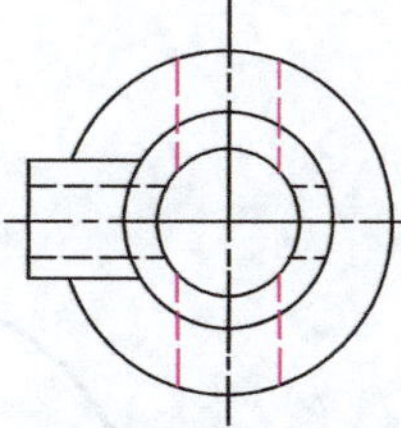
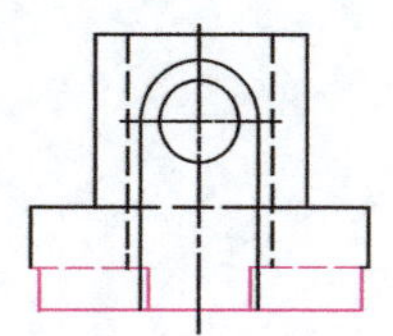

注意:左视图侧平面两线对一框的投影特性

第六步：开下部正垂通槽
作图顺序：主、俯、左

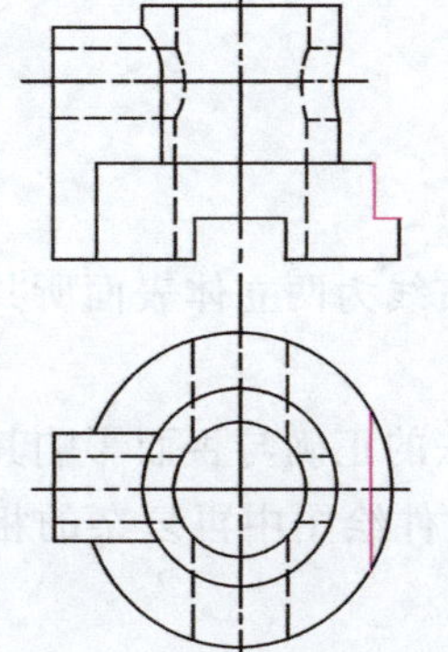
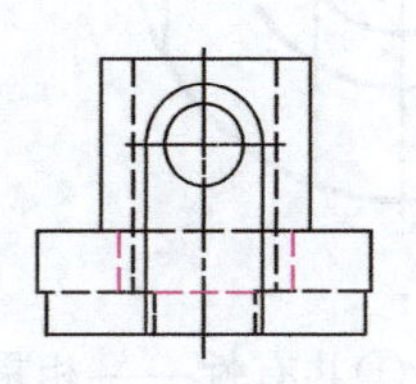
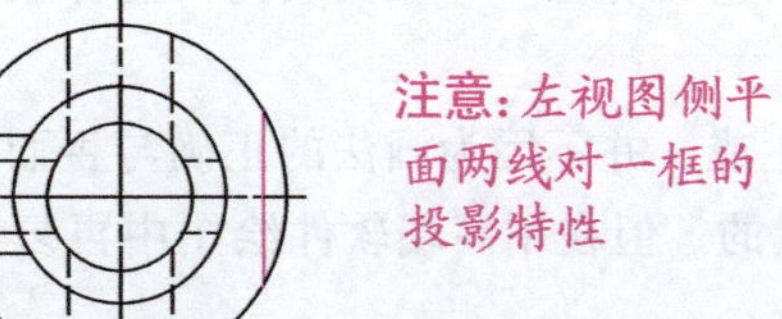

注意:左视图侧平面两线对一框的投影特性

第七步：用侧平面、水平面在右下切口
作图顺序：主、俯、左

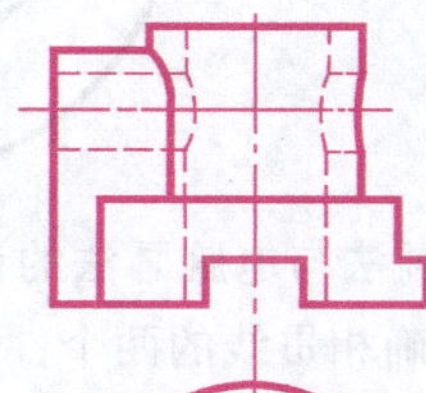
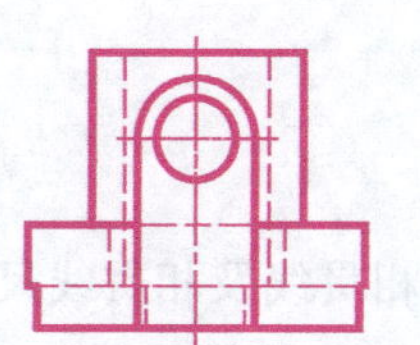
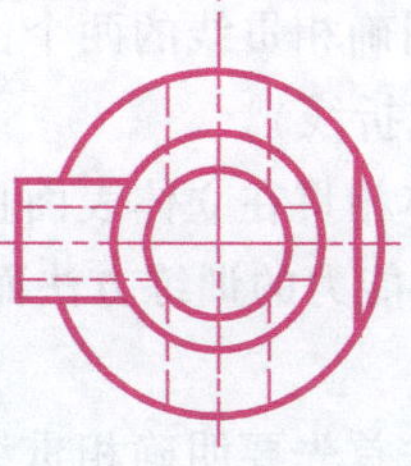

第八步：检查无误后加粗，完成全图

11.4 已知俯、左视图，补画主视图的练习

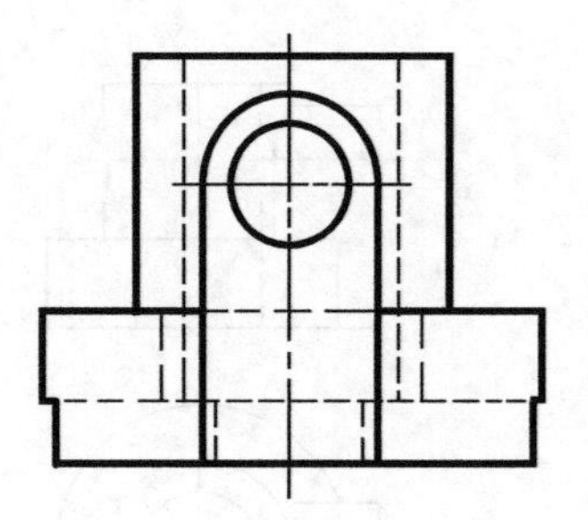

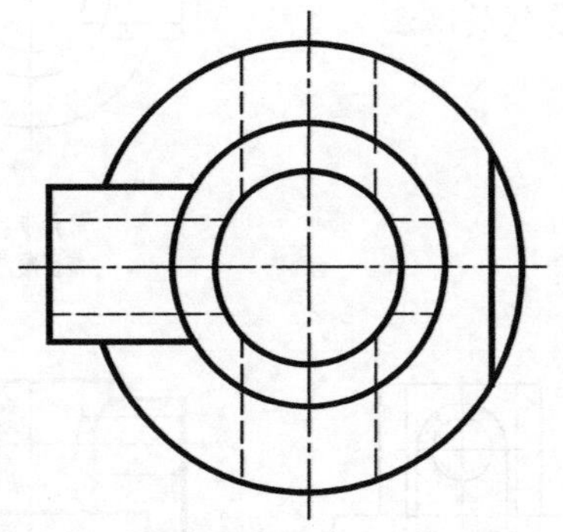

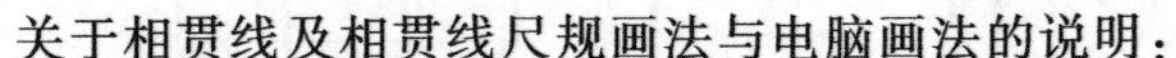

关于相贯线及相贯线尺规画法与电脑画法的说明：

1. 学习相贯线的画法要明确相贯线的两个性质：①共有性——相贯线为两立体表面所共有；②相贯线为一条封闭的空间曲线或折线（特殊情况下为平面曲线或折线）。

2. 要明确相贯线为两立体相贯在立体表面自然生成，并不因为画法的正确与否而影响其形状，但在尺规绘图中强调相贯线的画法主要是作为一种提高空间想象能力的训练方法而设置的。但在用高端软件绘图中再复杂的相贯线都是在物体的模型建立以后通过投影由计算机自动生成。

3. 学习相贯线的尺规画法首先要明确相贯线的已知投影（有积聚性的投影），然后再利用投影特性求出其他的投影。而用高端软件绘图则是要确定两相贯体的形状和相对位置，并使其在空间相交自然生成，然后直接向投影面投影即可。

4. 尺规绘图相贯线的两种画法：①利用积聚性法；②辅助平面法。

例 12

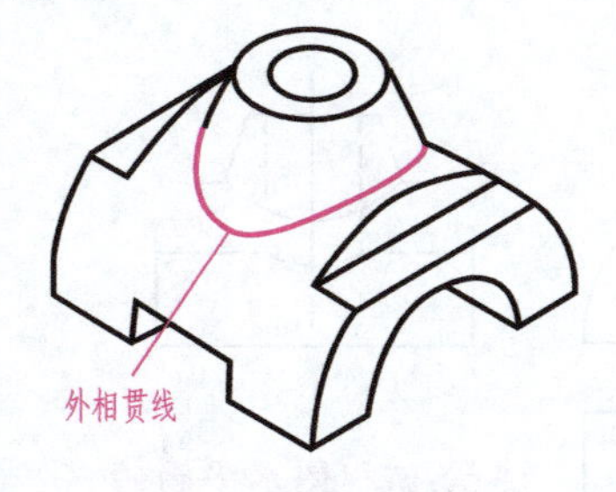

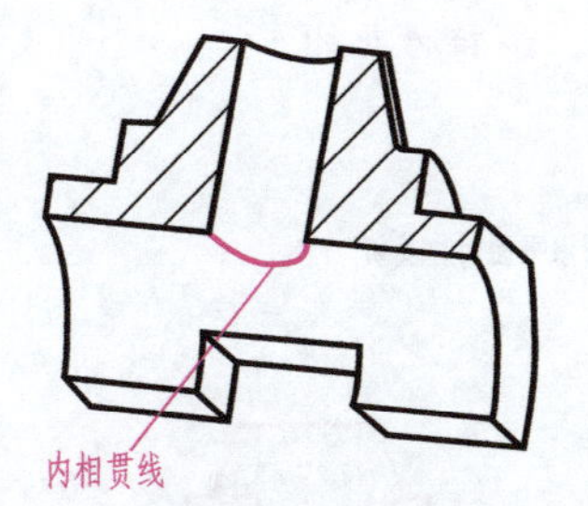

12.1 实体成型过程

本题为在一半圆筒上用一锥台与其铅垂相贯，在上部钻一铅垂通孔，在前后用两正平面、两水平面对称截切，然后在下部开一侧垂通槽。

12.2 实体变化过程图解

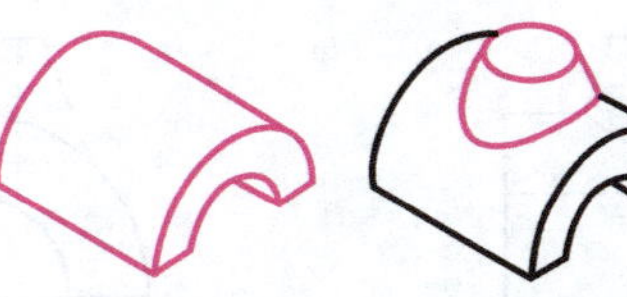

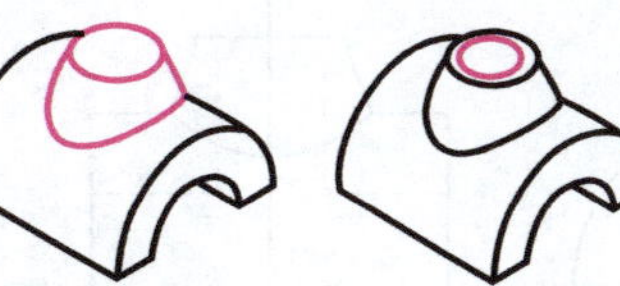

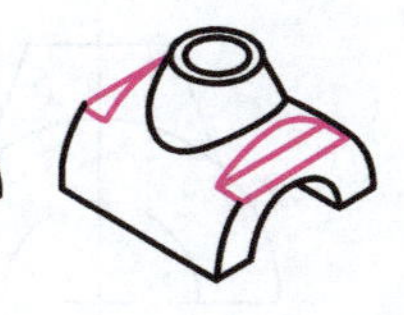

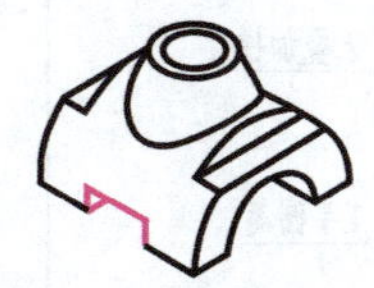

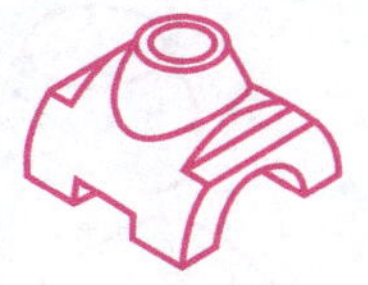

12.3 实体三视图分步画法详解

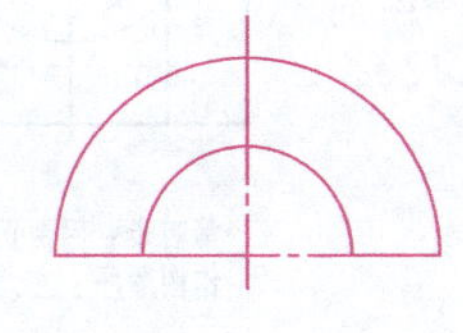

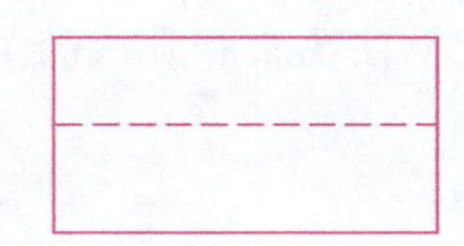

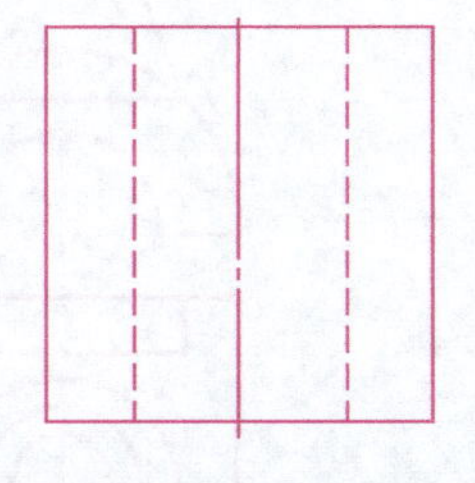

第一步：画半圆筒
作图顺序：主、左、俯

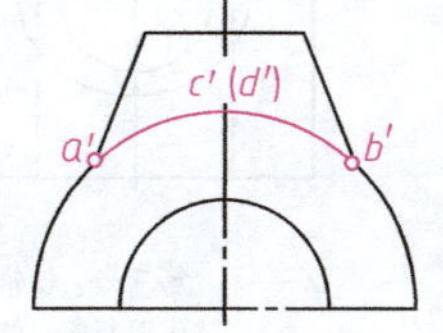

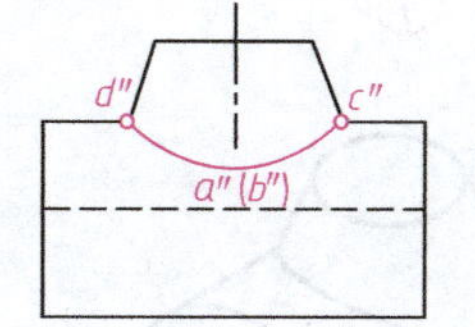

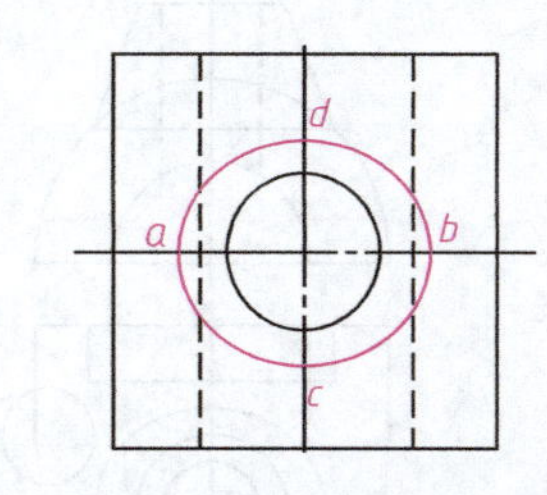

注意：相贯线的求法：此步主视图的相贯线投影为已知，在相贯线的求法中属知一求二类型，故首先确定a′、b′、c′、d′，再根据点的投影特性找出 a、a″、b、b″、c、c″，然后再利用辅助平面法求出几个一般位置点的投影并光滑连线，完成外相贯线的另外两个投影

第二步：画锥台(与半圆筒相贯)
作图顺序：主、(左、俯同步交替绘制)

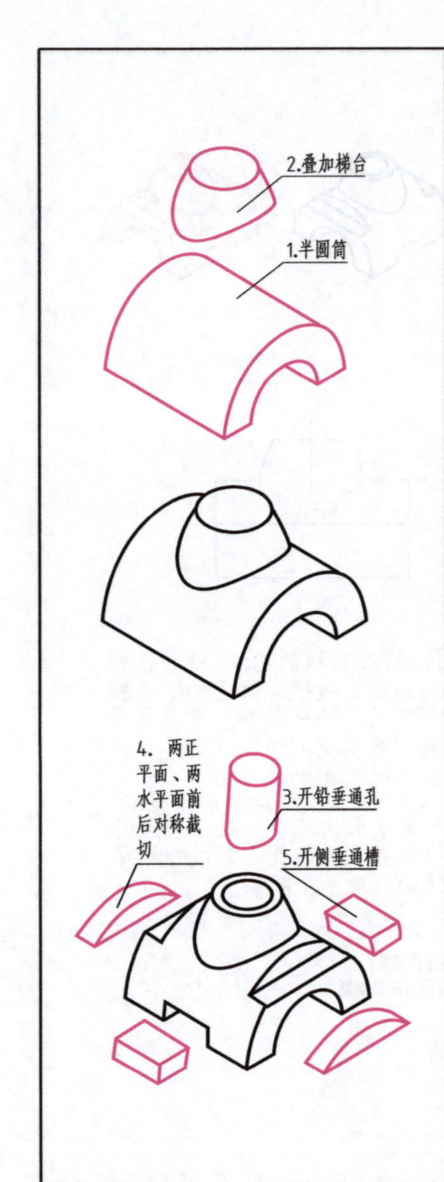

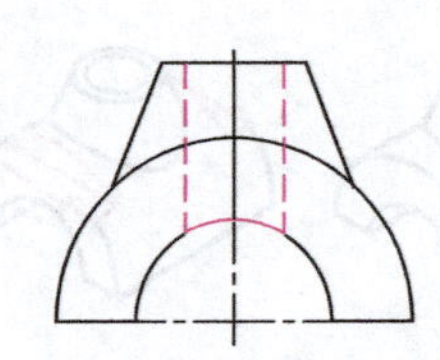
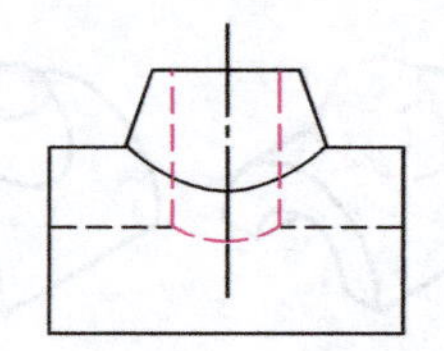
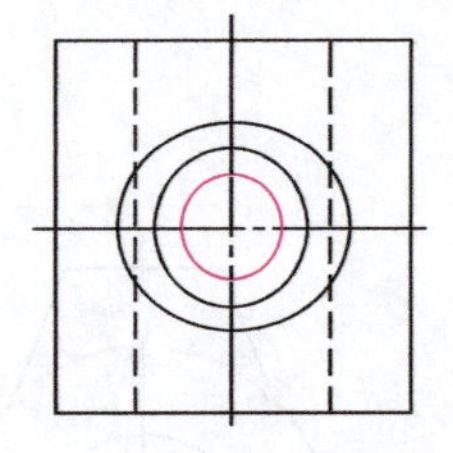

注意：相贯线的求法：此步主、俯视图相贯线的投影为已知(有积聚性)，属知二求三类型，首先求出特殊位置的点的投影，再按简化画法画出相贯线的第三投影。

第三步：钻铅垂通孔
作图顺序：俯、主、左

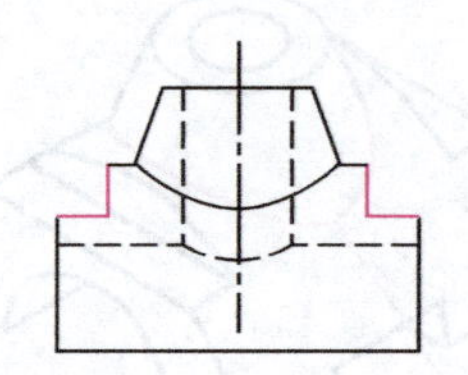
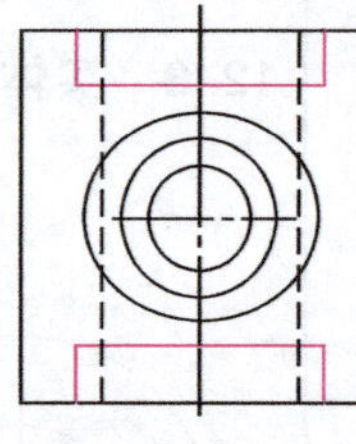
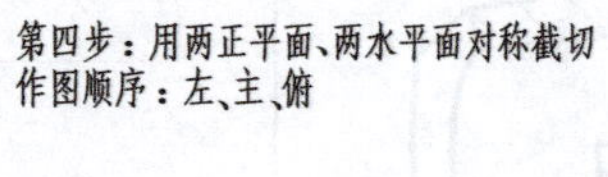

注意：俯视图水平面的投影可根据投影面平行面两线对一框的投影特性画出。

第四步：用两正平面、两水平面对称截切
作图顺序：左、主、俯

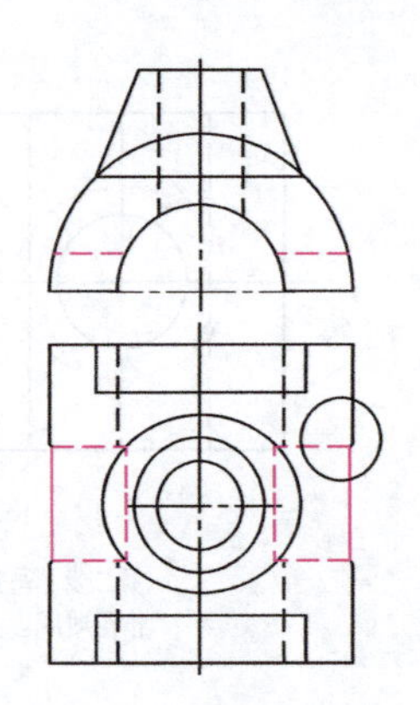
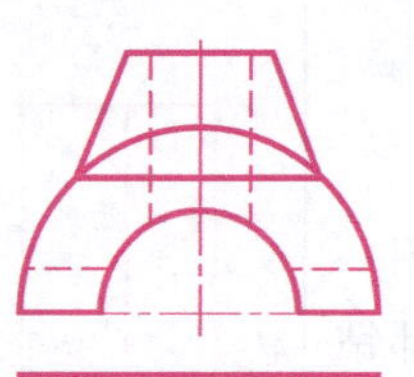

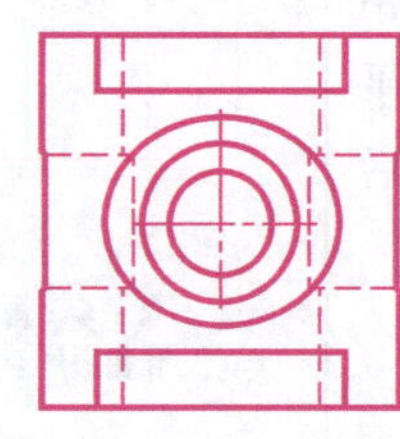

注意：俯视图水平面两线对一框的投影特性。

第五步：开侧垂通槽
作图顺序：左、主、俯

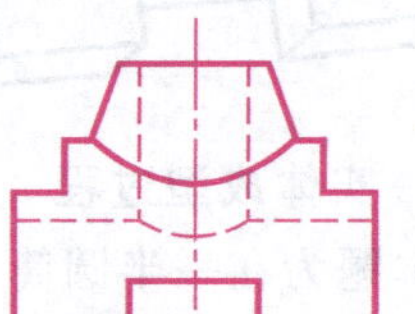

第六步：检查无误后加粗，完成全图

12.4 已知主、左视图，补画俯视图的练习

例 13

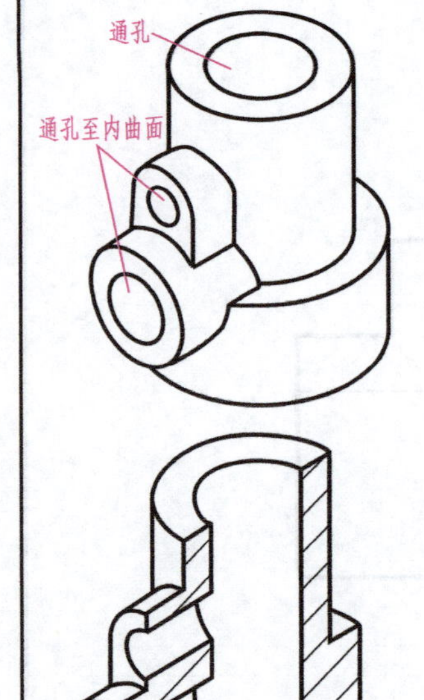

13.1 实体成型过程

本题为一圆柱底板上叠加一圆柱，在左方侧垂贯一圆柱，其上再贯一复合凸台，上部钻一铅垂通孔，左下在图示方向开两侧垂通孔（孔深至铅垂通孔内表面）。

13.2 实体变化过程图解

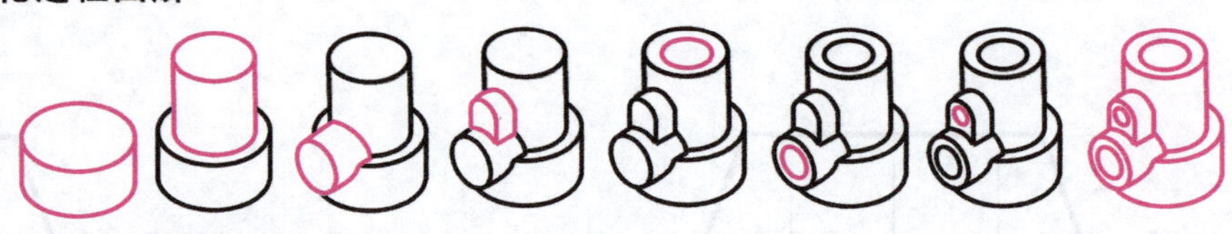

13.3 实体三视图分步画法详解

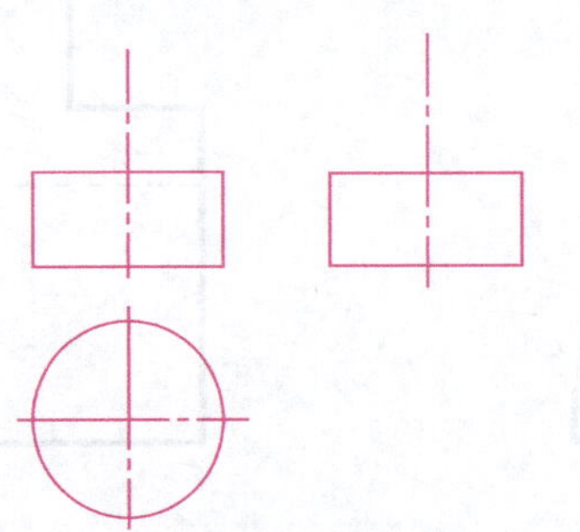

第一步：画圆形底板
作图顺序：俯、主、左

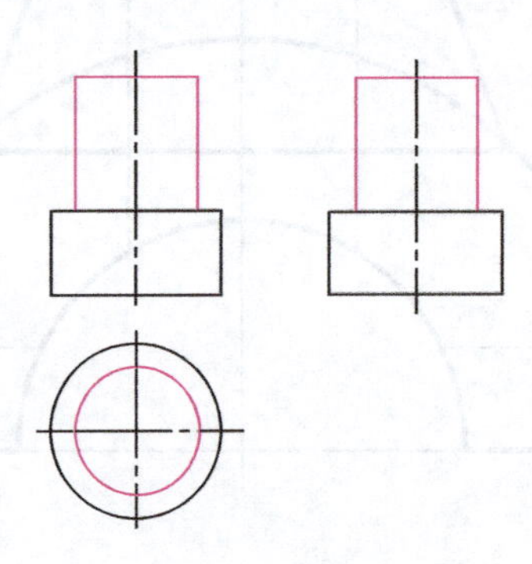

第二步：画圆柱
作图顺序：俯、主、左

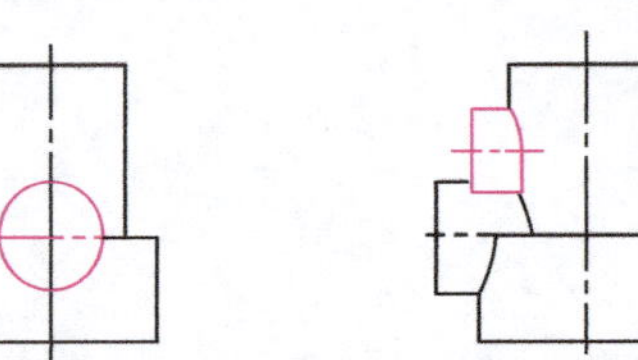

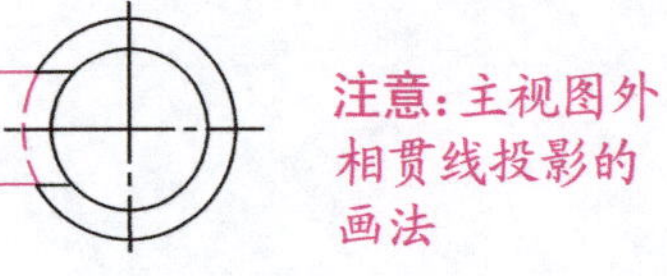

第三步：画圆形凸台
作图顺序：左、俯、主

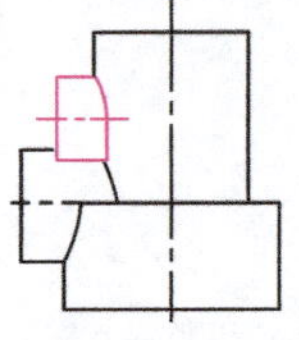

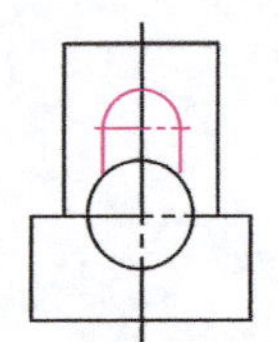

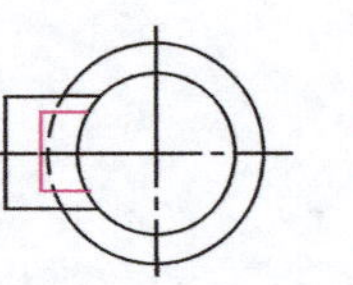

第四步：画复合凸台
作图顺序：左、俯、主

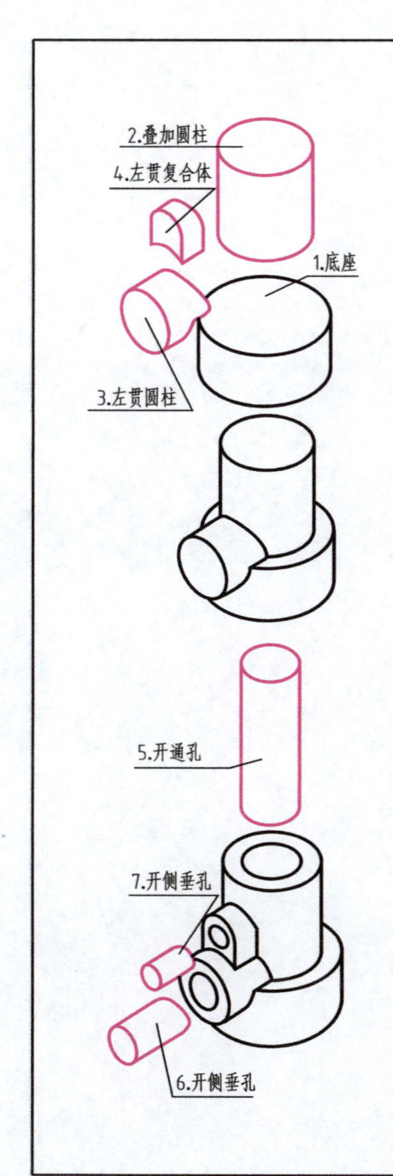

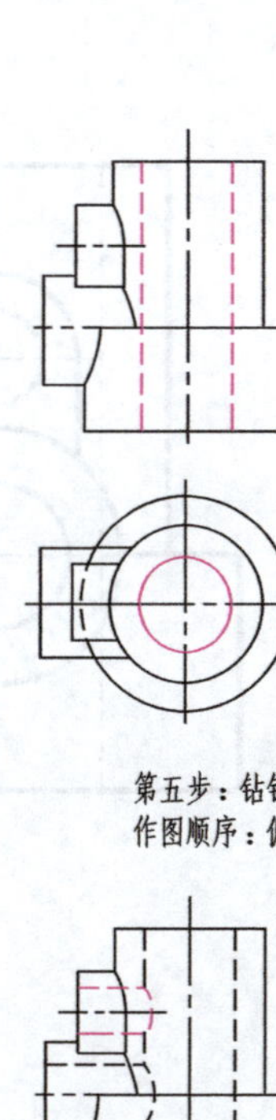
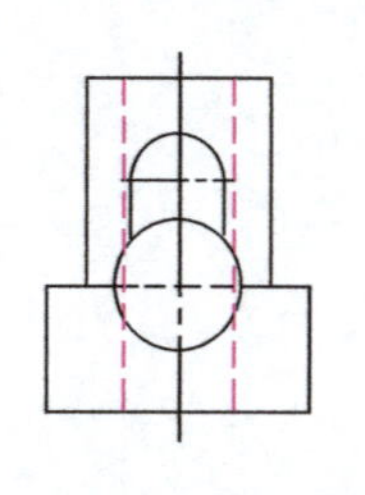
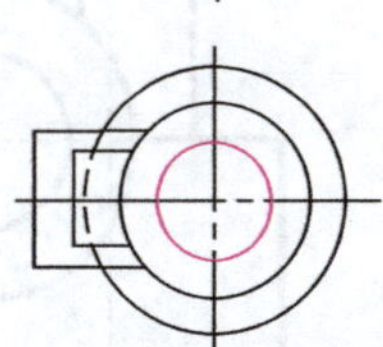

第五步：钻铅垂通孔
作图顺序：俯、主、左

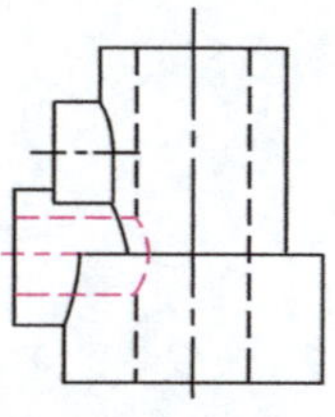
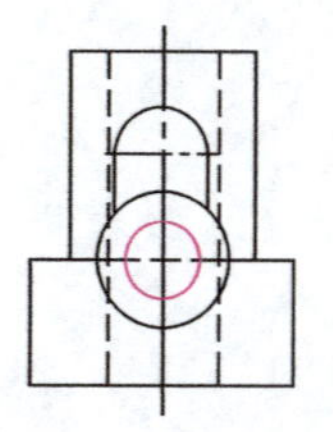
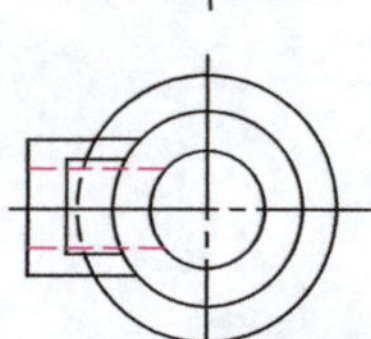

注意：主视图内相贯线投影的画法

第六步：钻下侧垂孔
作图顺序：左、俯、主

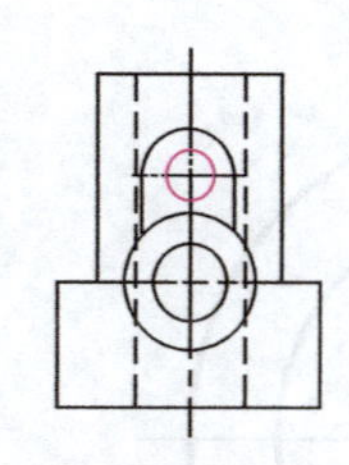
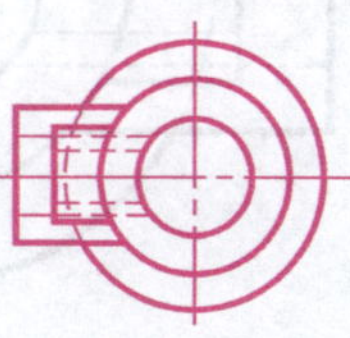
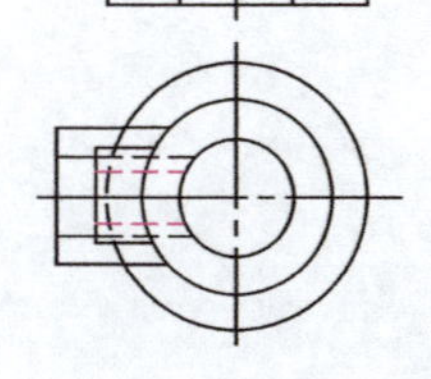

注意：主视图内相贯线投影的画法

第七步：钻上侧垂孔
作图顺序：左、俯、主

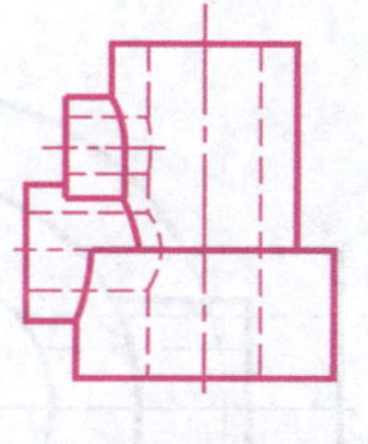
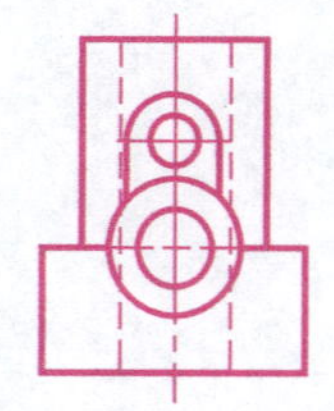

第八步：检查无误后加粗，完成全图

13.4　已知俯、左视图，补画主视图的练习

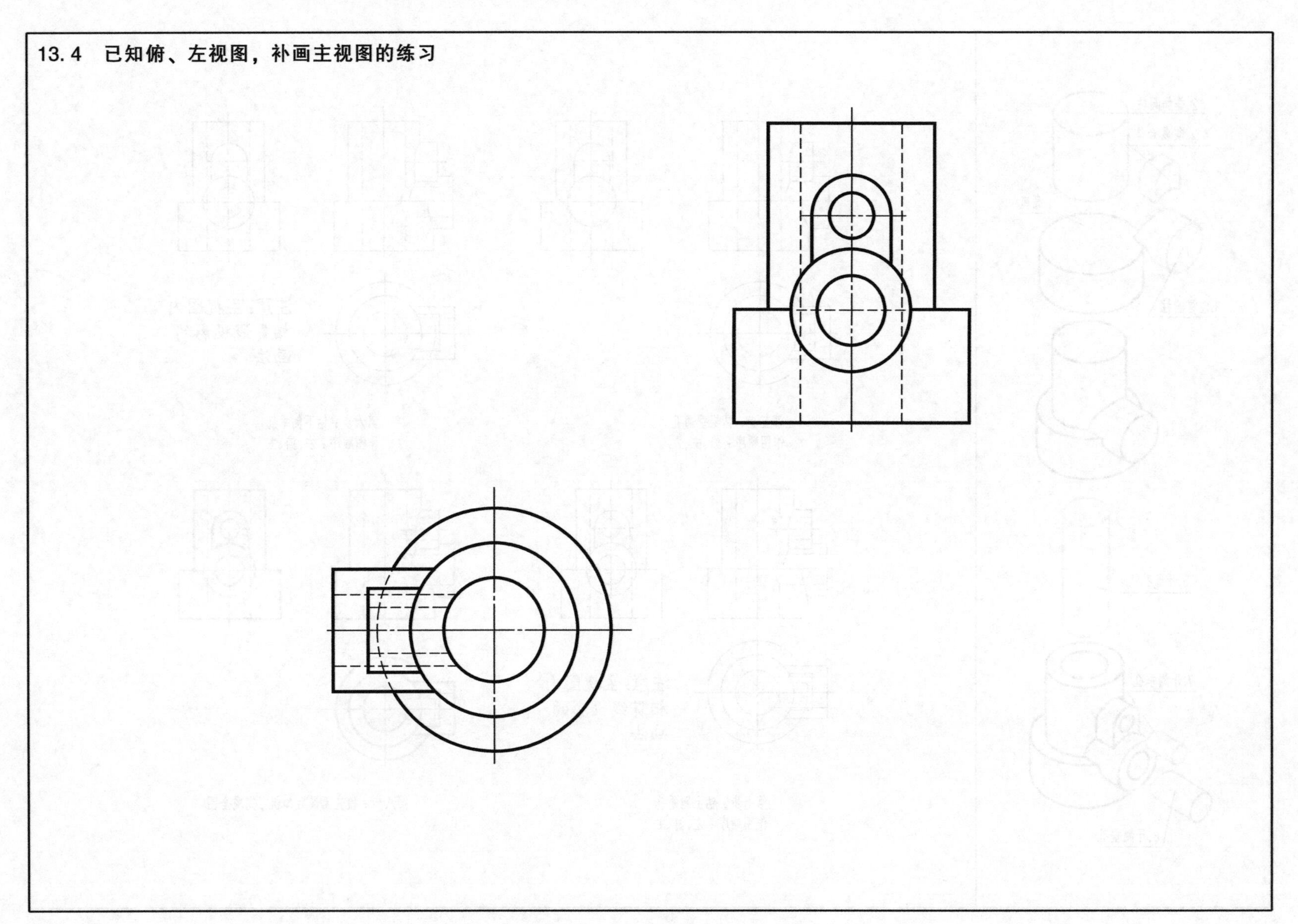

例 14

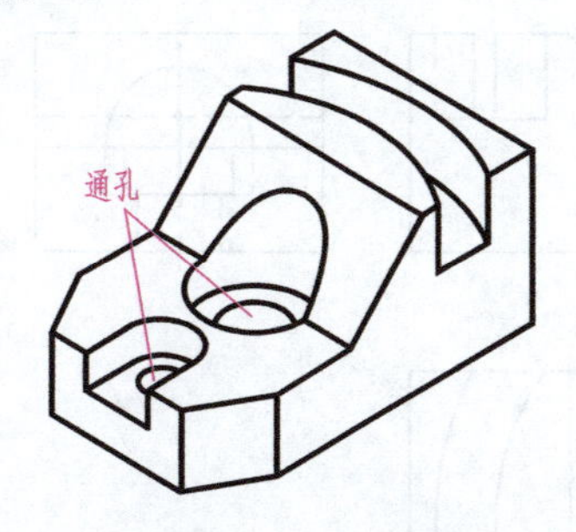

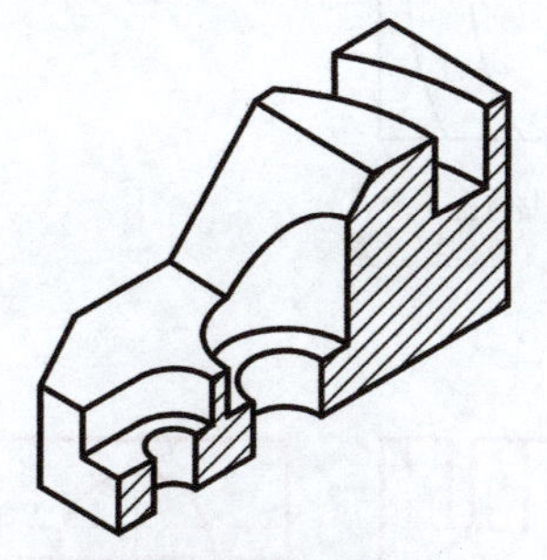

14.1 实体成型过程

本题为一复合基本体，在其右上部开一圆弧槽，在其正垂面与水平面的交线处铣一不通孔，然后钻一通孔，在左平面图示位置铣一复合槽后钻通孔，最后在左边前后对称切角。

14.2 实体变化过程图解

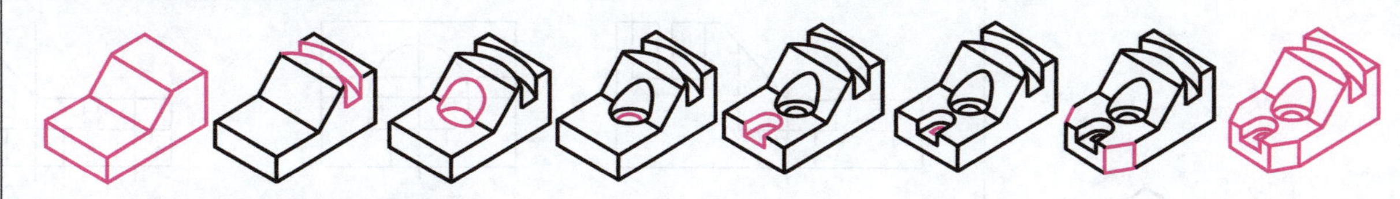

14.3 实体三视图分步画法详解

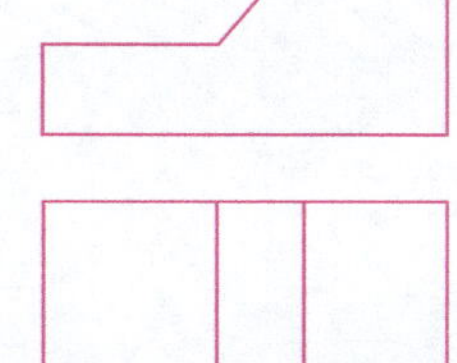

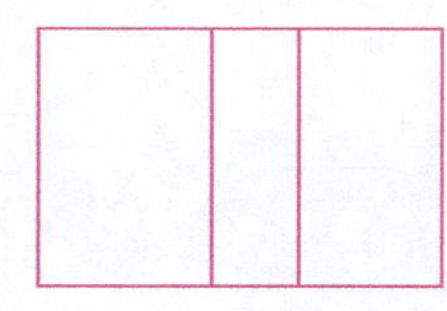

第一步：画复合基本体
作图顺序：主、左、俯

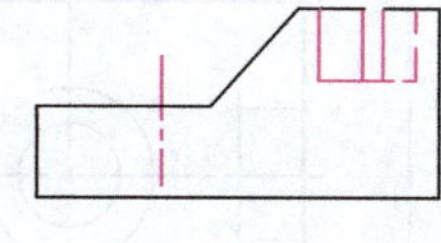

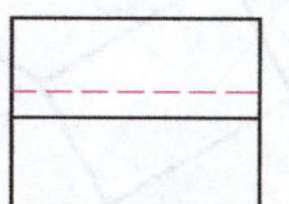

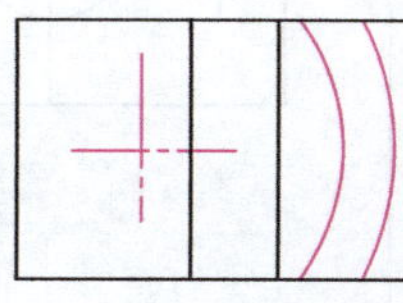

第二步：开圆弧槽
作图顺序：俯、左、主

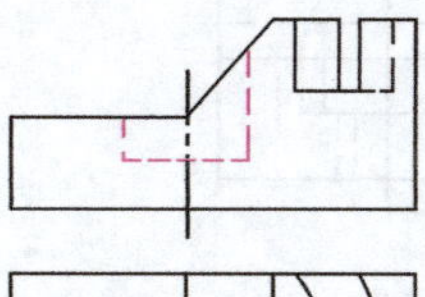

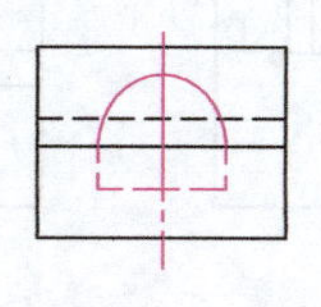

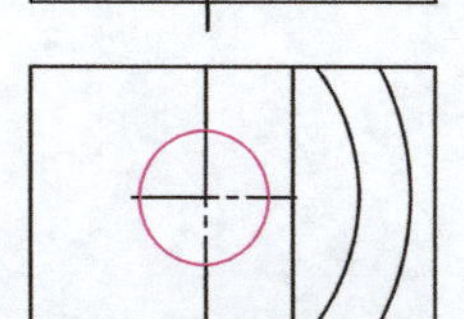

注意：左视图截交线的投影

第三步：铣圆形不通孔
作图顺序：俯、主、左

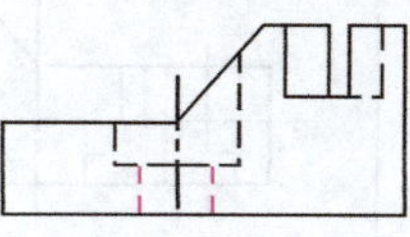

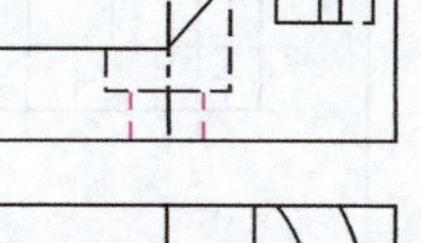

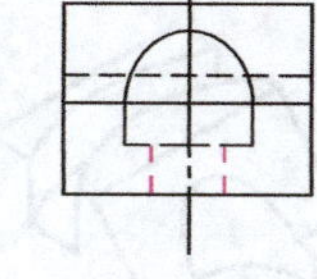

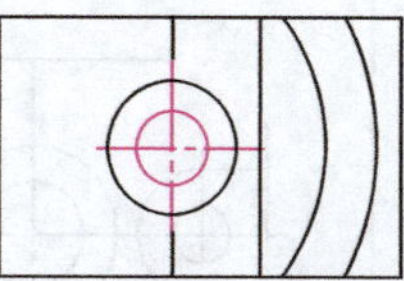

第四步：钻通孔
作图顺序：俯、主、左

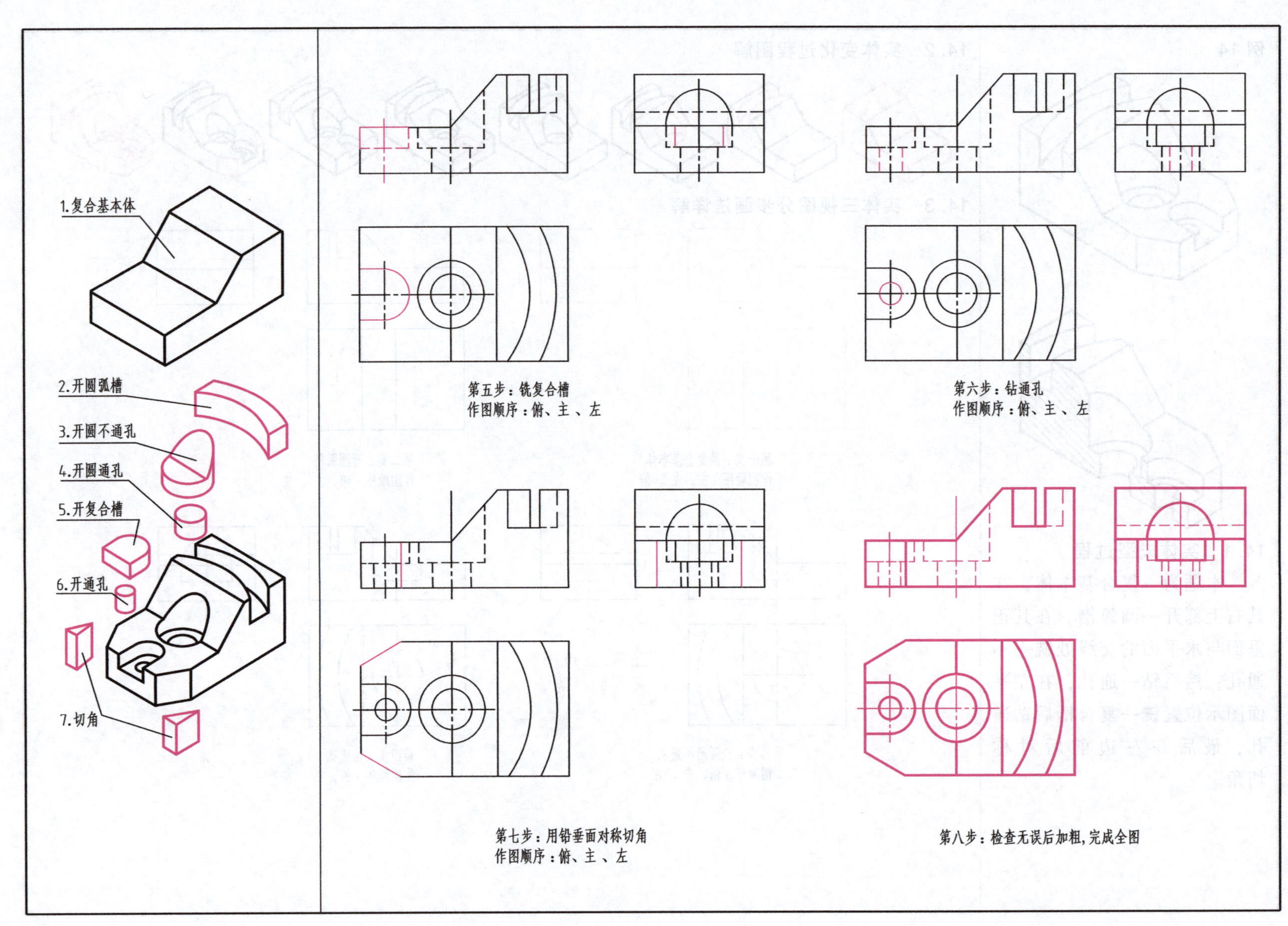

1.复合基本体
2.开圆弧槽
3.开圆不通孔
4.开圆通孔
5.开复合槽
6.开通孔
7.切角
第五步：铣复合槽
作图顺序：俯、主、左
第六步：钻通孔
作图顺序：俯、主、左
第七步：用铅垂面对称切角
作图顺序：俯、主、左
第八步：检查无误后加粗，完成全图

14.4 已知主、俯视图，补画左视图的练习

例 15

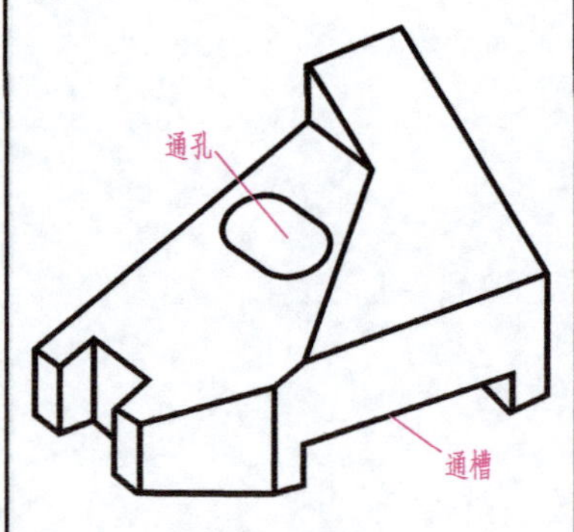

15.1 实体成型过程

本题为一长方体被一侧平面、一正垂面在图示位置截切，用一侧垂面、一铅垂面截切，再在底部及左端开通槽，最后铣一铅垂腰圆通孔。

提示：此题属于比较复杂的切割型组合体，画类似于这样形体的三视图必须要分析出它的成型步骤，然后按照截切面的定位尺寸按顺序逐步画图，有部分形体的定形尺寸属于在切割中自然生成的。

15.2 实体变化过程图解

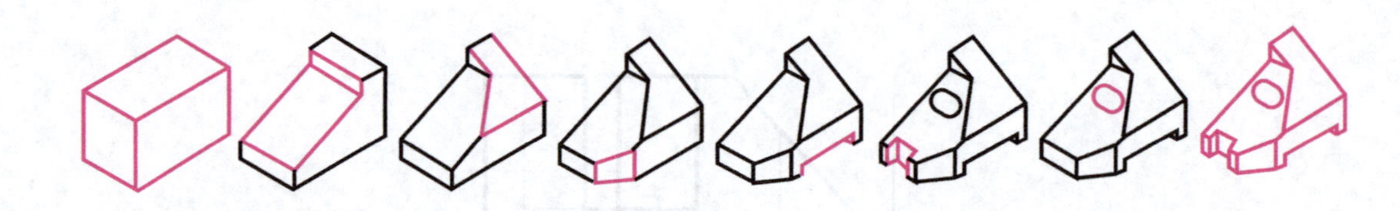

15.3 实体三视图分步画法详解

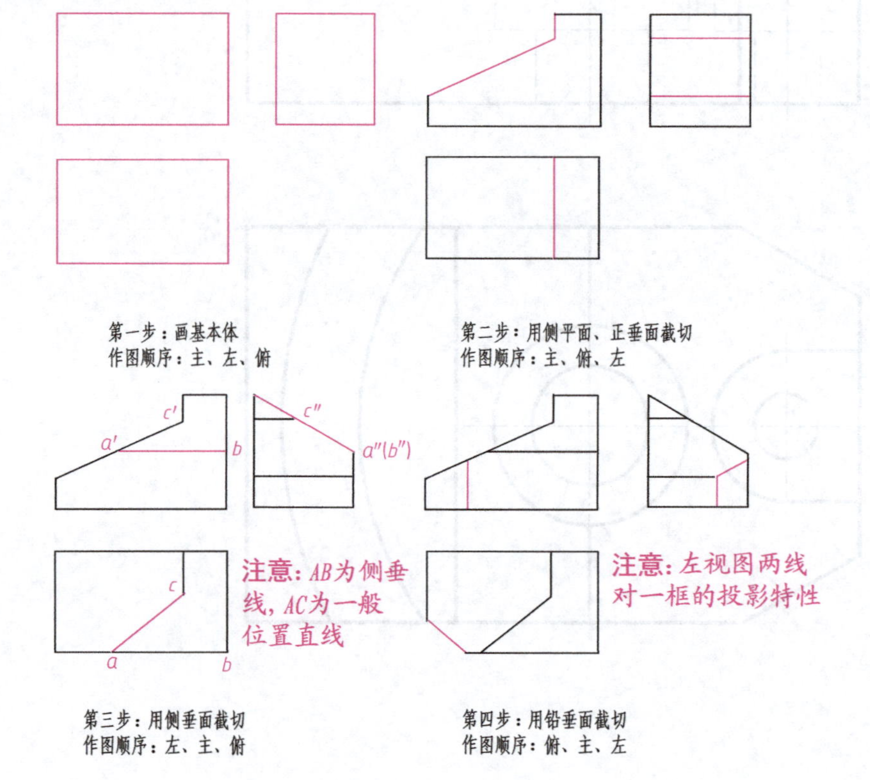

第一步：画基本体
作图顺序：主、左、俯

第二步：用侧平面、正垂面截切
作图顺序：主、俯、左

第三步：用侧垂面截切
作图顺序：左、主、俯

第四步：用铅垂面截切
作图顺序：俯、主、左

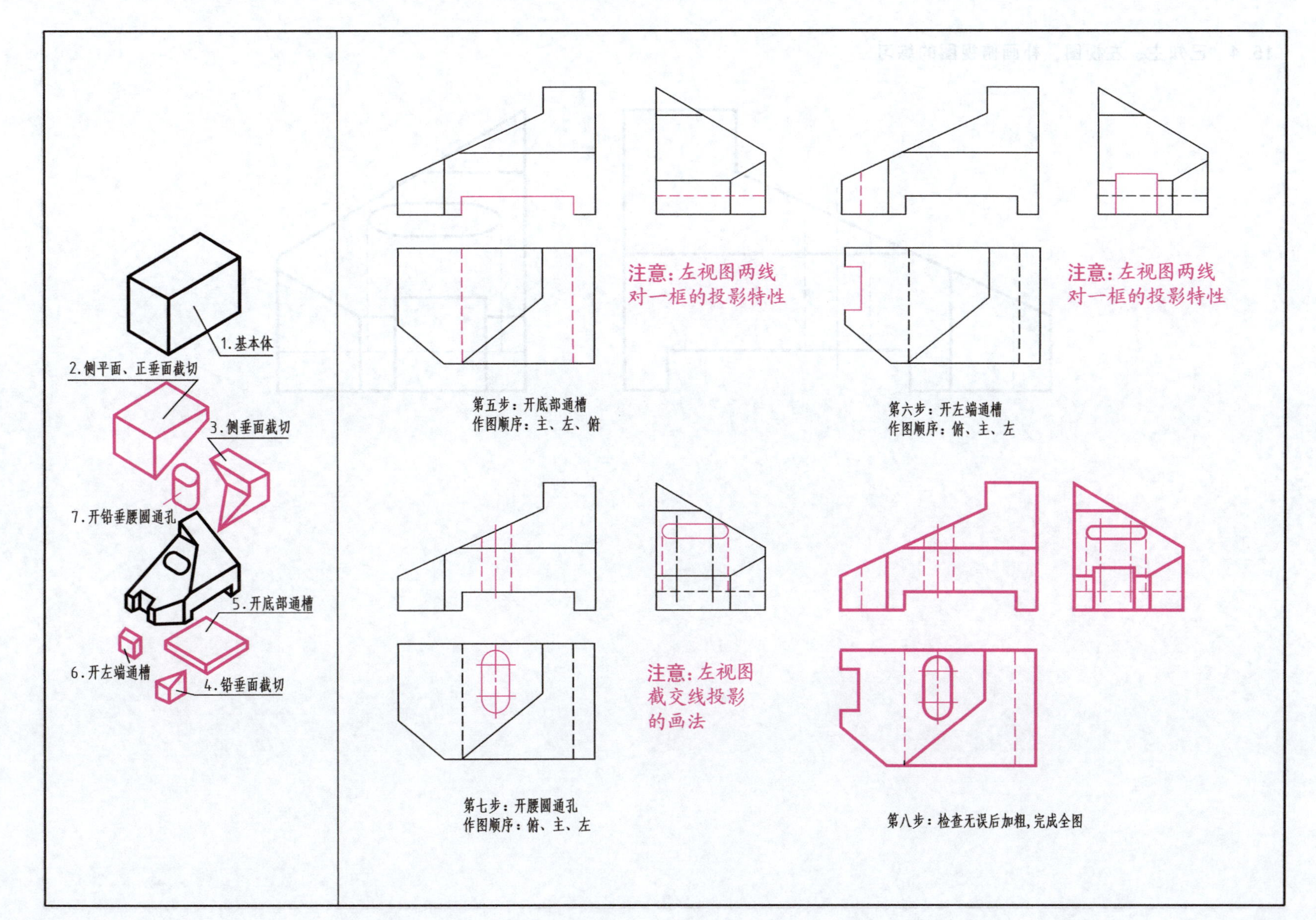
1.基本体
2.侧平面、正垂面截切
3.侧垂面截切
7.开铅垂腰圆通孔
5.开底部通槽
6.开左端通槽
4.铅垂面截切
注意：左视图两线对一框的投影特性
第五步：开底部通槽
作图顺序：主、左、俯
注意：左视图两线对一框的投影特性
第六步：开左端通槽
作图顺序：俯、主、左
注意：左视图截交线投影的画法
第七步：开腰圆通孔
作图顺序：俯、主、左
第八步：检查无误后加粗，完成全图

15.4 已知主、左视图，补画俯视图的练习

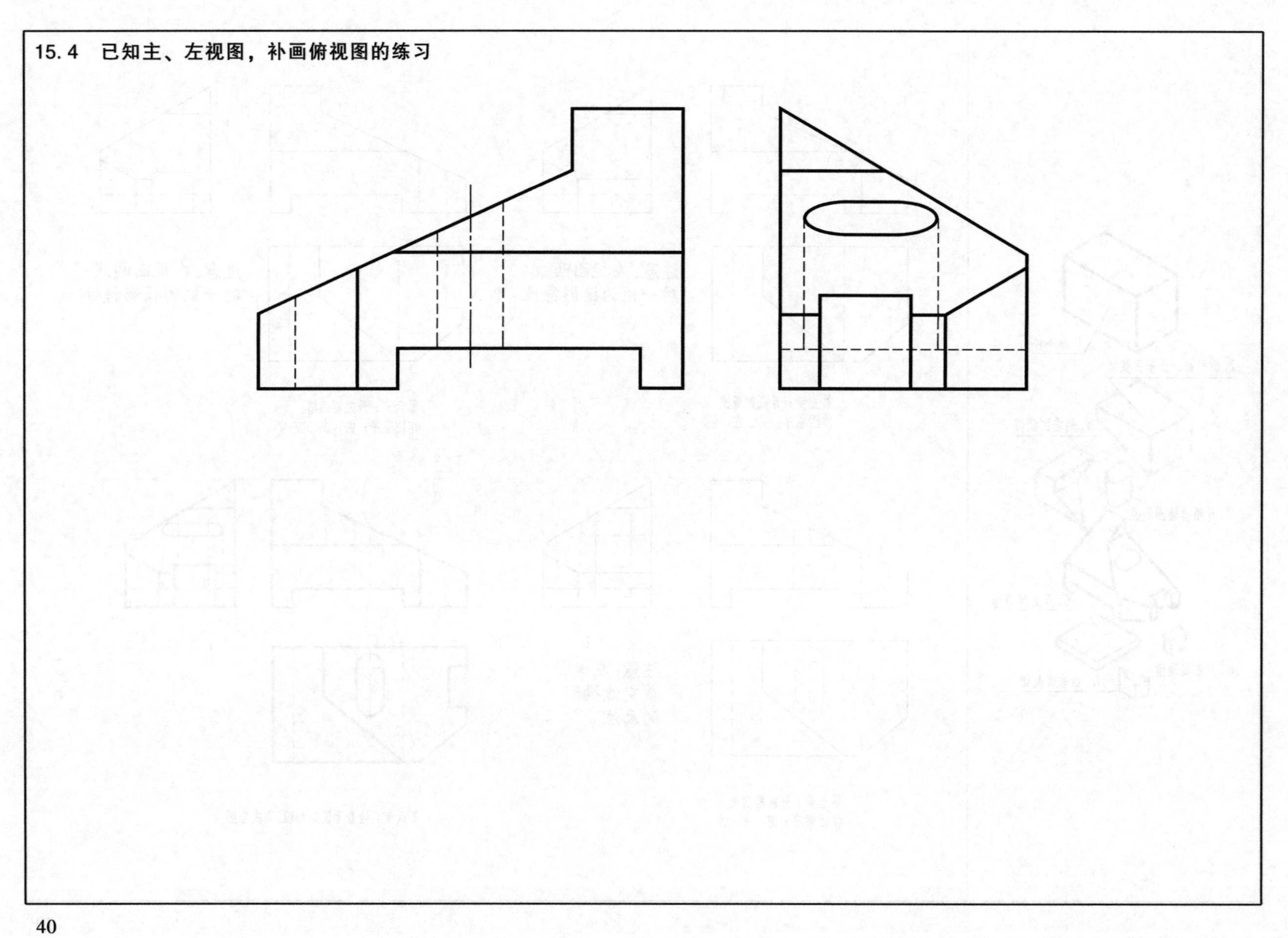

例 16

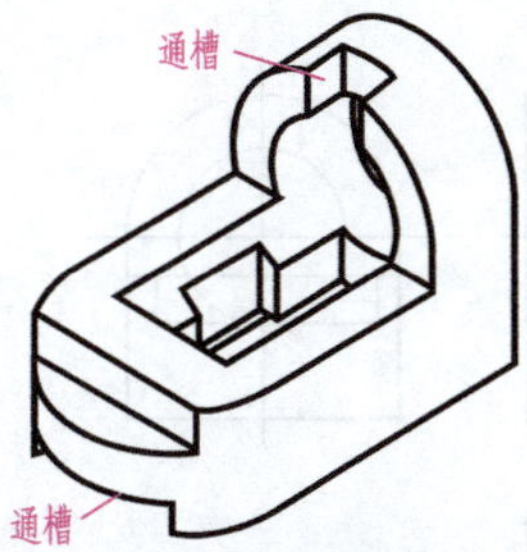

通槽

通槽

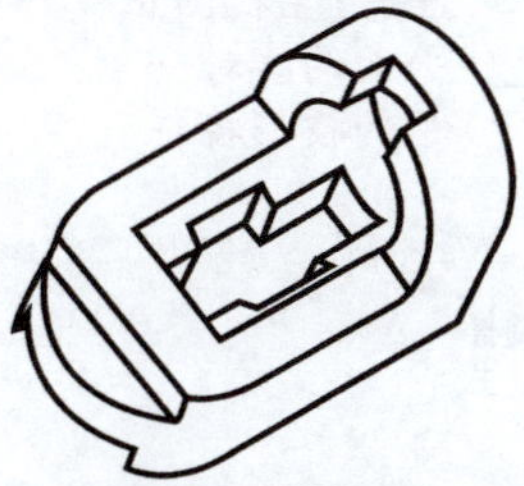

16.1 实体成型过程

本题为在一复合基本体底板的右上起一复合立板，在复合立板左侧且与复合立板半圆同心处钻一侧垂不通孔，孔深至复合基本体底板半圆柱中心，在复合基本体底板左侧用一侧平面、一水平面切口，并在图示位置开一窄一宽通槽，最后在底部开一侧垂通槽。

16.2 实体变化过程图解

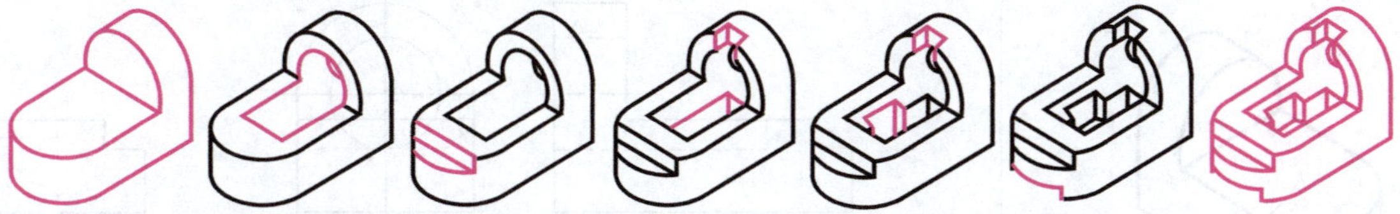

16.3 实体三视图分步画法详解

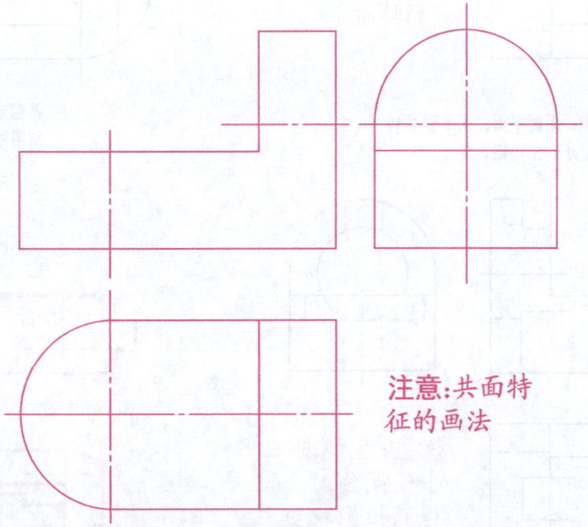

注意：共面特征的画法

第一步：画复合基本体
作图顺序：左、俯、主

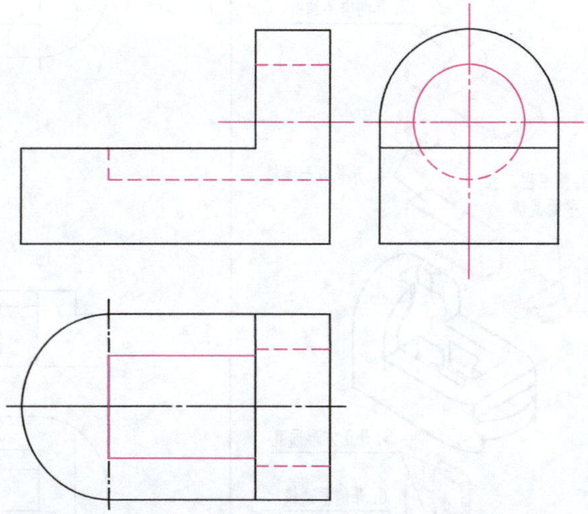

第二步：开侧垂圆不通孔
作图顺序：左、主、俯

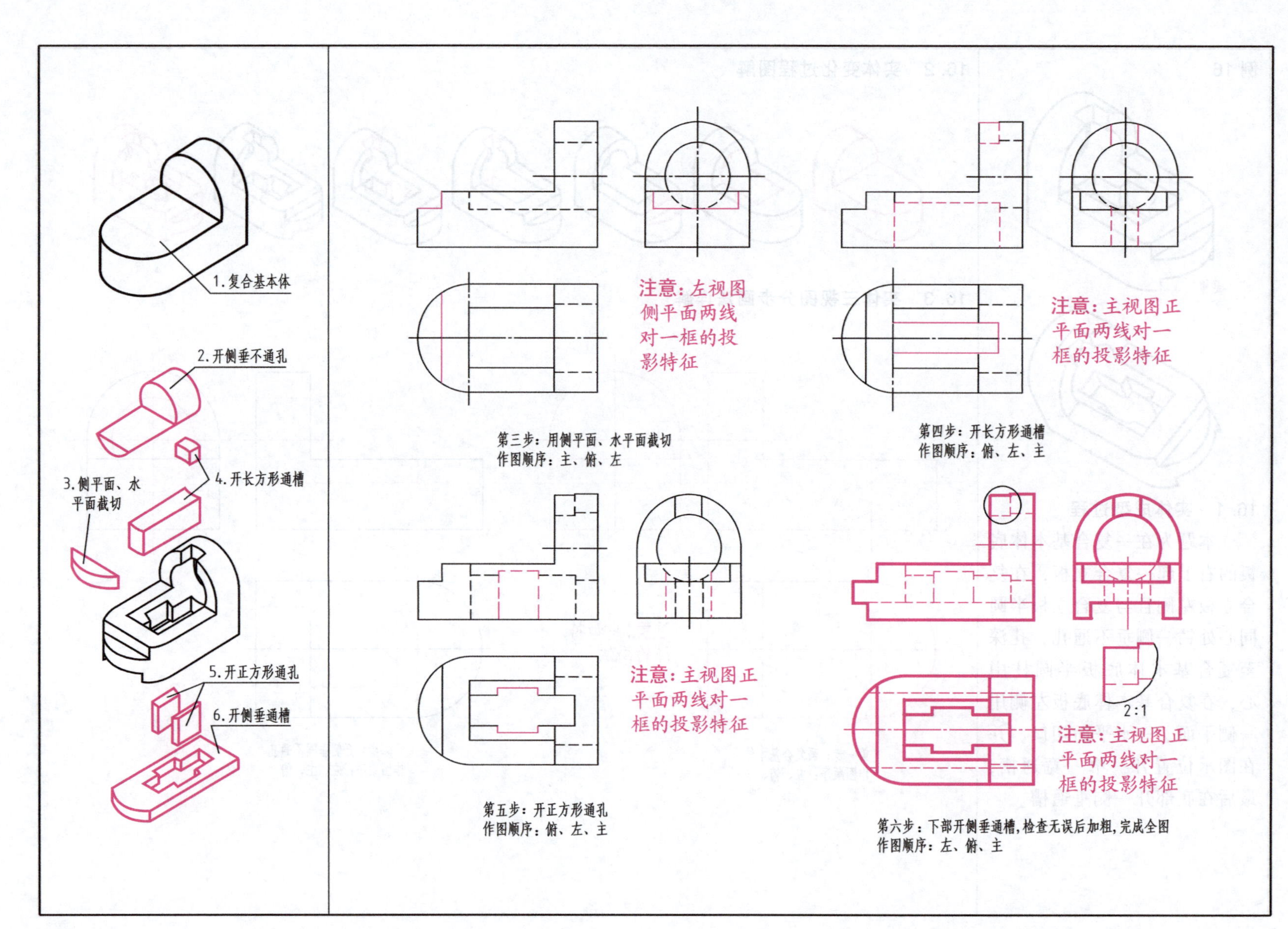
1.复合基本体
2.开侧垂不通孔
3.侧平面、水平面截切
4.开长方形通槽
5.开正方形通孔
6.开侧垂通槽
注意：左视图侧平面两线对一框的投影特征
第三步：用侧平面、水平面截切
作图顺序：主、俯、左
注意：主视图正平面两线对一框的投影特征
第四步：开长方形通槽
作图顺序：俯、左、主
注意：主视图正平面两线对一框的投影特征
第五步：开正方形通孔
作图顺序：俯、左、主
2:1
注意：主视图正平面两线对一框的投影特征
第六步：下部开侧垂通槽，检查无误后加粗，完成全图
作图顺序：左、俯、主

16.4 已知俯、左视图，补画主视图的练习

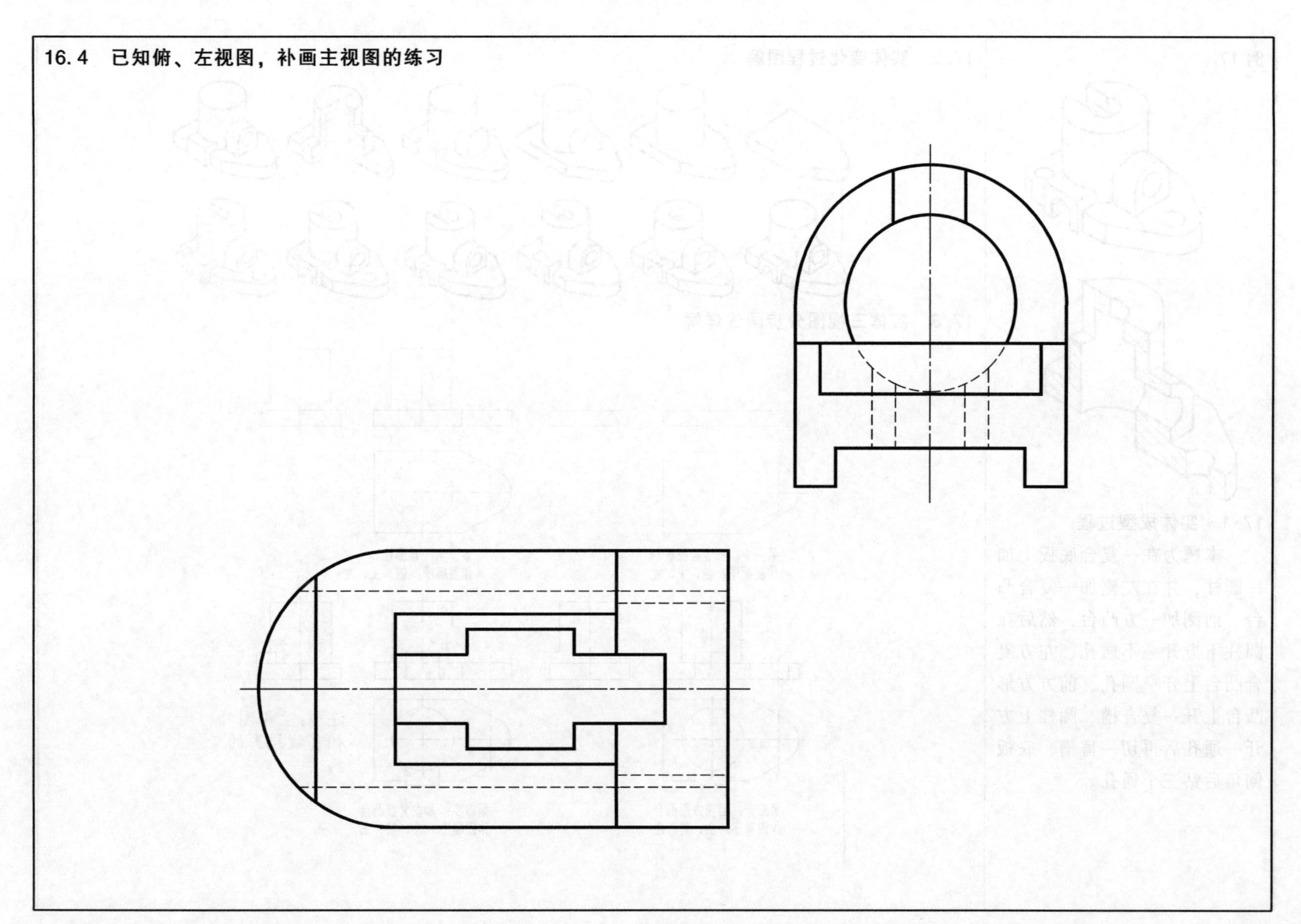

例 17

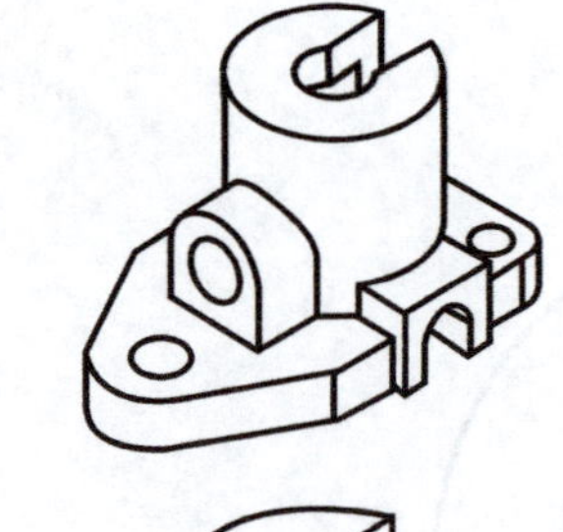

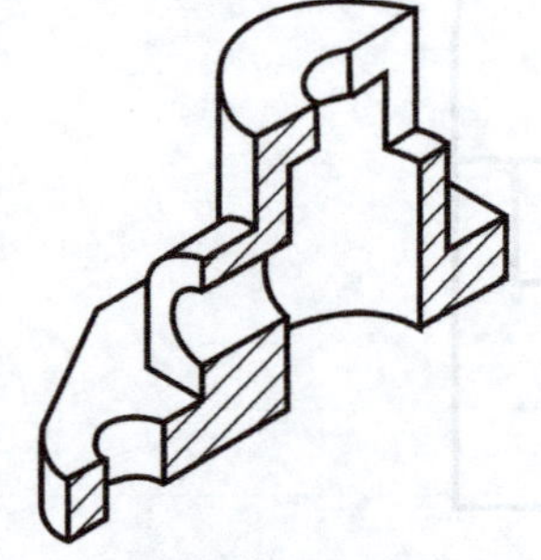

17.1 实体成型过程

本题为在一复合底板上加一圆柱，并在左侧加一复合凸台、前侧加一方凸台，然后在圆柱下方开一不通孔、左方复合凸台上开一圆孔、前方方形凸台上开一复合槽、圆柱上方开一通孔后再切一盲槽、底板倒角后钻三个通孔。

17.2 实体变化过程图解

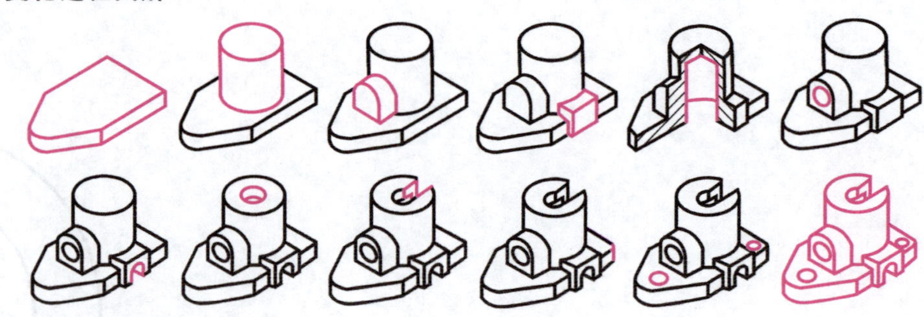

17.3 实体三视图分步画法详解

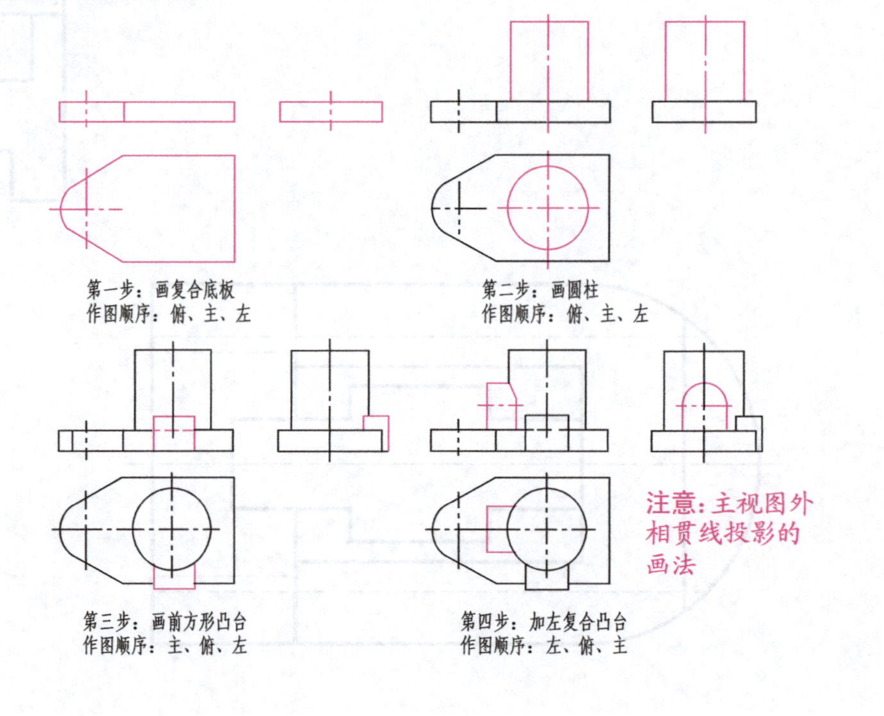

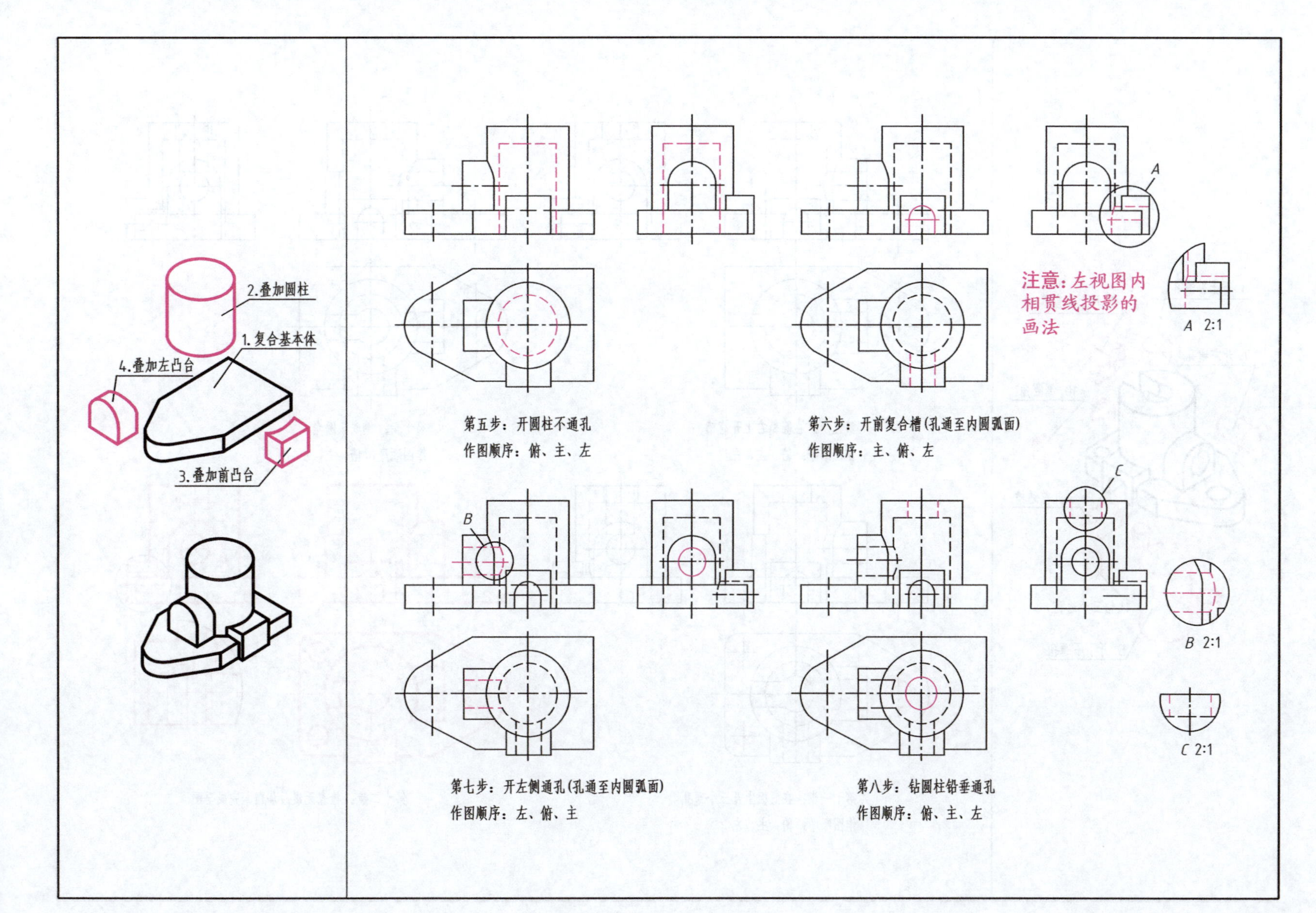
2.叠加圆柱
1.复合基本体
4.叠加左凸台
3.叠加前凸台
A
注意:左视图内相贯线投影的画法
A 2:1
第五步：开圆柱不通孔
作图顺序：俯、主、左
第六步：开前复合槽(孔通至内圆弧面)
作图顺序：主、俯、左
B
C
B 2:1
C 2:1
第七步：开左侧通孔(孔通至内圆弧面)
作图顺序：左、俯、主
第八步：钻圆柱铅垂通孔
作图顺序：俯、主、左

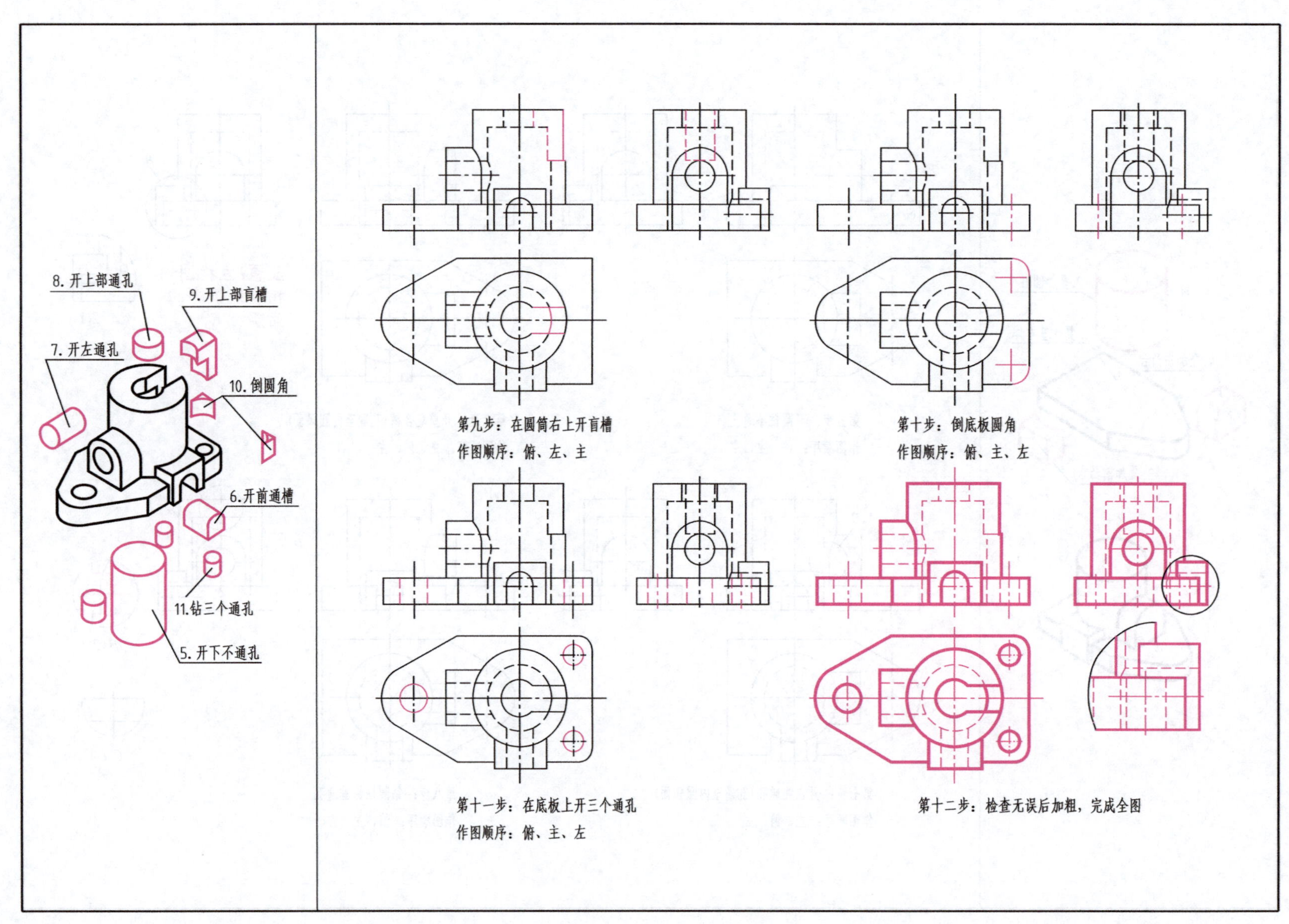
8. 开上部通孔
9. 开上部盲槽
7. 开左通孔
10. 倒圆角
6. 开前通槽
11. 钻三个通孔
5. 开下不通孔
第九步：在圆筒右上开盲槽
作图顺序：俯、左、主
第十步：倒底板圆角
作图顺序：俯、主、左
第十一步：在底板上开三个通孔
作图顺序：俯、主、左
第十二步：检查无误后加粗，完成全图

17.4 已知俯、左视图，补画主视图的练习

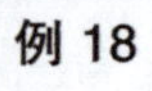

例 18

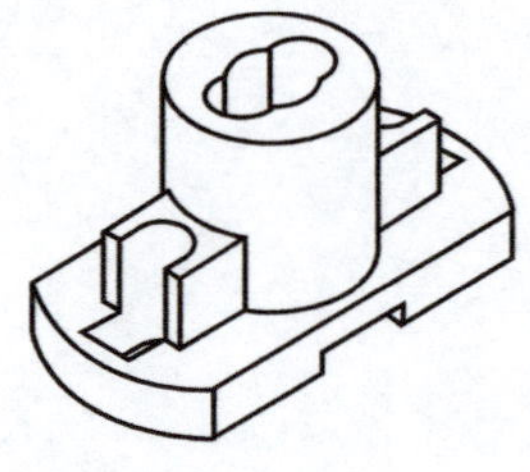

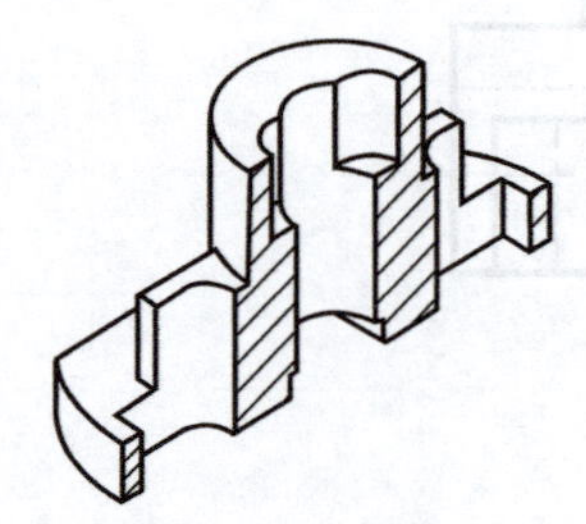

18.1 实体成型过程

如图所示，首先将底板、圆柱、凸台叠加，然后开中间圆通孔及左右凹槽，再铣上部半圆凹槽，最后开下部通槽。

18.2 实体变化过程图解

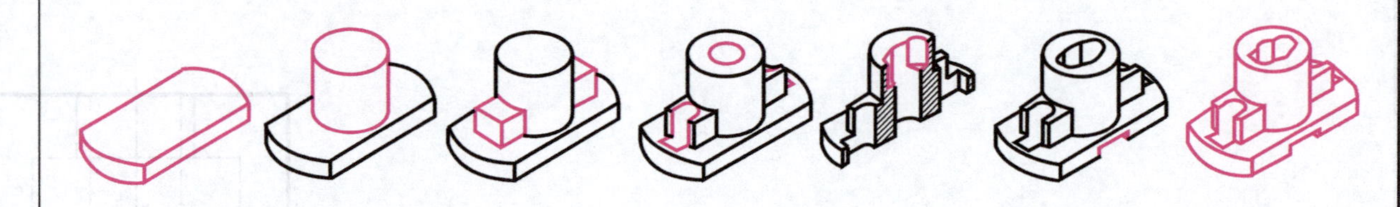

18.3 实体三视图分步画法详解

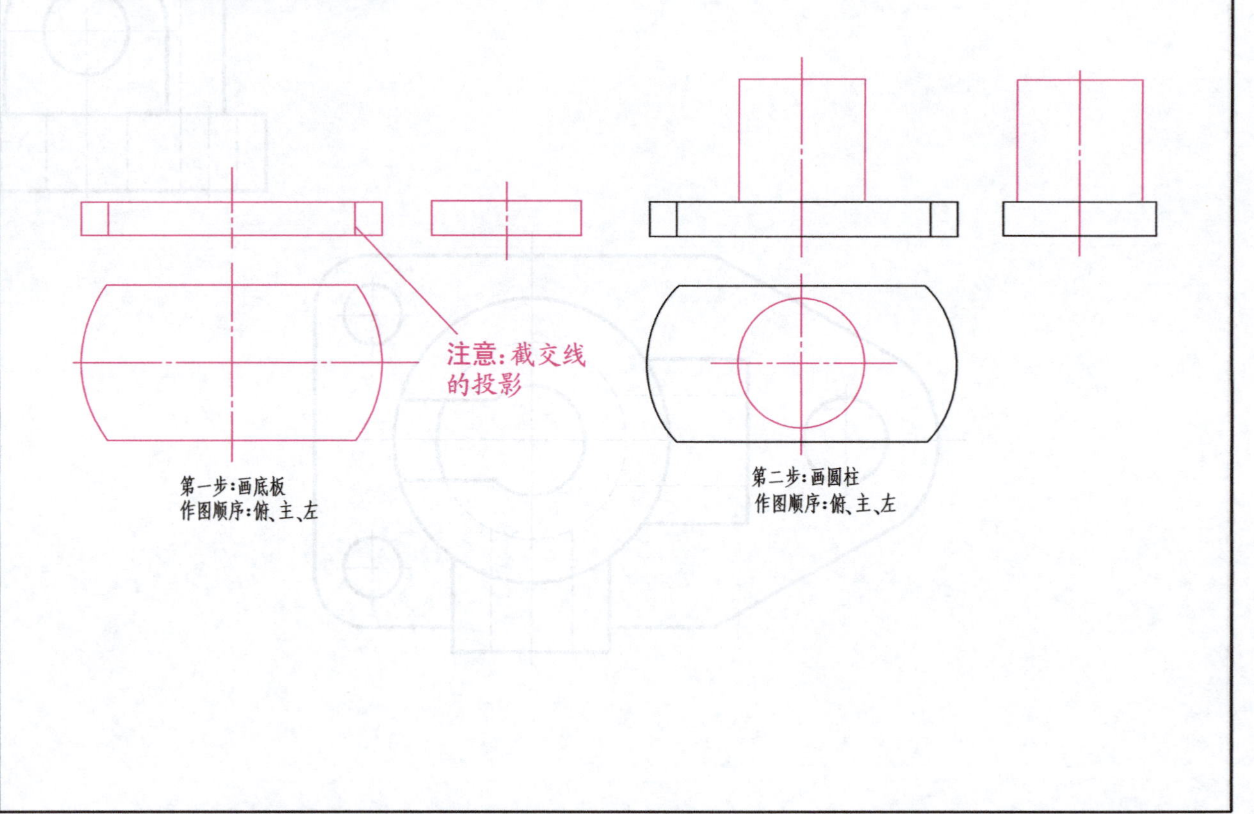

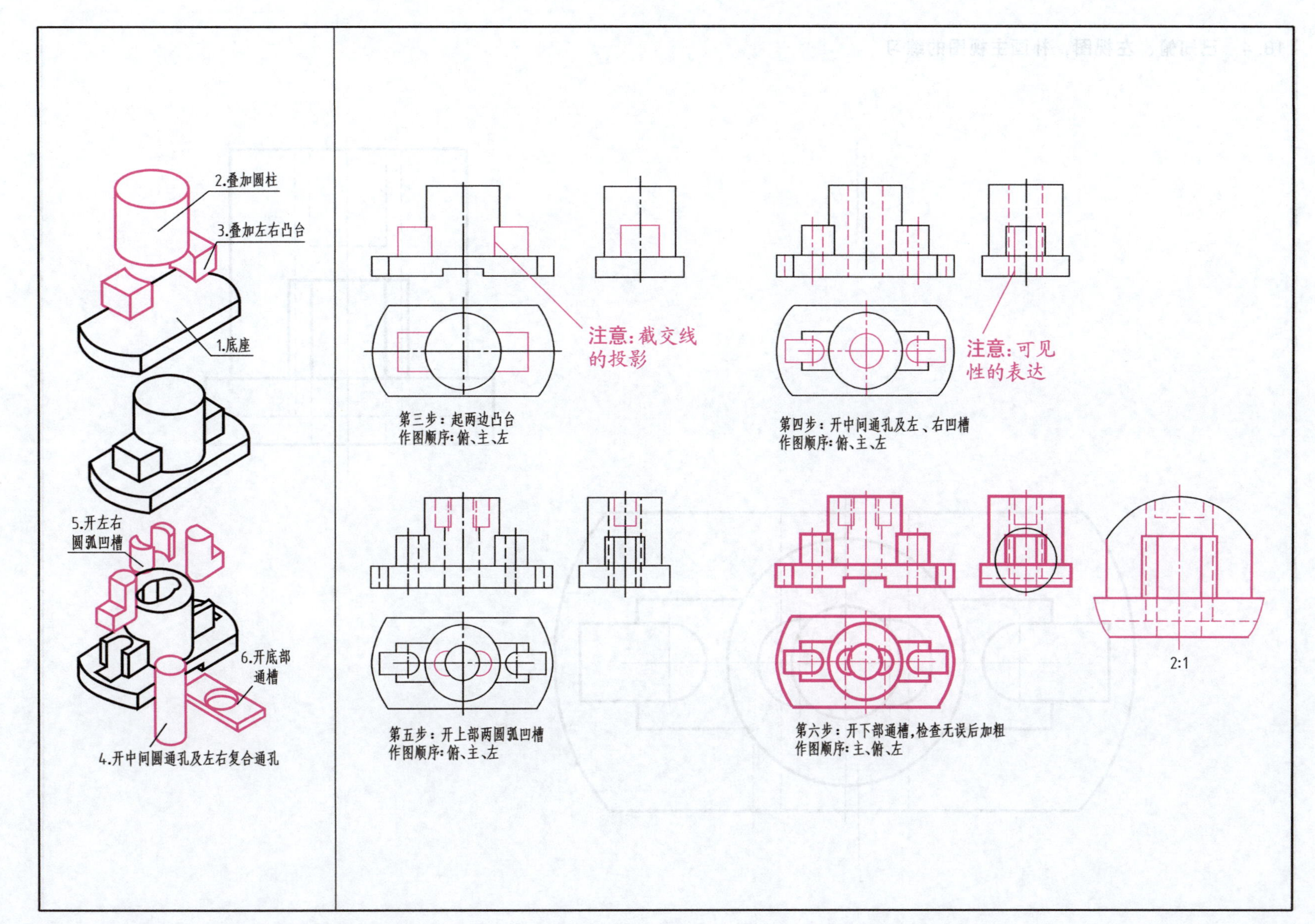
2.叠加圆柱
3.叠加左右凸台
1.底座
5.开左右
圆弧凹槽
6.开底部
通槽
4.开中间圆通孔及左右复合通孔
注意:截交线
的投影
第三步:起两边凸台
作图顺序:俯、主、左
注意:可见
性的表达
第四步:开中间通孔及左、右凹槽
作图顺序:俯、主、左
第五步:开上部两圆弧凹槽
作图顺序:俯、主、左
第六步:开下部通槽,检查无误后加粗
作图顺序:主、俯、左
2:1

18.4 已知俯、左视图，补画主视图的练习

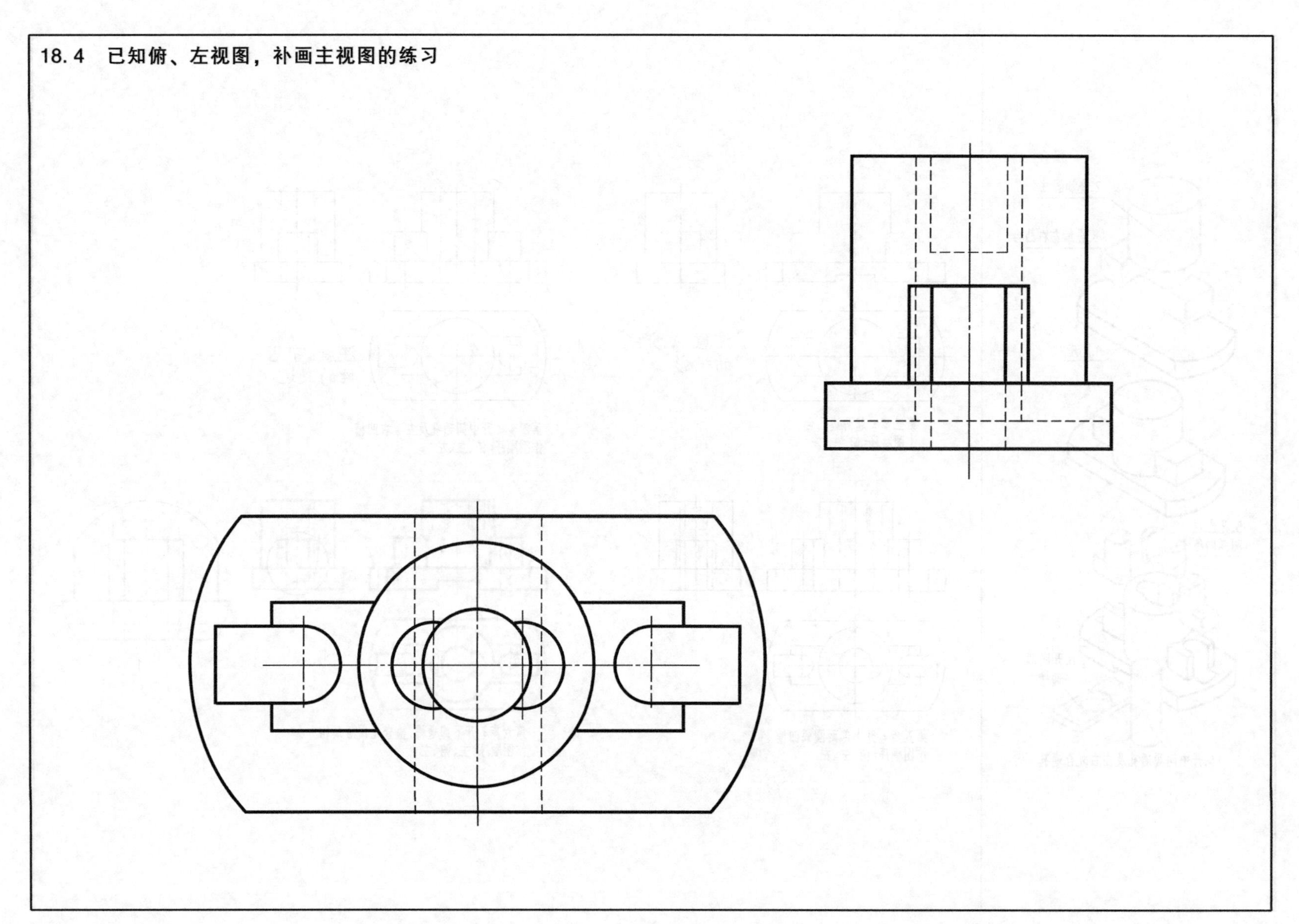

例 19

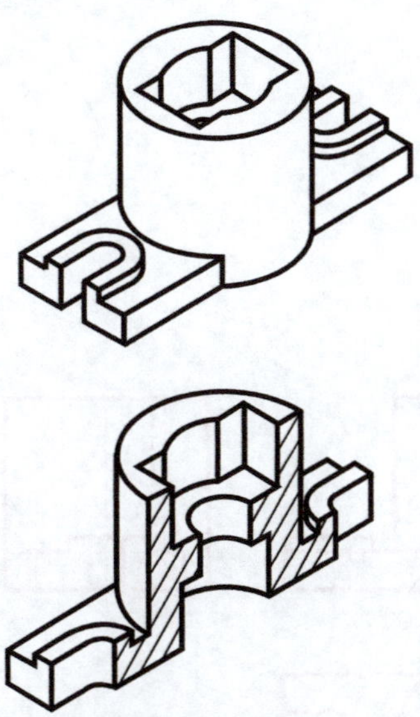

19.2 实体变化过程图解

19.3 实体三视图分步画法详解

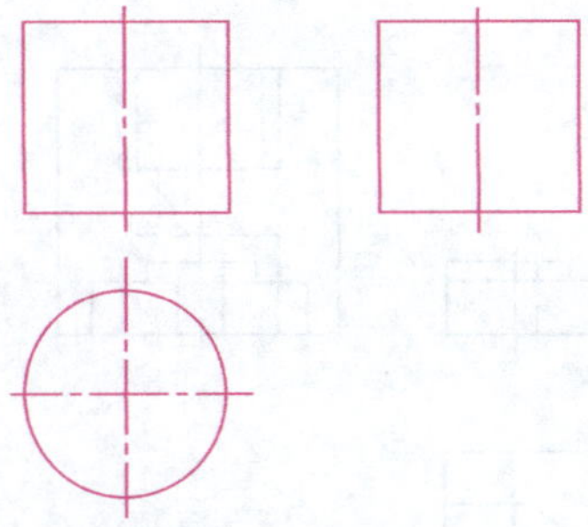

第一步：画圆柱
作图顺序：俯、主、左

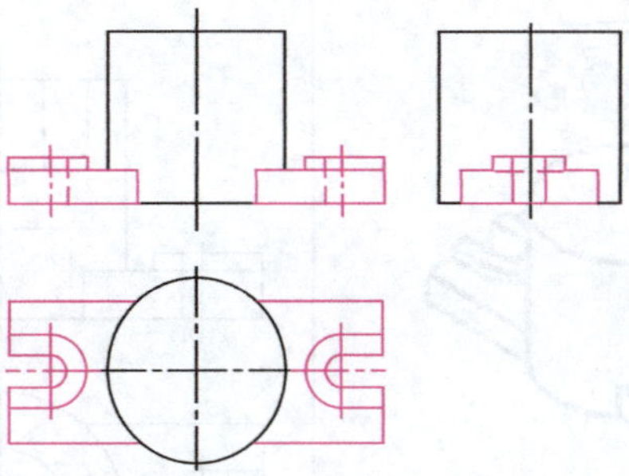

第二步：画底部凸耳、凸台并开槽
作图顺序：俯、主、左

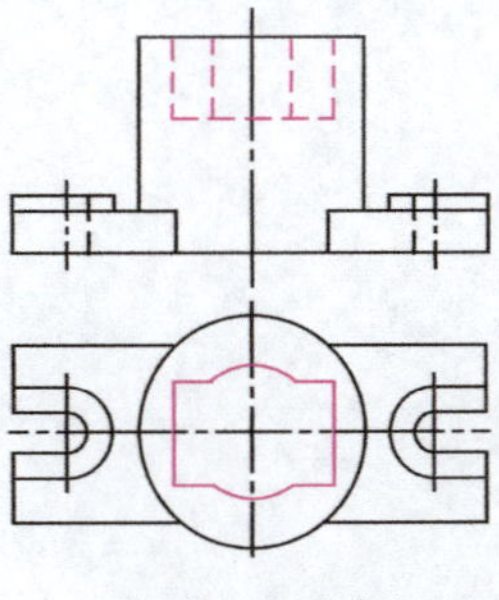

第三步：开上部复合不通孔
作图顺序：俯、主、左

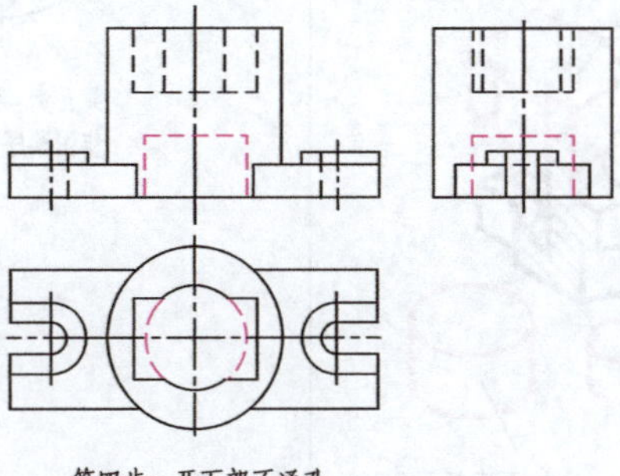

第四步：开下部不通孔
作图顺序：俯、主、左

19.1 实体成型过程

如图所示，首先将圆柱和复合体叠加，然后开中间复合不通孔，再钻下部圆形不通孔，最后开通孔使其上、下相通。

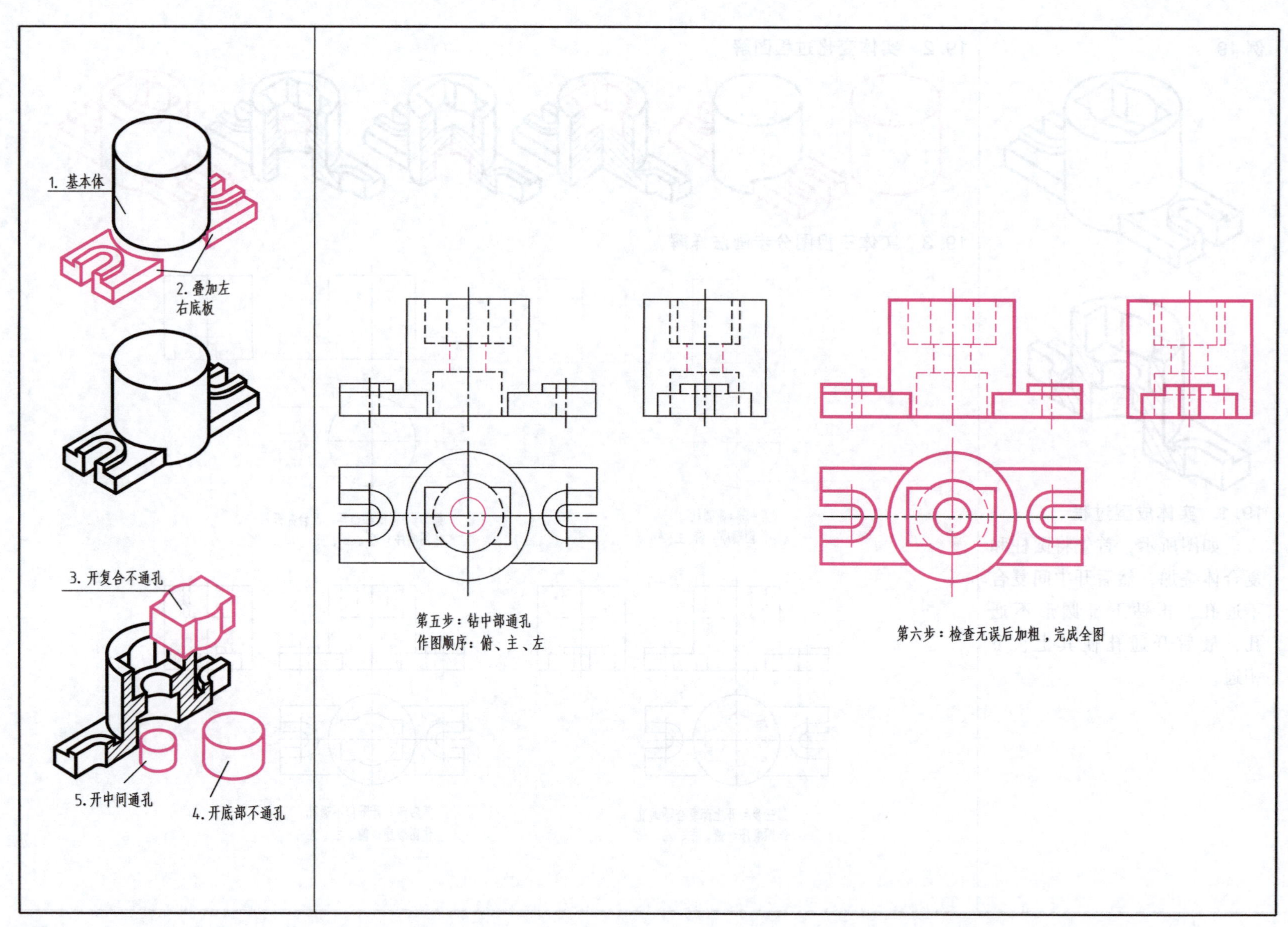
1. 基本体
2. 叠加左右底板
3. 开复合不通孔
5. 开中间通孔
4. 开底部不通孔
第五步：钻中部通孔
作图顺序：俯、主、左
第六步：检查无误后加粗，完成全图

19.4 已知俯、左视图，补画主视图的练习

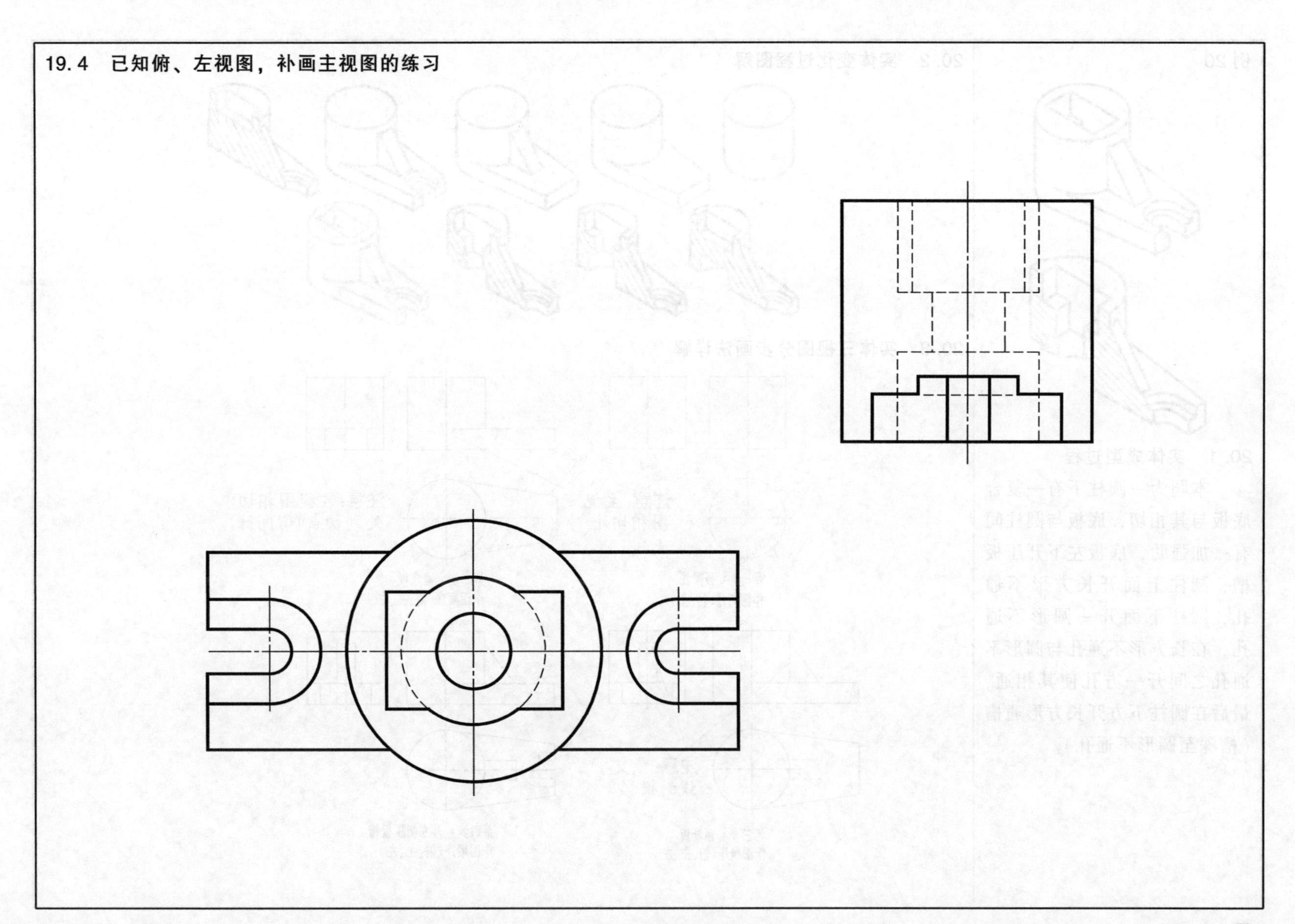

例 20

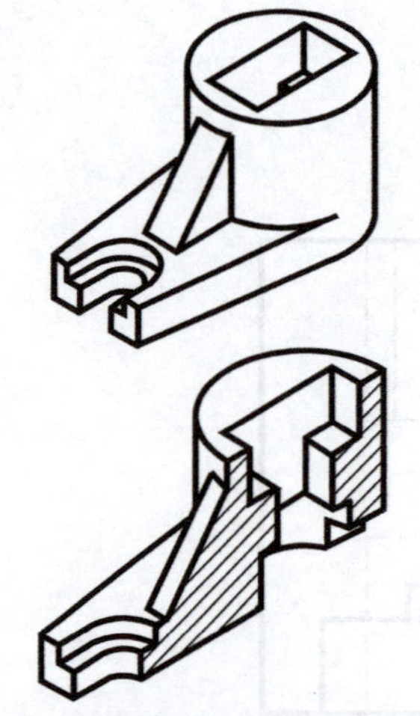

20.1 实体成型过程

本题为一圆柱下有一复合底板与其相切，底板与圆柱间有一加强肋，底板左下开压板槽，圆柱上面开长方形不通孔，圆柱下面开一圆形不通孔，在长方形不通孔与圆形不通孔之间开一方孔使其相通，最后在圆柱下方开长方形通槽（槽深至圆形不通孔）。

20.2 实体变化过程图解

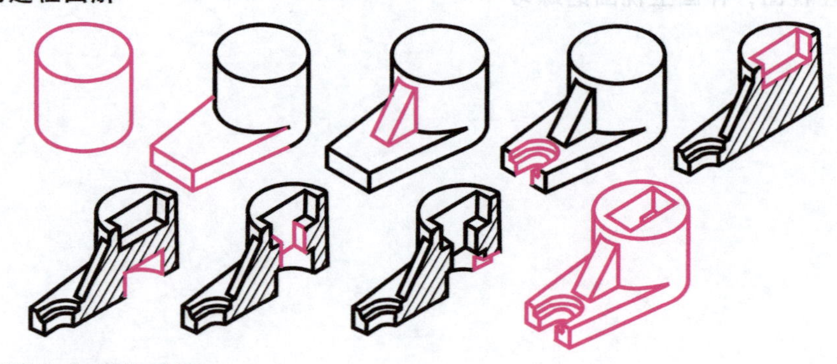

20.3 实体三视图分步画法详解

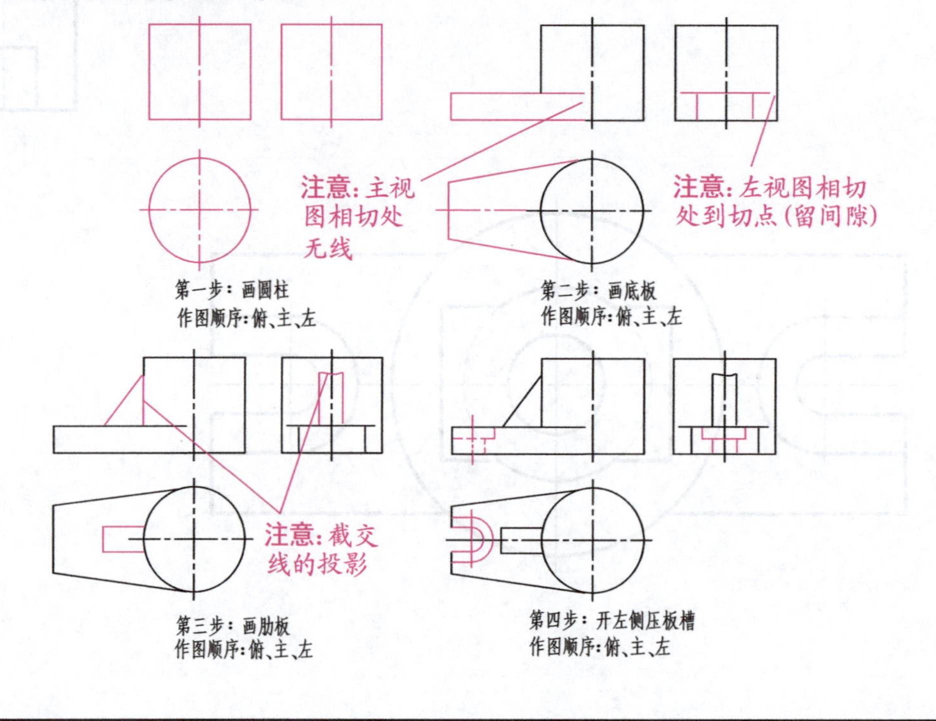

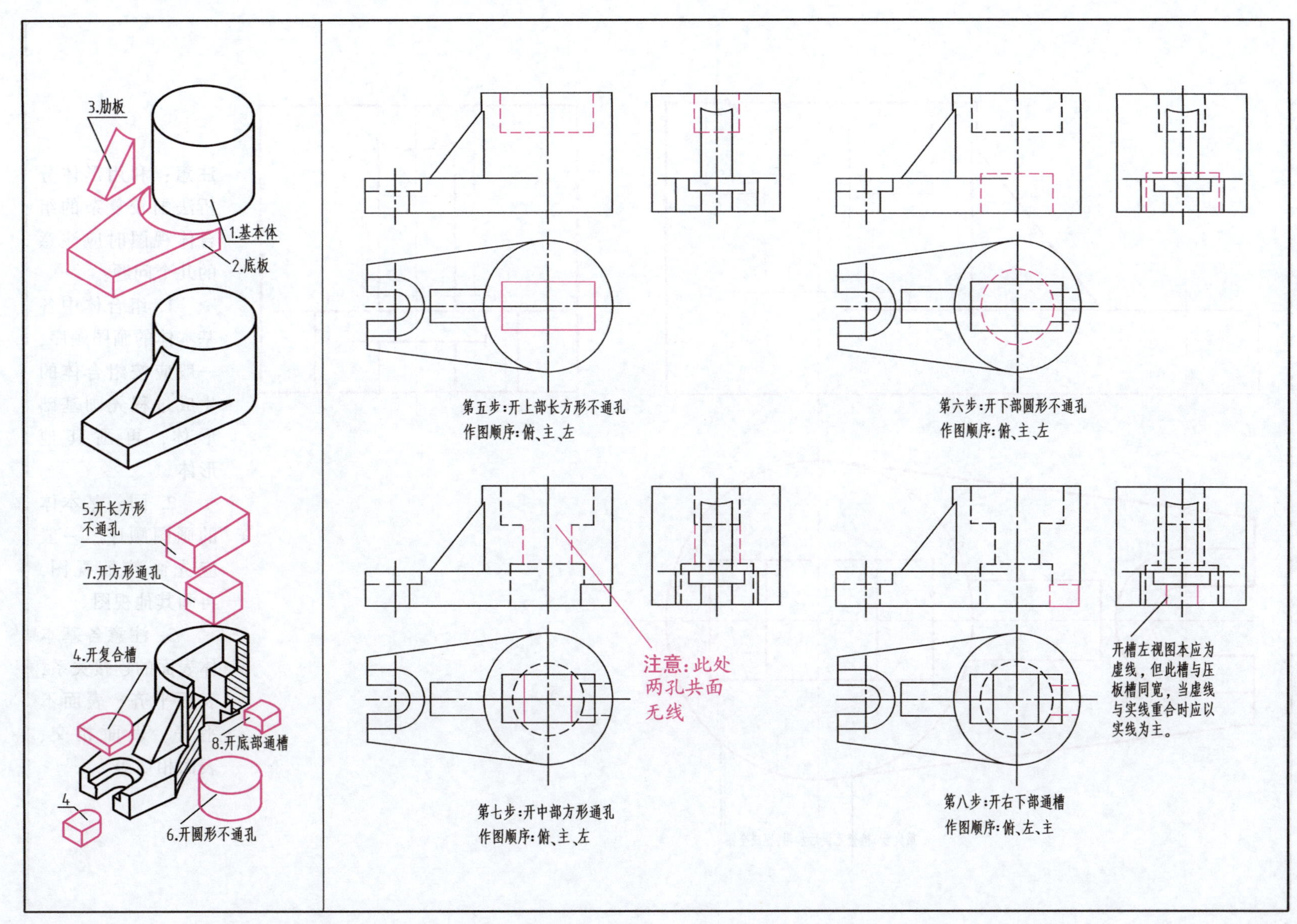
3.肋板
1.基本体
2.底板
5.开长方形
不通孔
7.开方形通孔
4.开复合槽
8.开底部通槽
4
6.开圆形不通孔
第五步:开上部长方形不通孔
作图顺序:俯、主、左
第六步:开下部圆形不通孔
作图顺序:俯、主、左
注意:此处
两孔共面
无线
开槽左视图本应为
虚线，但此槽与压
板槽同宽，当虚线
与实线重合时应以
实线为主。
第七步:开中部方形通孔
作图顺序:俯、主、左
第八步:开右下部通槽
作图顺序:俯、左、主

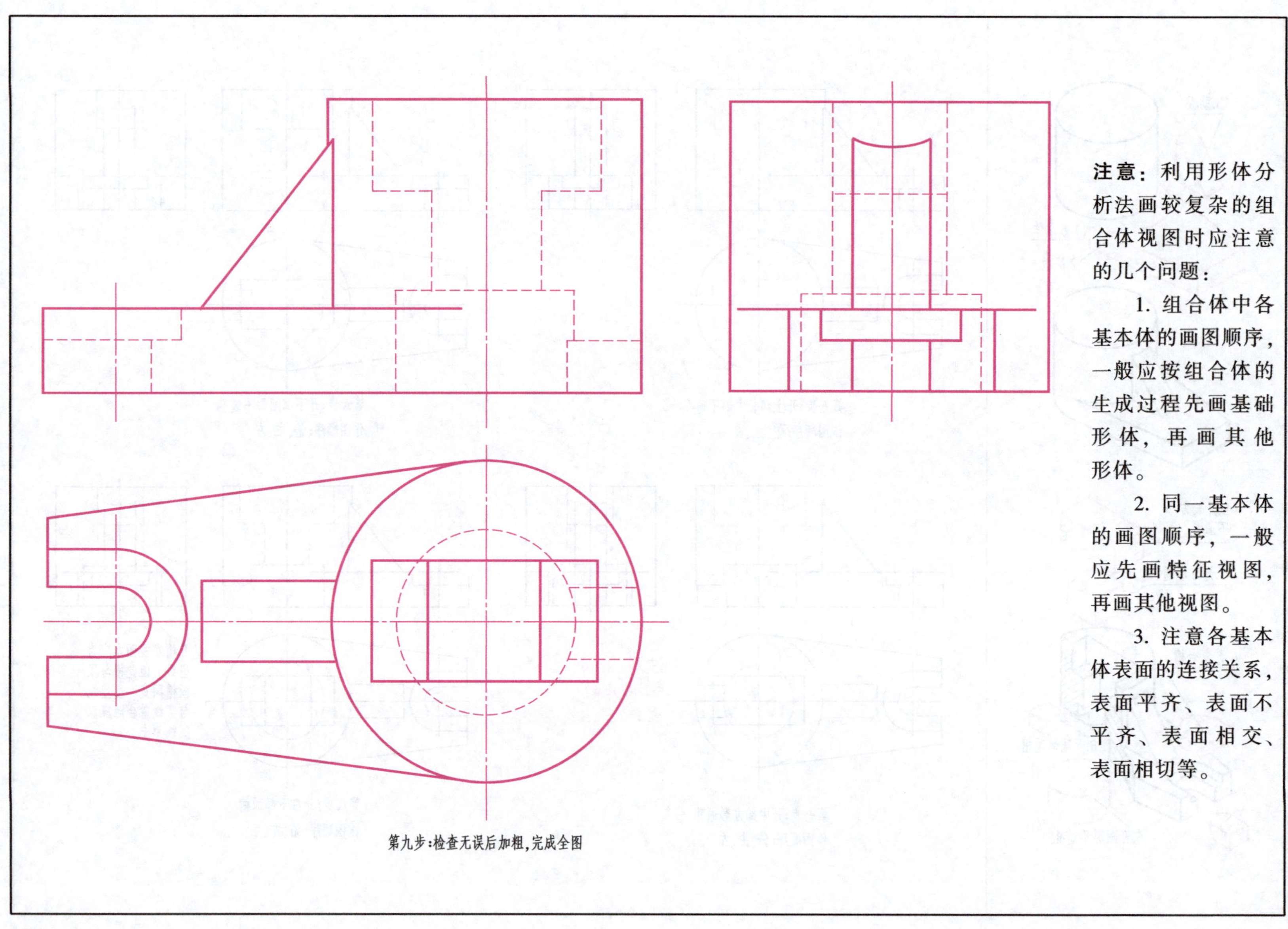

第九步:检查无误后加粗,完成全图

注意：利用形体分析法画较复杂的组合体视图时应注意的几个问题：

1. 组合体中各基本体的画图顺序，一般应按组合体的生成过程先画基础形体，再画其他形体。

2. 同一基本体的画图顺序，一般应先画特征视图，再画其他视图。

3. 注意各基本体表面的连接关系，表面平齐、表面不平齐、表面相交、表面相切等。

20.4　已知俯、左视图，补画主视图的练习

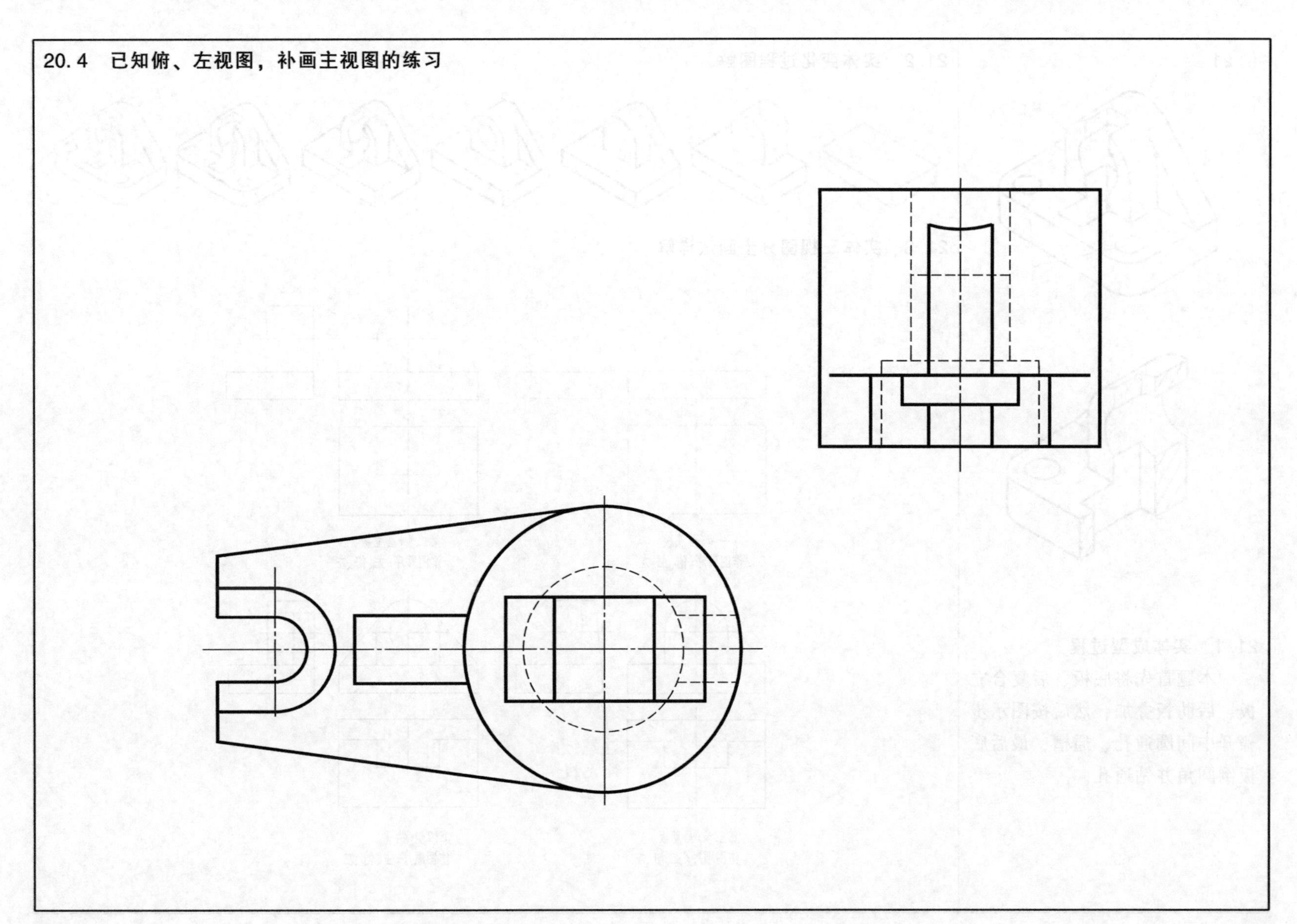

例 21

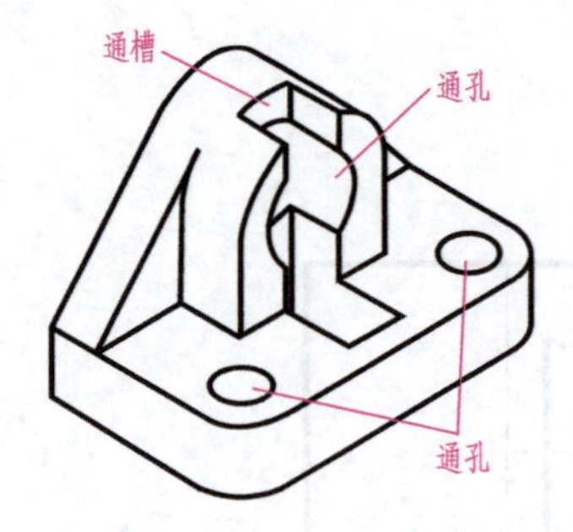

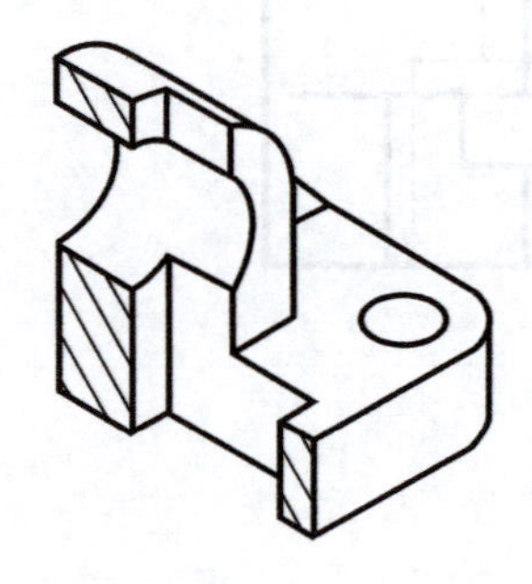

21.1 实体成型过程

本题首先将底板、后复合立板、后肋板叠加，然后按图示步骤开中间圆通孔、通槽，最后底板倒圆角并钻通孔。

21.2 实体变化过程图解

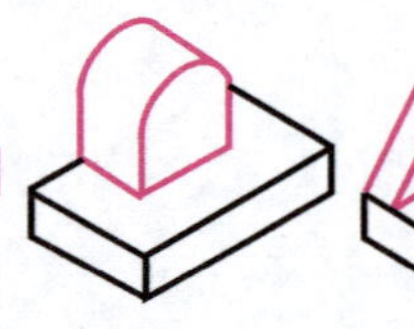
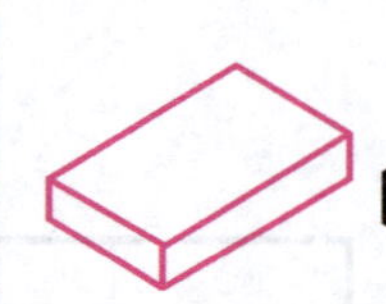
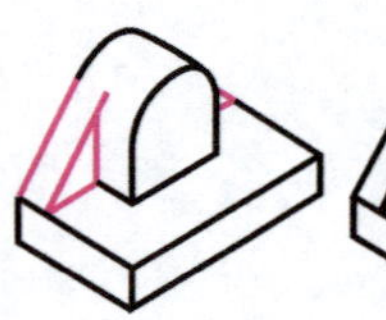
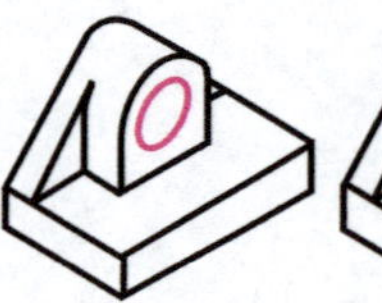

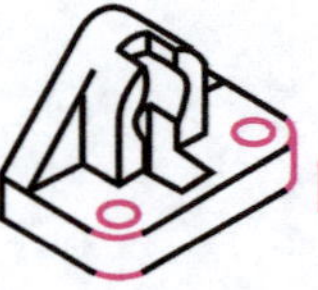

21.3 实体三视图分步画法详解

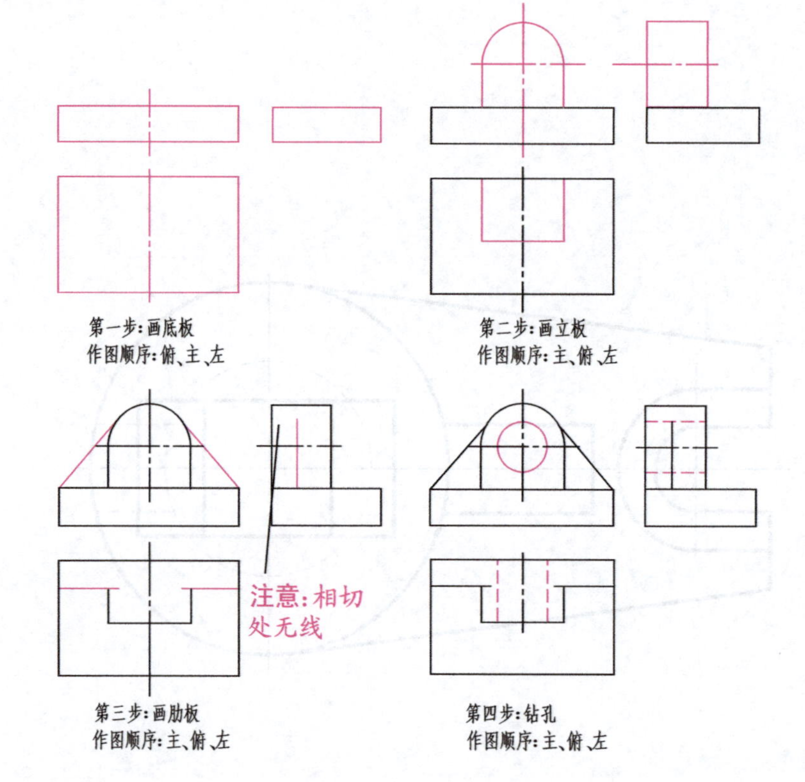

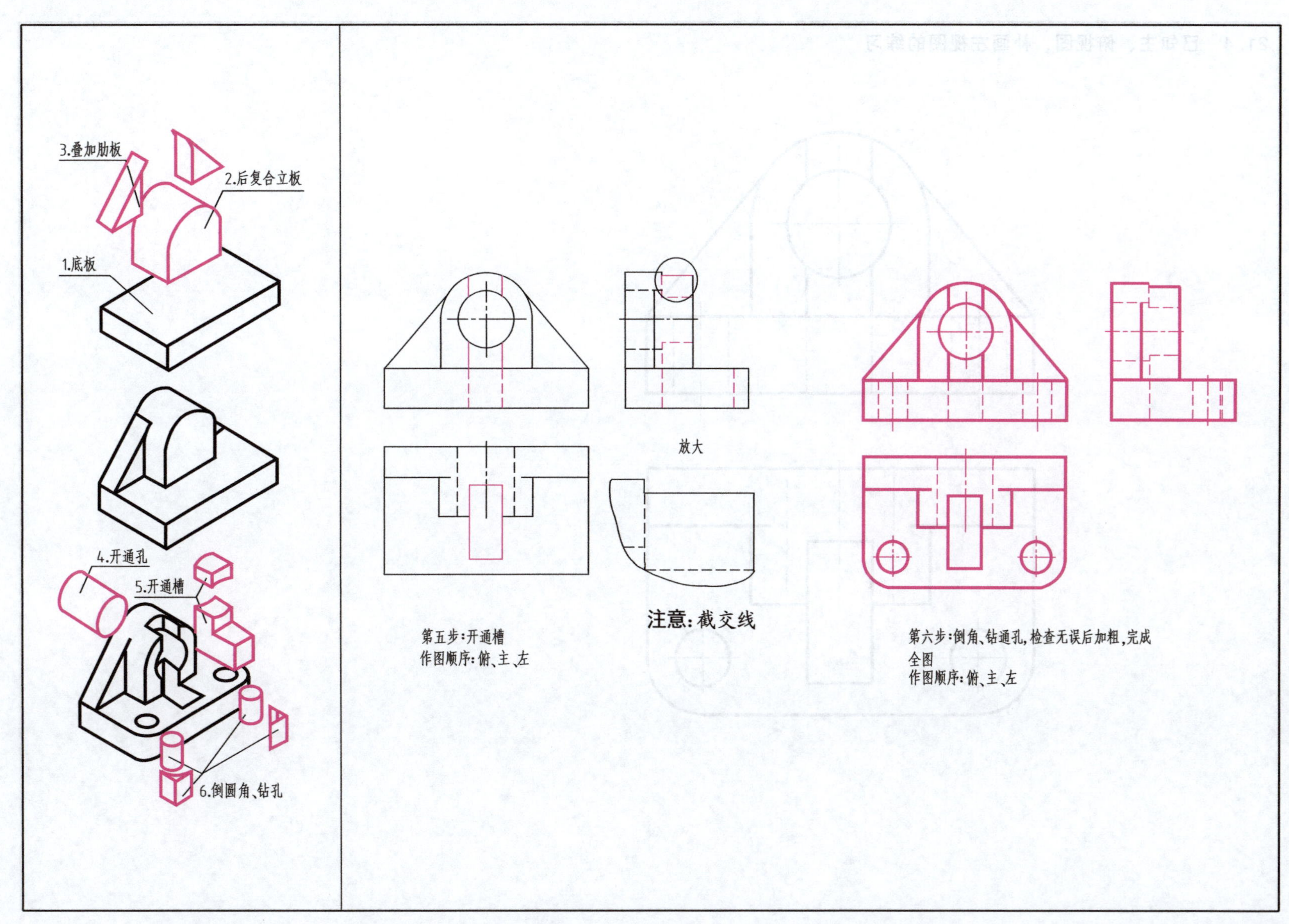
3.叠加肋板
2.后复合立板
1.底板
4.开通孔
5.开通槽
6.倒圆角、钻孔
放大
注意：截交线
第五步：开通槽
作图顺序：俯、主、左
第六步：倒角、钻通孔，检查无误后加粗，完成全图
作图顺序：俯、主、左

21.4 已知主、俯视图，补画左视图的练习

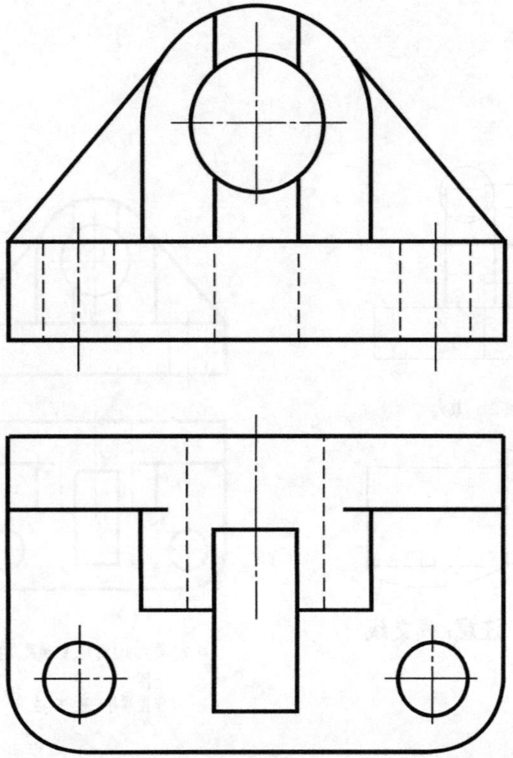

例 22

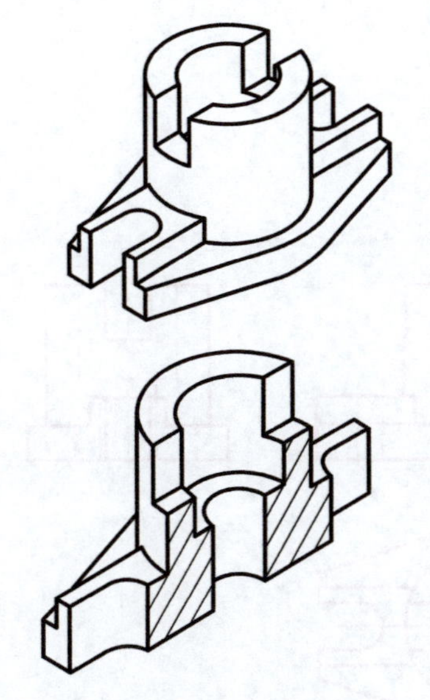

22.1 实体成型过程

本题首先将底板、圆柱、凸台叠加，然后按图示步骤开中间阶梯孔及左、右安装槽，最后在上部开通槽。

22.2 实体变化过程图解

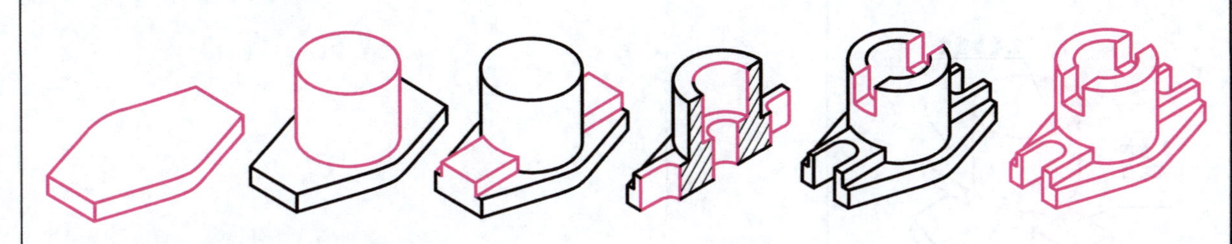

22.3 实体三视图分步画法详解

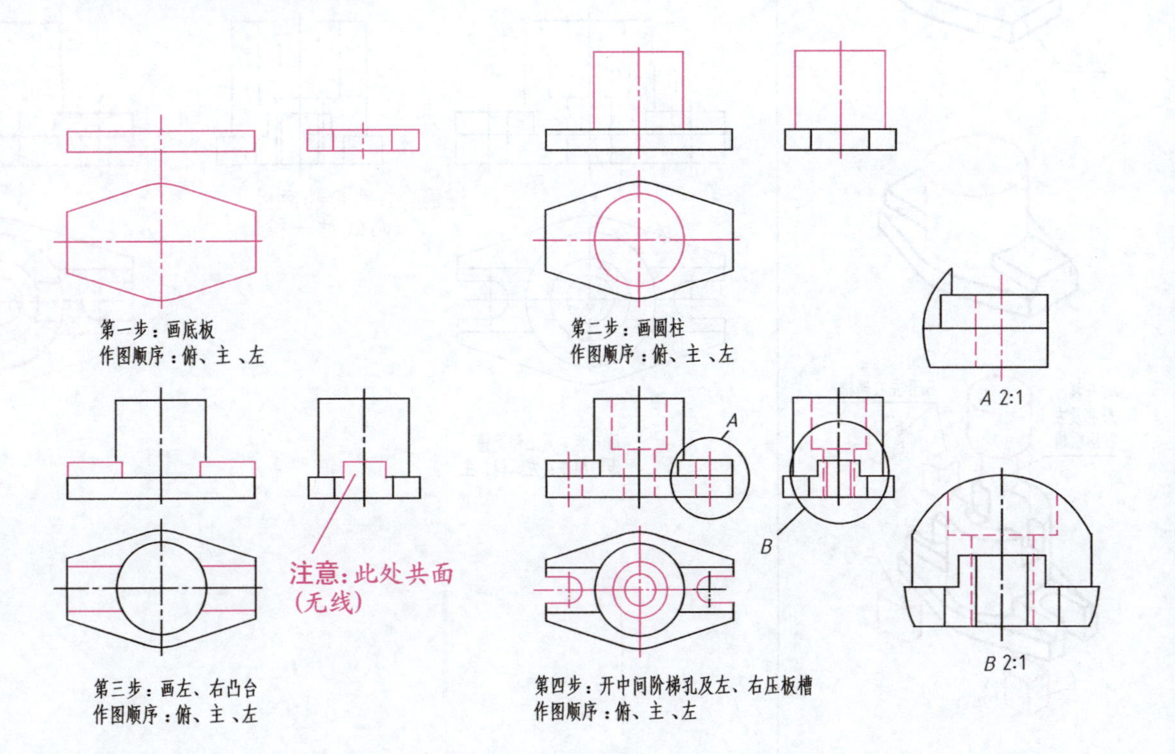

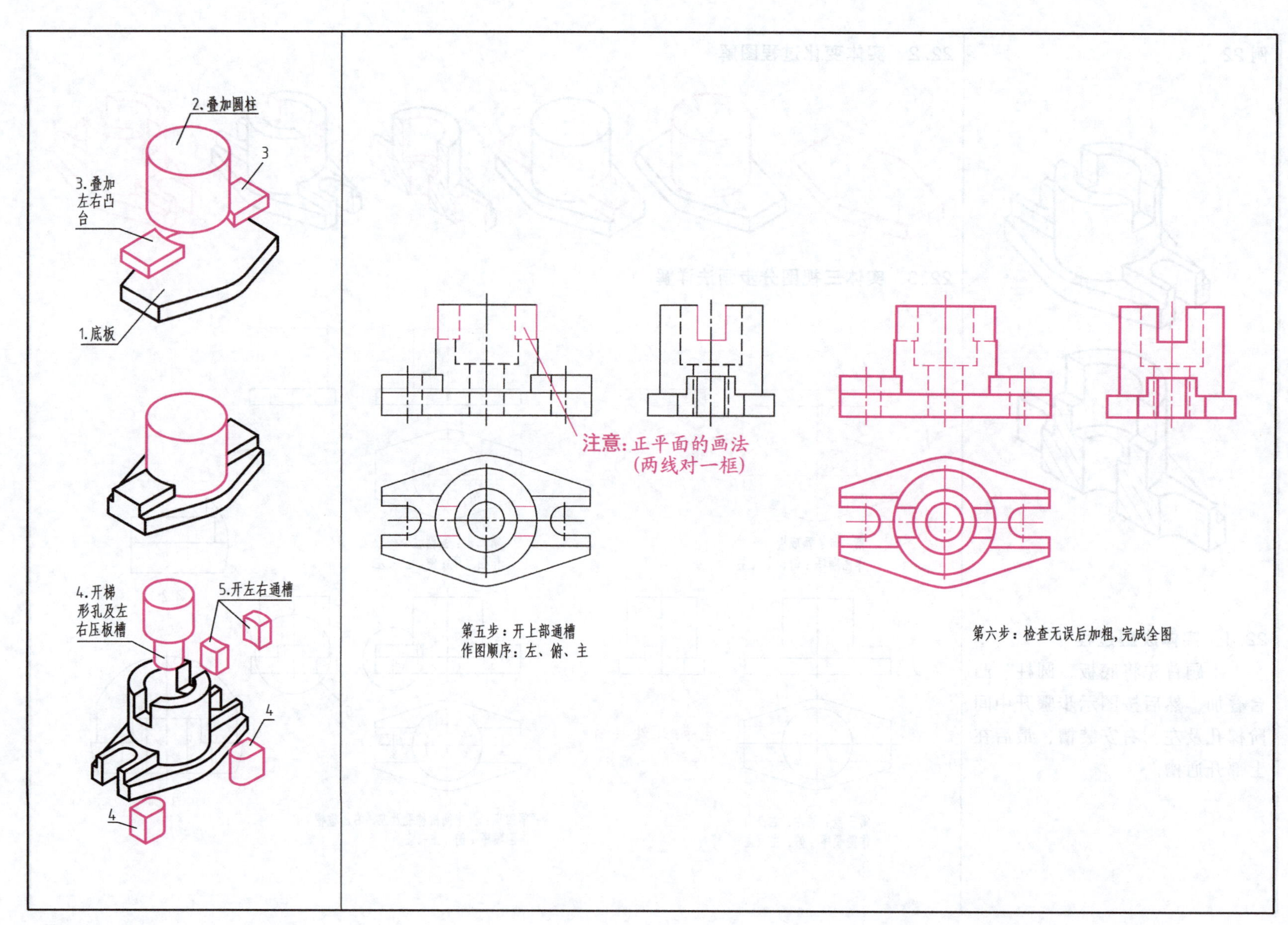
2.叠加圆柱
3
3.叠加
左右凸
台
1.底板
4.开梯
形孔及左
右压板槽
5.开左右通槽
4
4
注意：正平面的画法
(两线对一框)
第五步：开上部通槽
作图顺序：左、俯、主
第六步：检查无误后加粗，完成全图

22.4 已知俯、左视图，补画主视图的练习

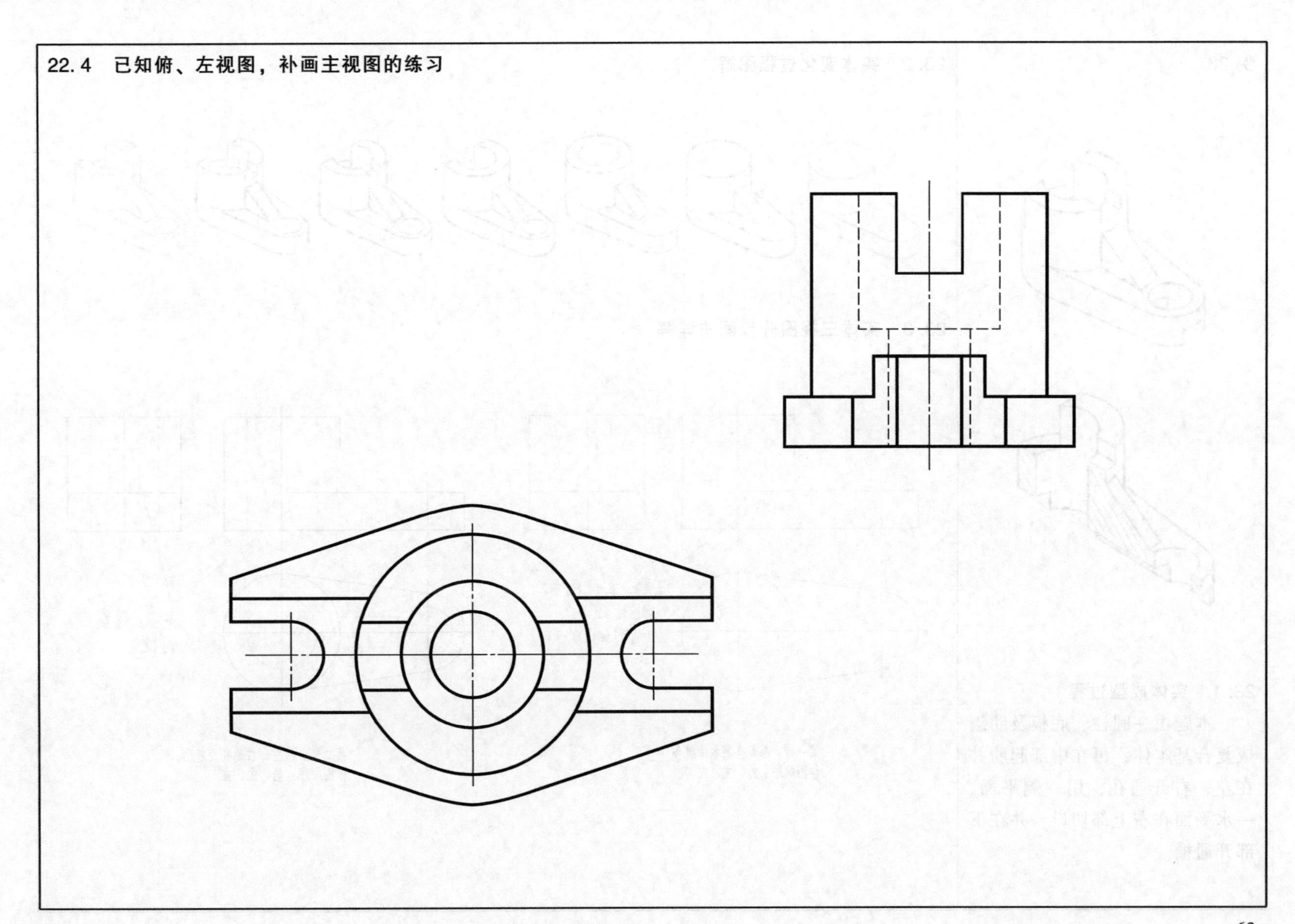

例 23

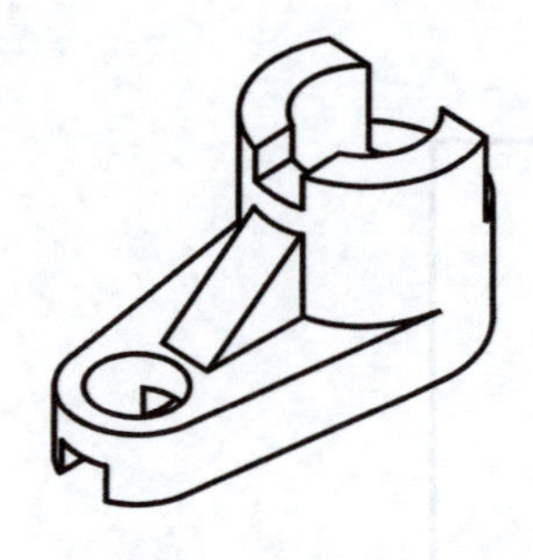

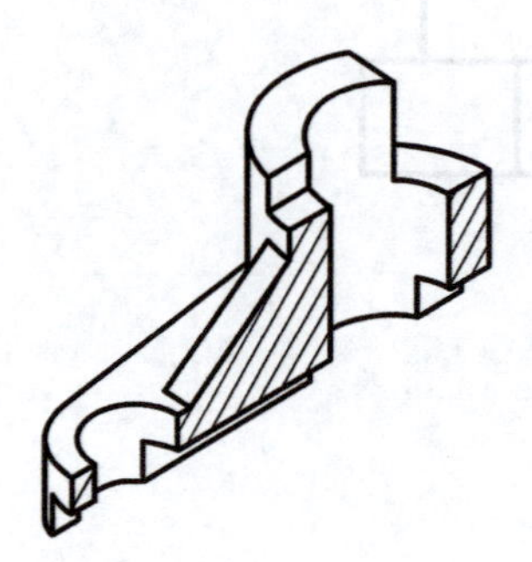

23.1 实体成型过程

本题由一圆柱、底板及肋组成复合基本体，再在中部起肋并在左、右开通孔，用一侧平面、一水平面在右上部切口，并在下部开通槽。

23.2 实体变化过程图解

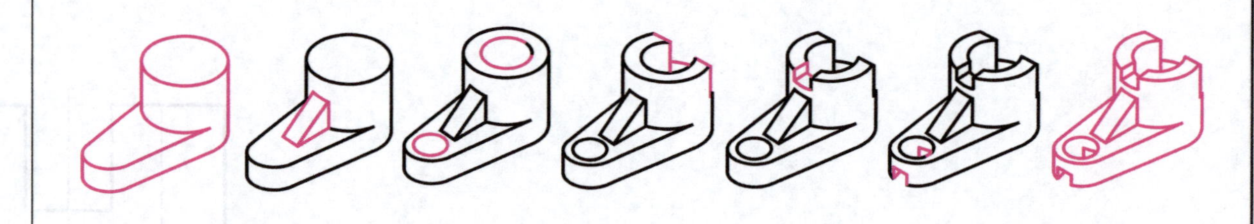

23.3 实体三视图分步画法详解

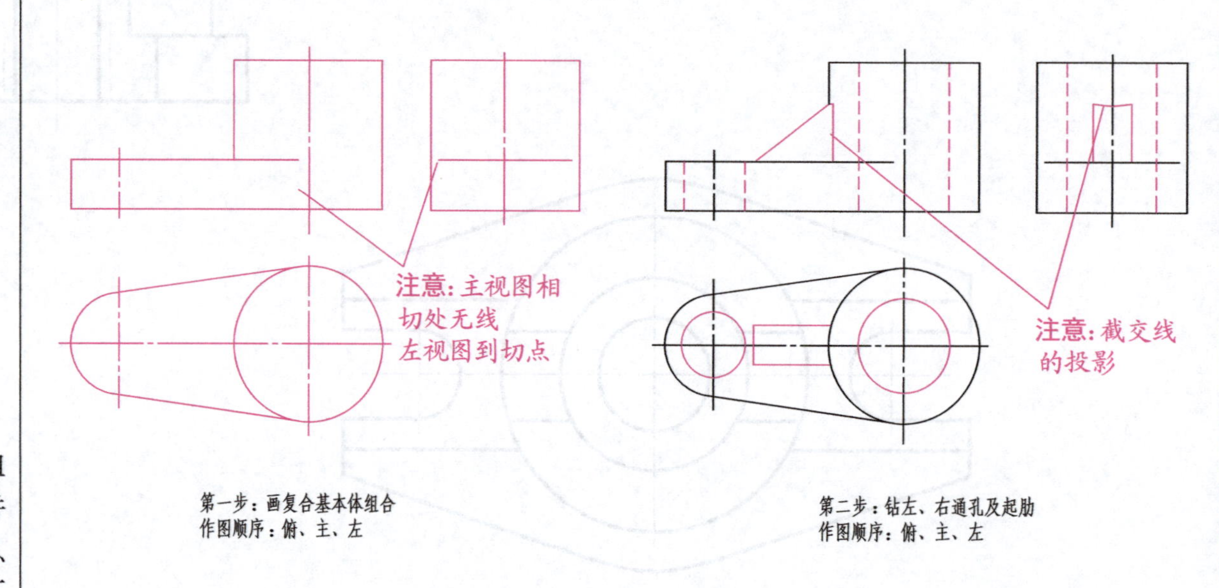

第一步：画复合基本体组合
作图顺序：俯、主、左

第二步：钻左、右通孔及起肋
作图顺序：俯、主、左

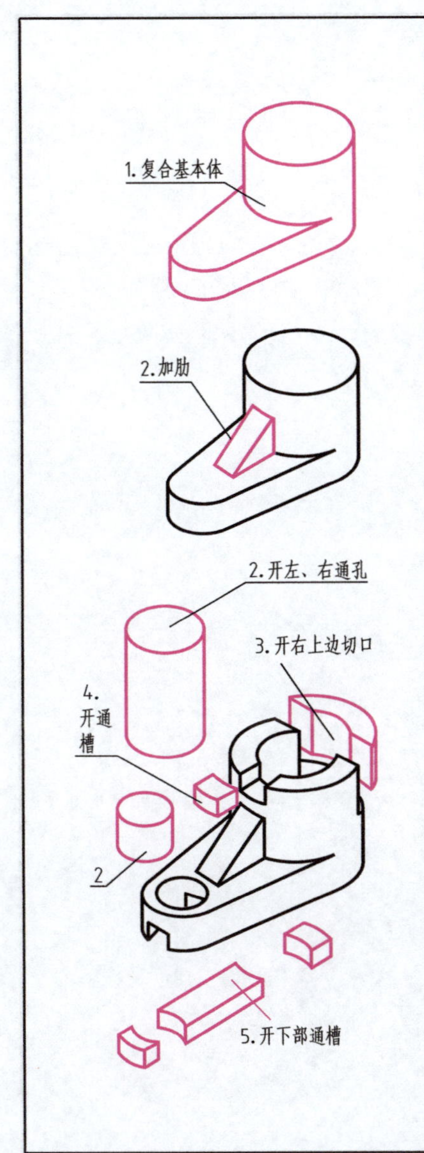

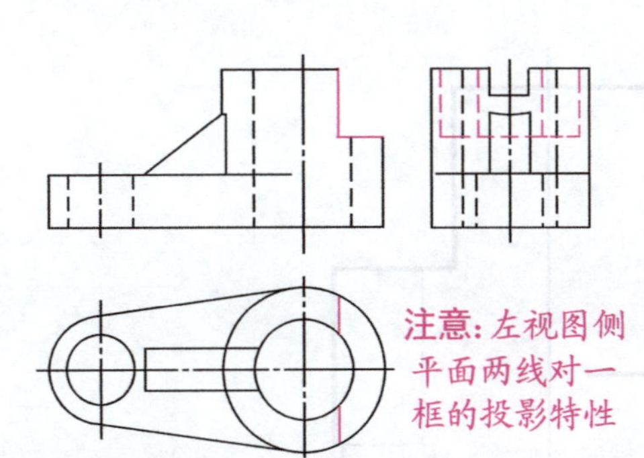

第三步：用一侧平面、一水平面在右上部切口
作图顺序：主、俯、左

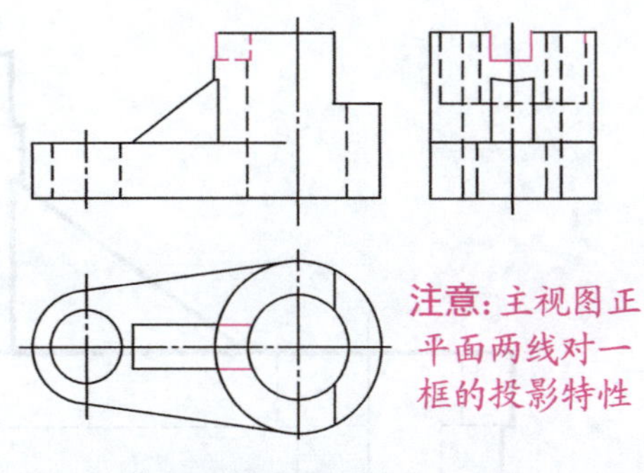

第四步：用两正平面一水平面在圆筒左上角开槽
作图顺序：左、俯、主

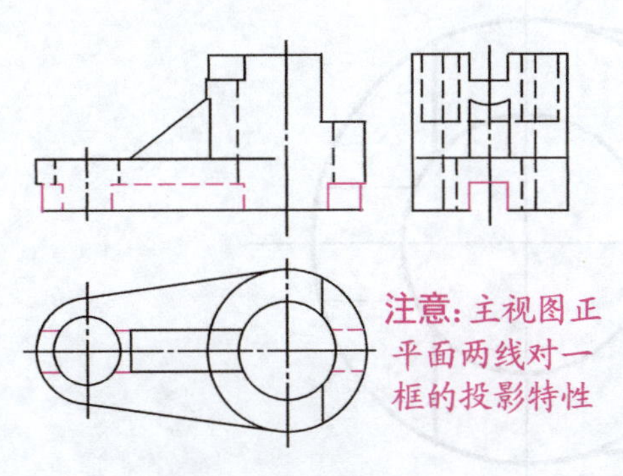

第五步：开下部通槽
作图顺序：左、俯、主

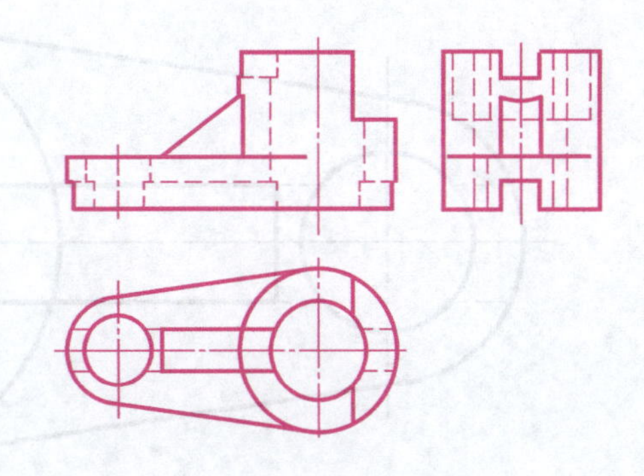

第六步：检查无误后加粗，完成全图

23.4 已知主、俯视图，补画左视图的练习

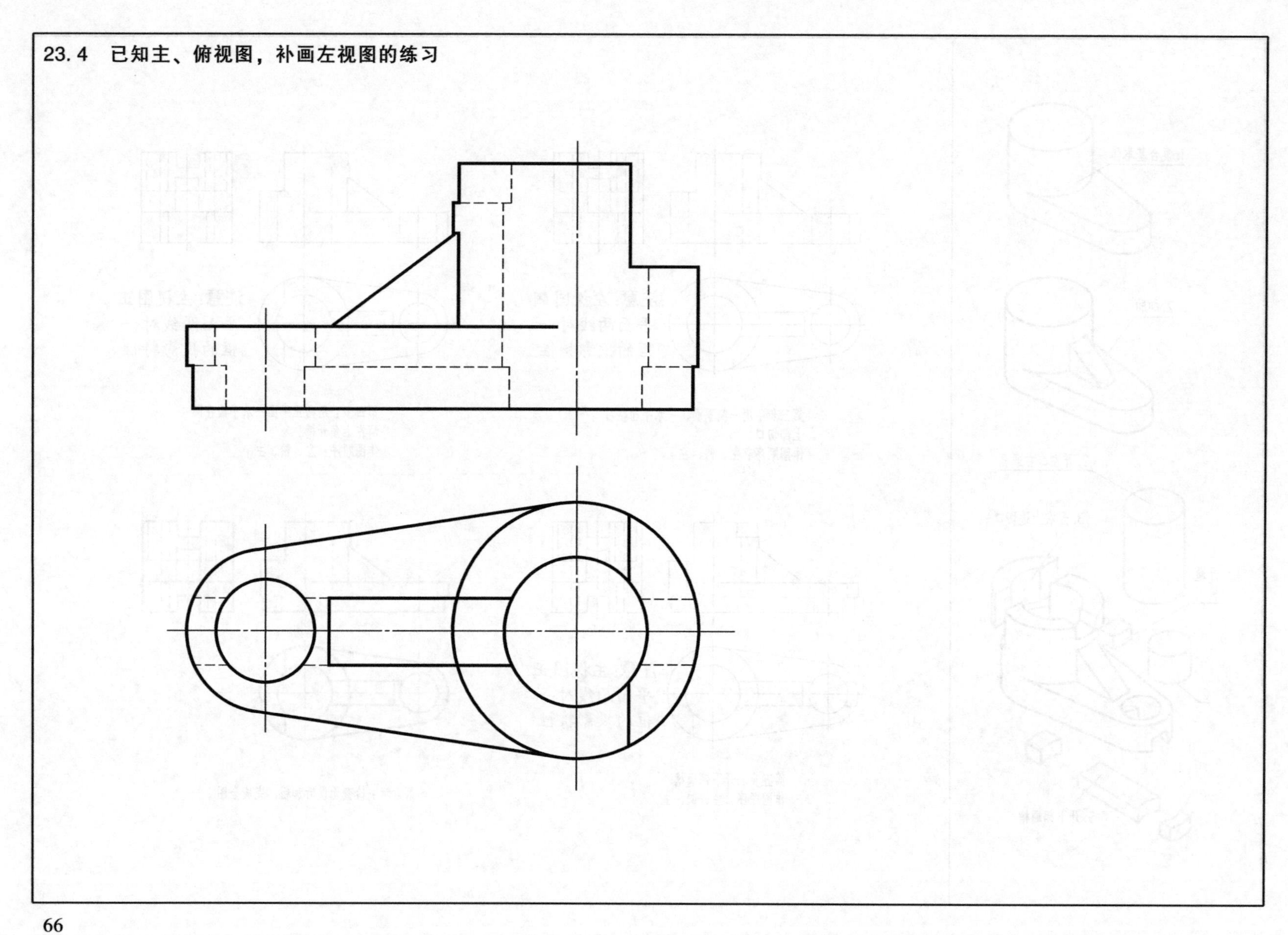

例 24

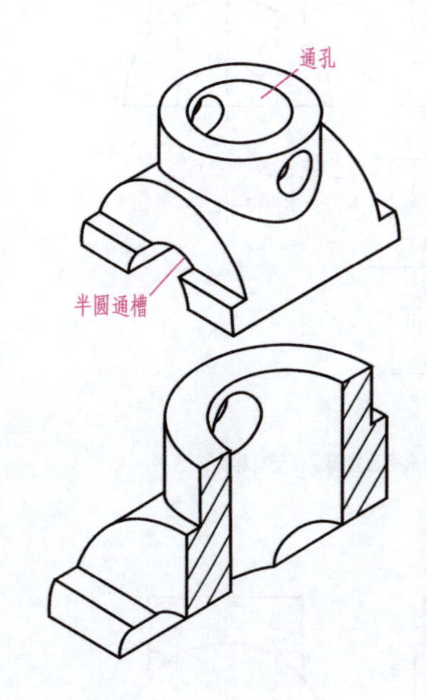

24.1　实体成型过程

本题由一半圆筒与一圆柱垂直相贯组成复合基本体后，再在中部钻一铅垂通孔，然后在左、右对称切边，最后在上部圆筒上开一正垂通孔。

24.2　实体变化过程图解

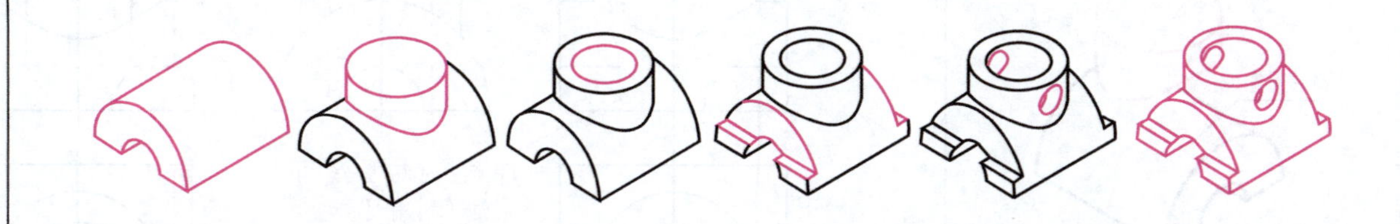

24.3　实体三视图分步画法详解

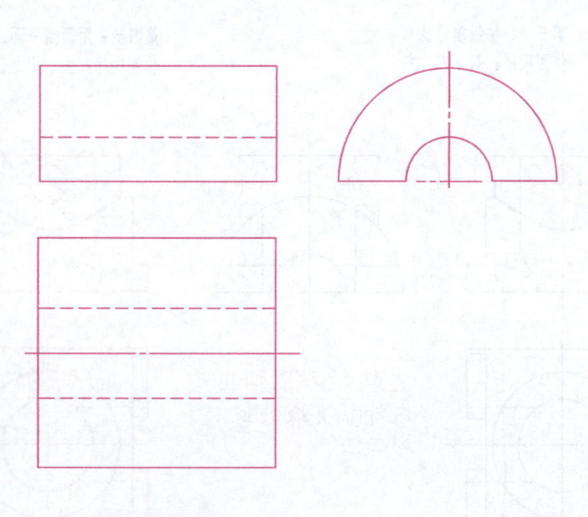

第一步：画半圆筒
作图顺序：左、主、俯

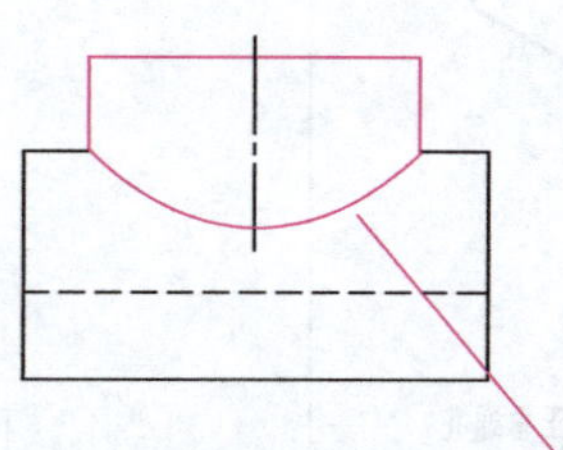

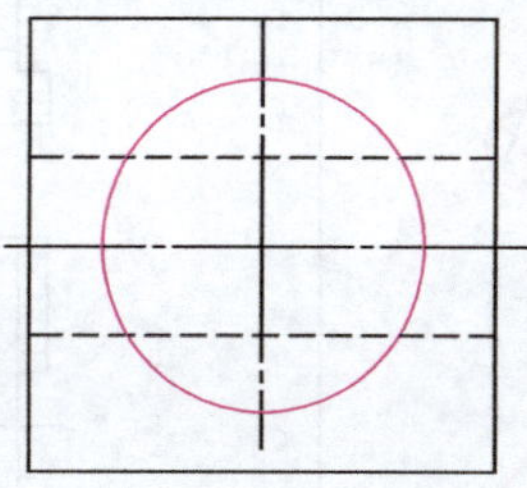

注意：外相贯线的画法(利用已知的两条相贯线的投影，求出相贯线的第三投影)

第二步：作铅垂圆柱
作图顺序：俯、左、主

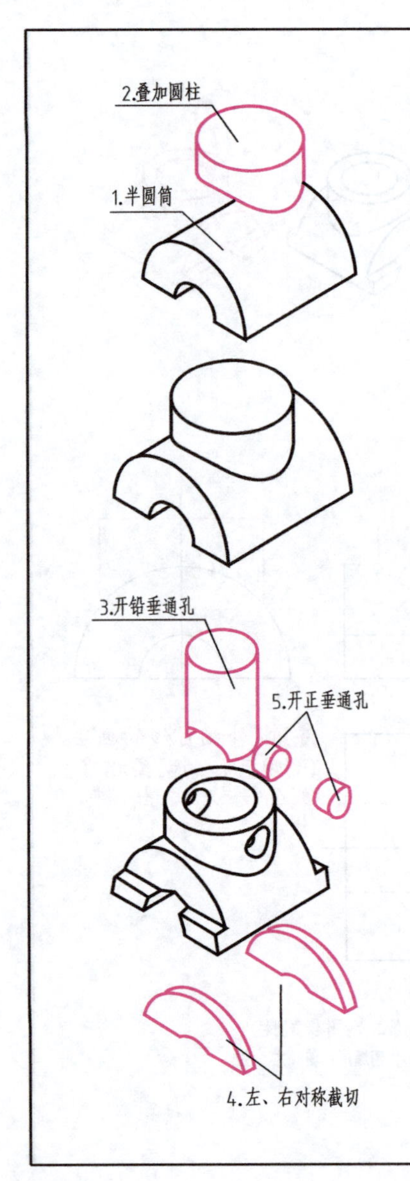

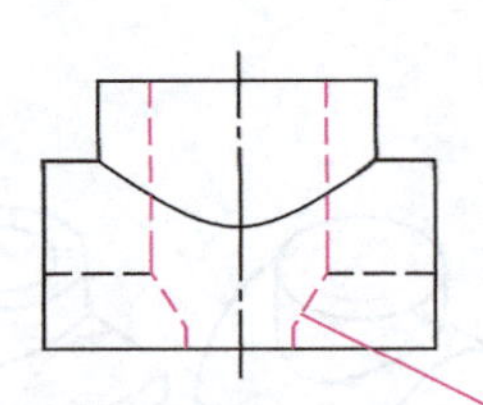
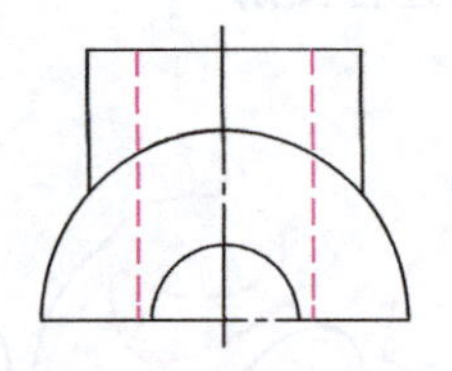
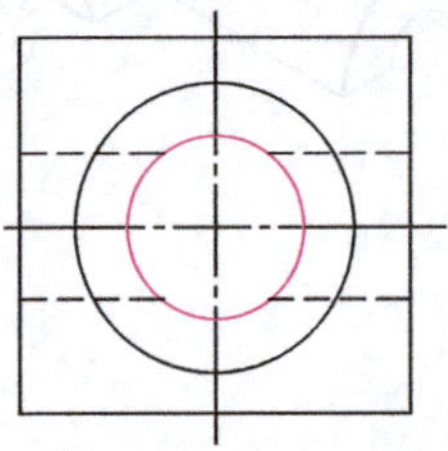
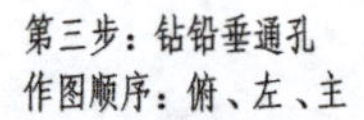

第三步：钻铅垂通孔
作图顺序：俯、左、主

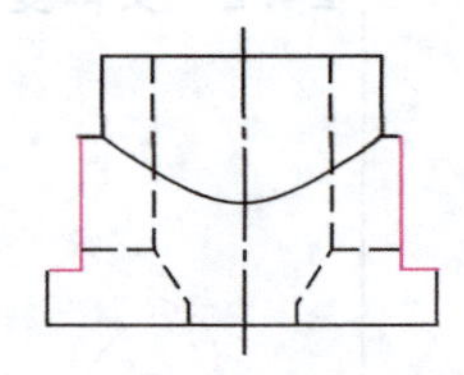
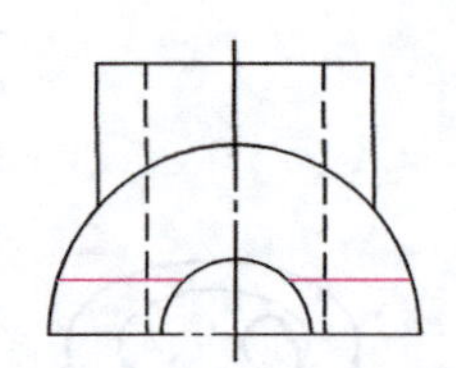
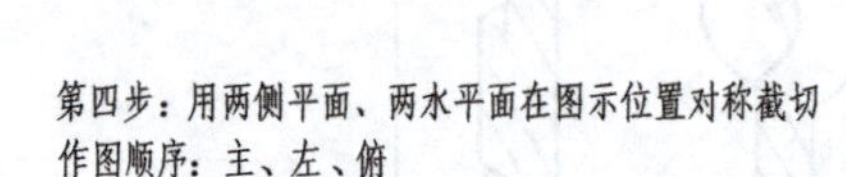

第四步：用两侧平面、两水平面在图示位置对称截切
作图顺序：主、左、俯

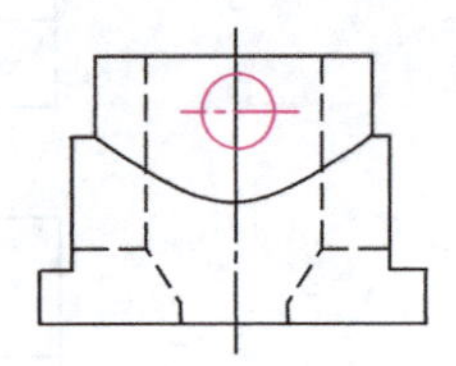
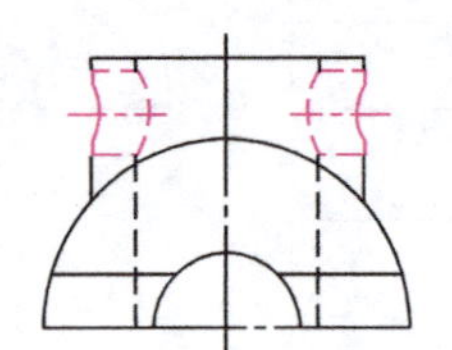
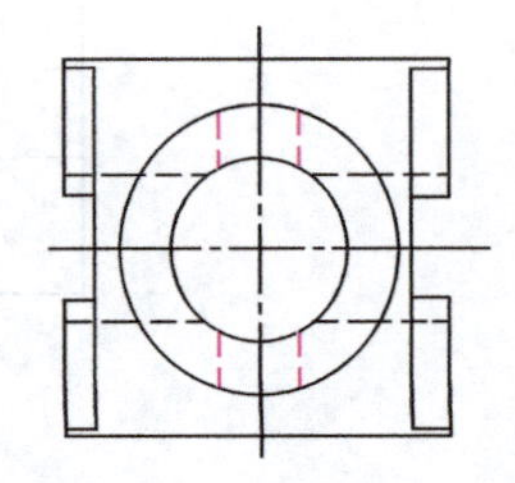

第五步：钻正垂通孔
作图顺序：主、俯、左

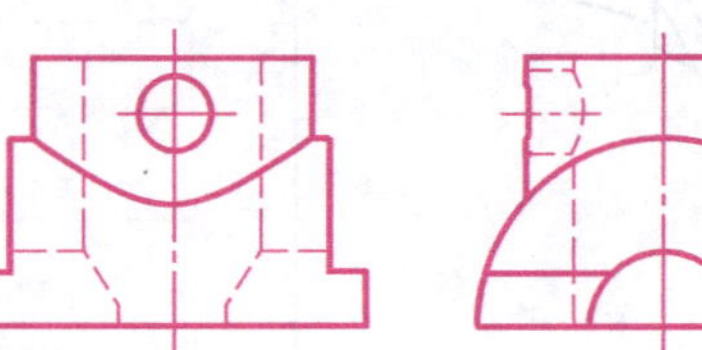
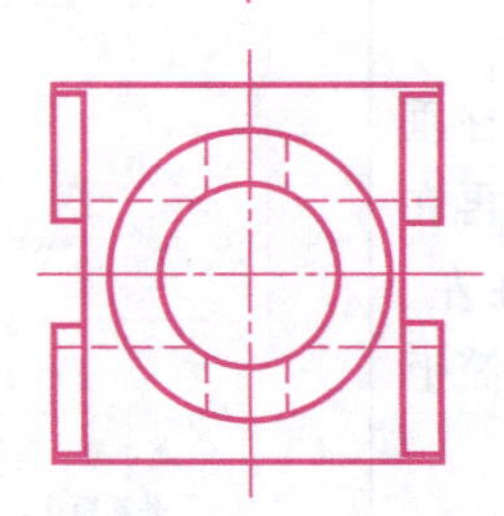

第六步：检查无误后加粗，完成全图

24.4 已知俯、左视图，补画主视图的练习

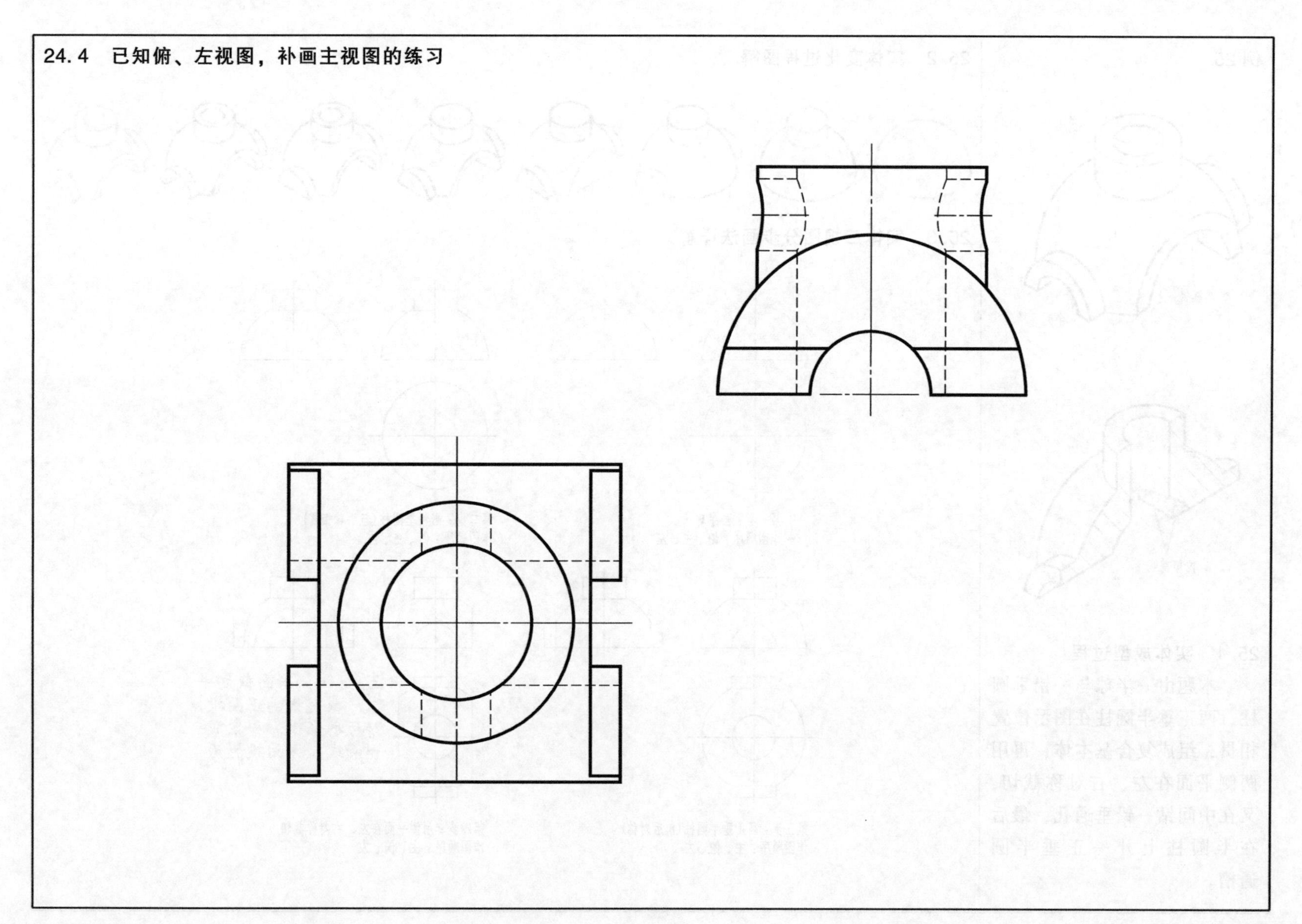

例 25

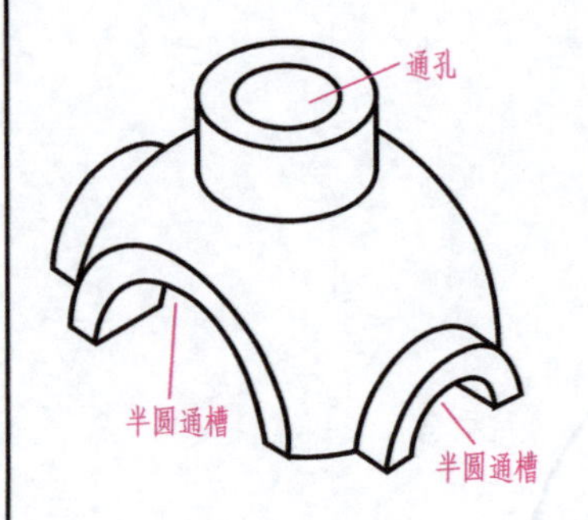

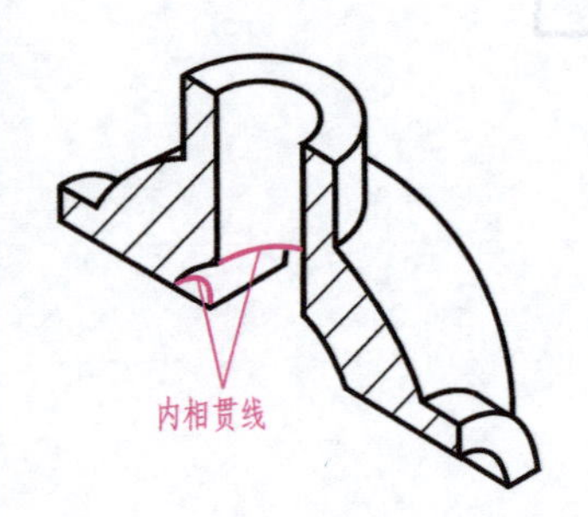

25.1 实体成型过程

本题由一半球与一铅垂圆柱、两正垂半圆柱在图示位置相贯，组成复合基本体，再用两侧平面在左、右对称截切，又在中间钻一铅垂通孔，最后在半圆柱上开一正垂半圆通槽。

25.2 实体变化过程图解

25.3 实体三视图分步画法详解

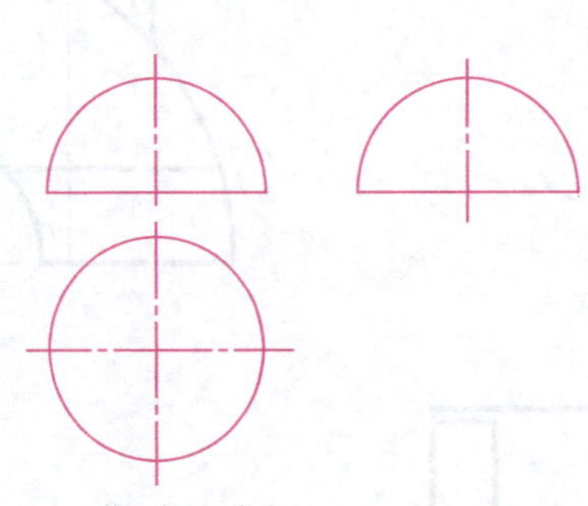

第一步：画半球
作图顺序：俯、主、左

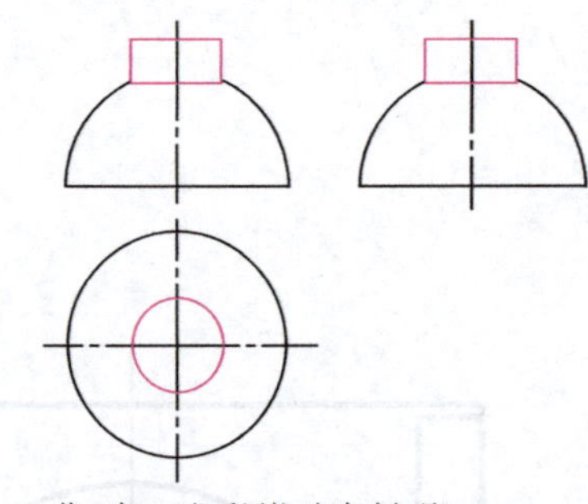

第二步：画铅垂圆柱(与半球相贯)
作图顺序：俯、主、左

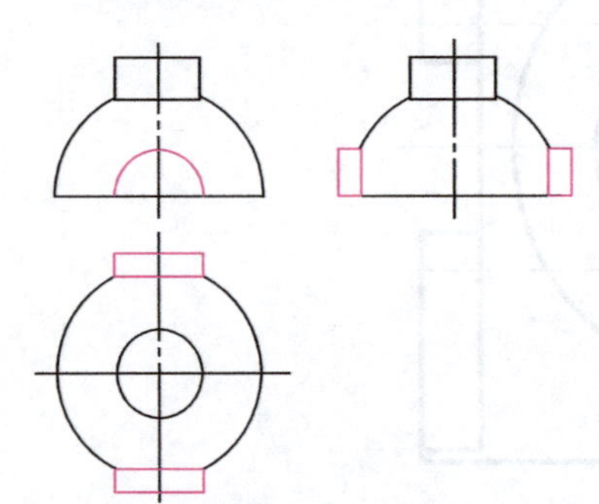

第三步：画正垂半圆柱(前后对称)
作图顺序：主、俯、左

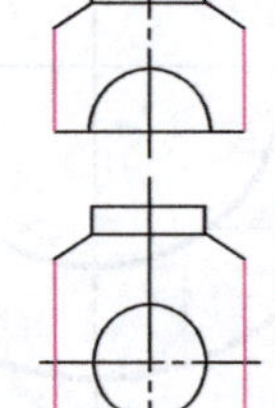

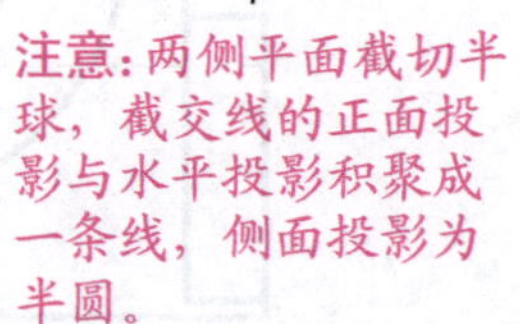

注意：两侧平面截切半球，截交线的正面投影与水平投影积聚成一条线，侧面投影为半圆。

第四步：用侧平面在左、右对称截切
作图顺序：主、俯、左

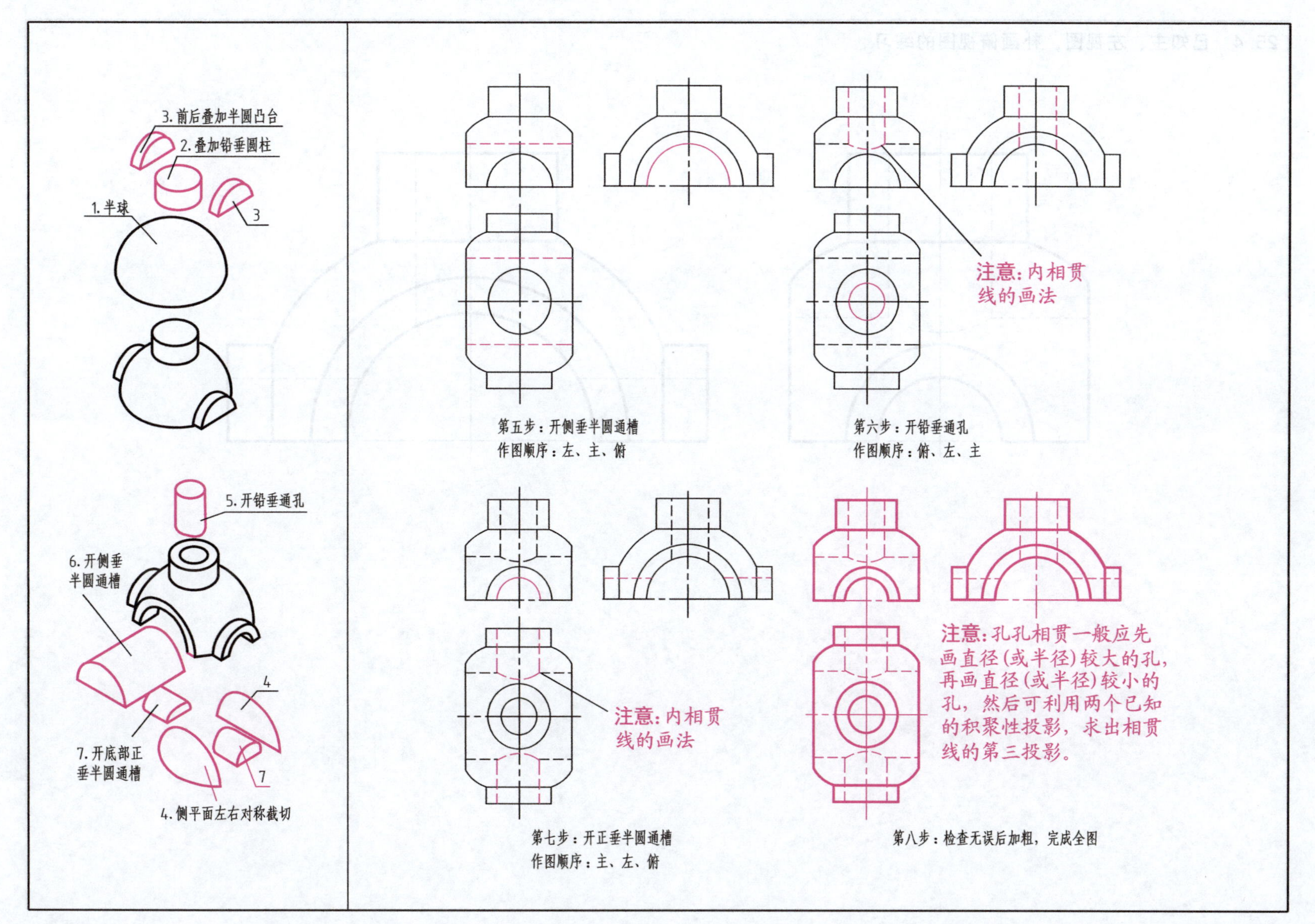

第五步：开侧垂半圆通槽
作图顺序：左、主、俯

第六步：开铅垂通孔
作图顺序：俯、左、主

第七步：开正垂半圆通槽
作图顺序：主、左、俯

第八步：检查无误后加粗，完成全图

25.4　已知主、左视图，补画俯视图的练习

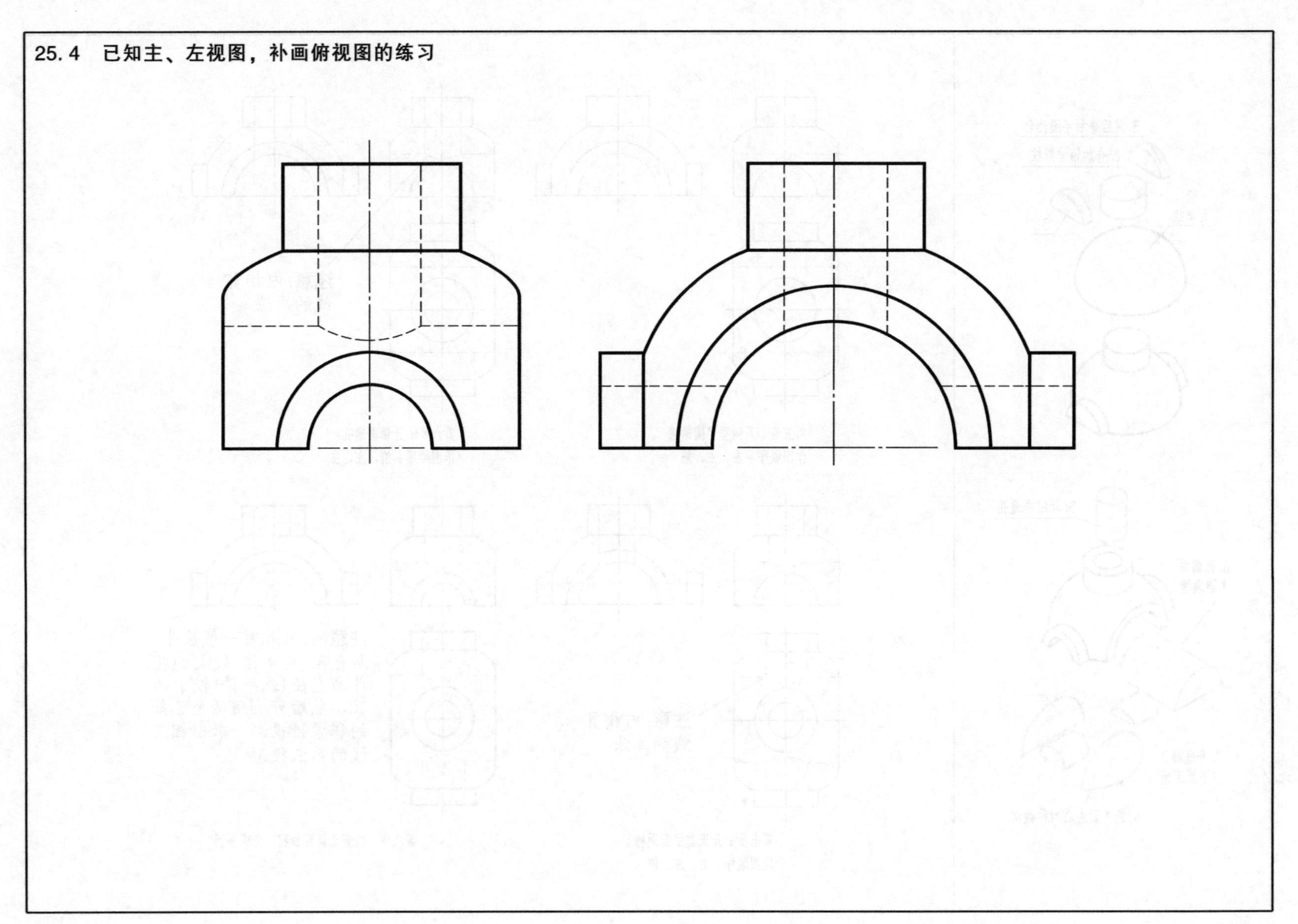

例 26

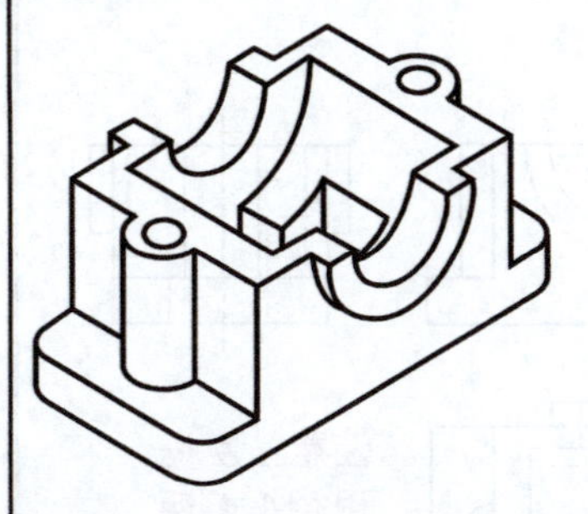

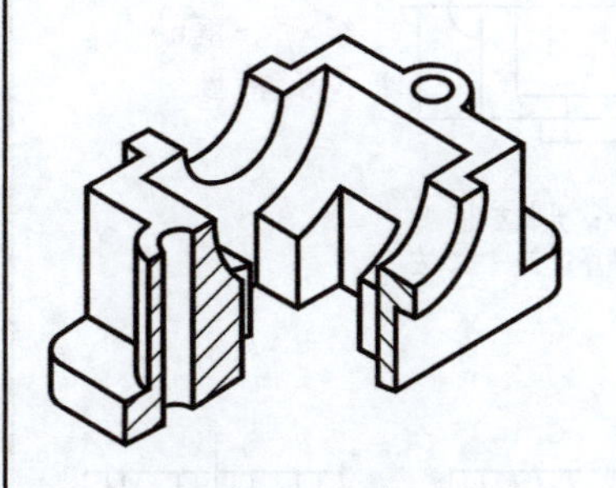

26.1 实体成型过程

本题为在复合基本体的前后对称起半圆凸台，左右对称起半圆凸台，开半圆盲槽、开半圆通槽、开长方孔、开长方通槽、开通孔，最后倒底板圆角。

26.2 实体变化过程图解

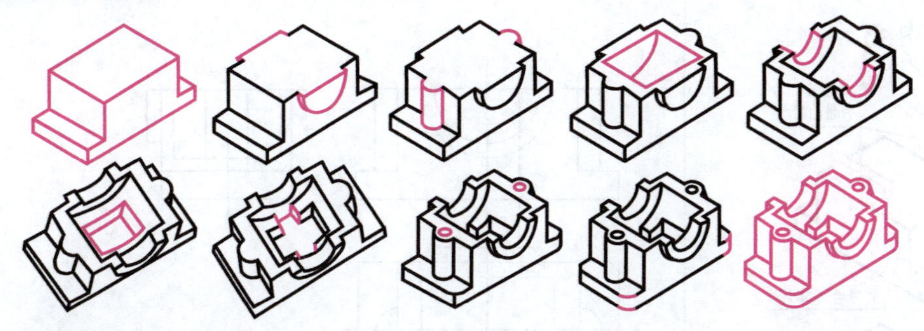

26.3 实体三视图分步画法详解

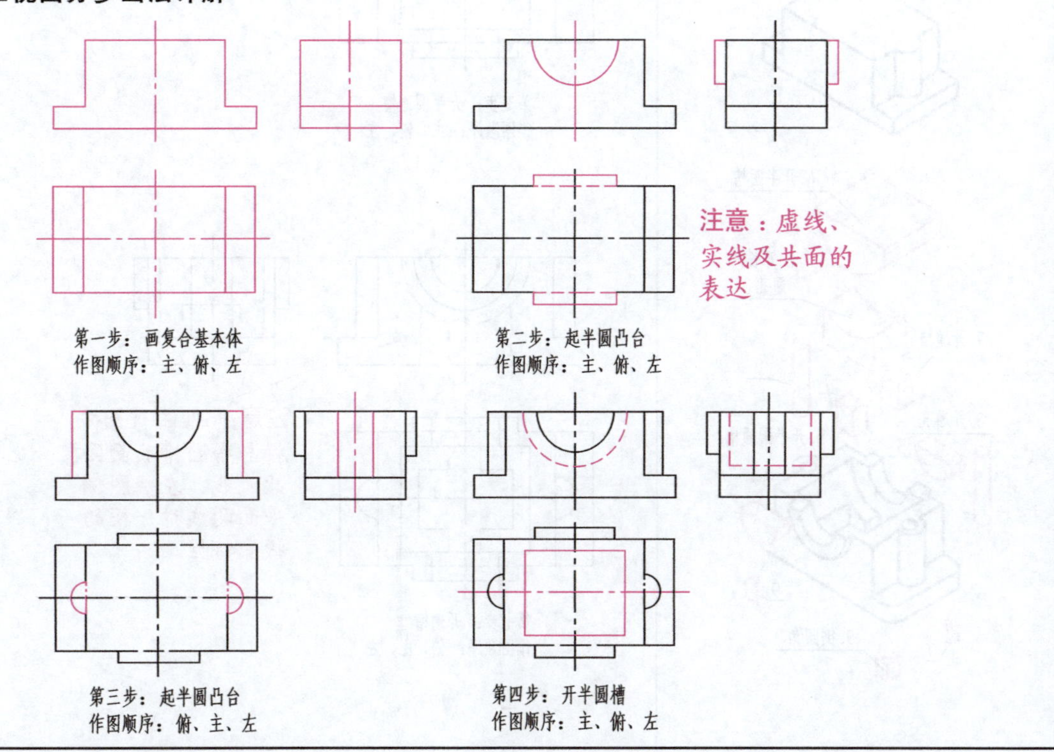

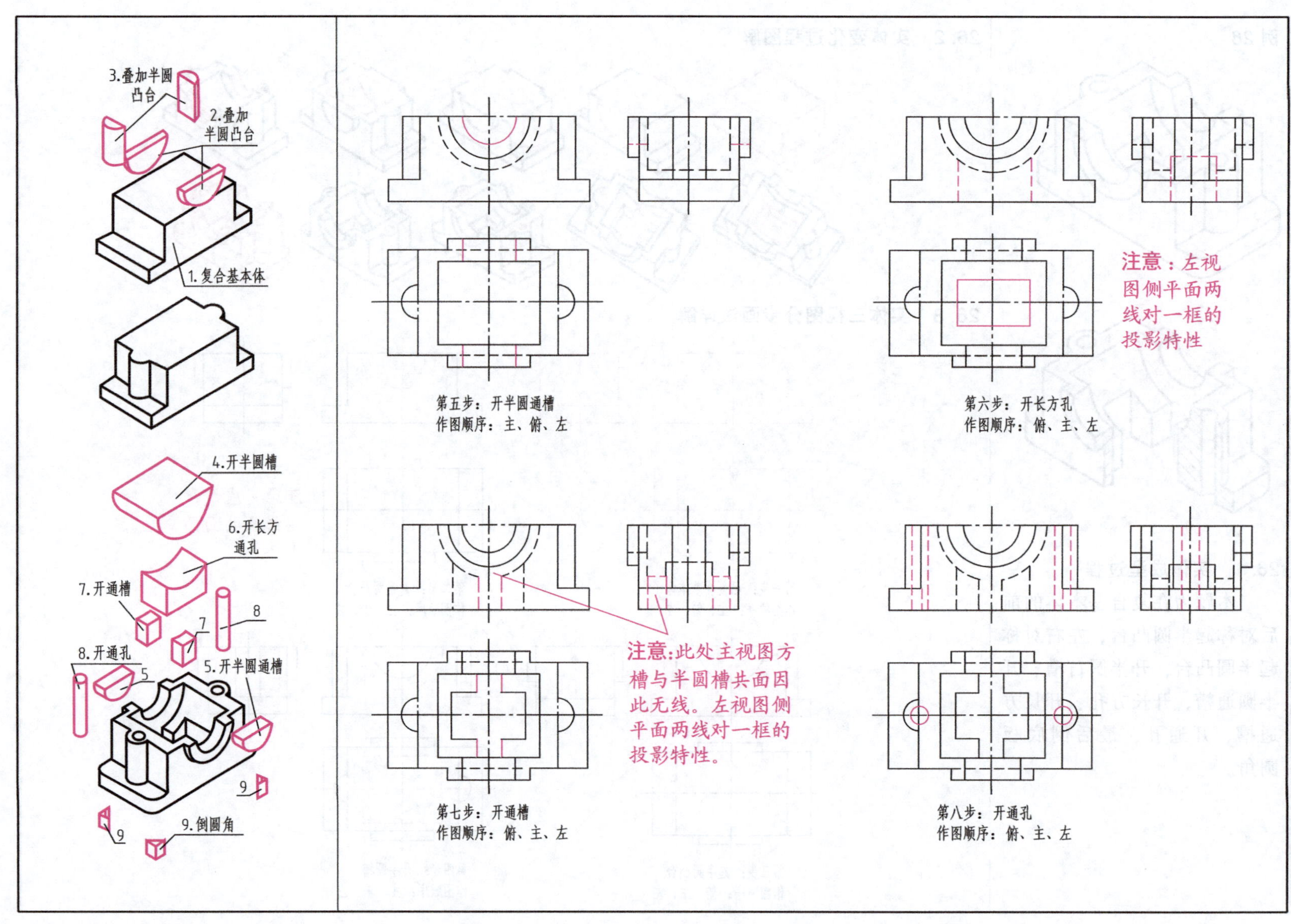
3.叠加半圆凸台
2.叠加半圆凸台
1.复合基本体
4.开半圆槽
6.开长方通孔
7.开通槽
8
7
8.开通孔
5
5.开半圆通槽
9
9
9.倒圆角
第五步：开半圆通槽
作图顺序：主、俯、左
第六步：开长方孔
作图顺序：俯、主、左
注意：左视图侧平面两线对一框的投影特性
第七步：开通槽
作图顺序：俯、主、左
注意:此处主视图方槽与半圆槽共面因此无线。左视图侧平面两线对一框的投影特性。
第八步：开通孔
作图顺序：俯、主、左

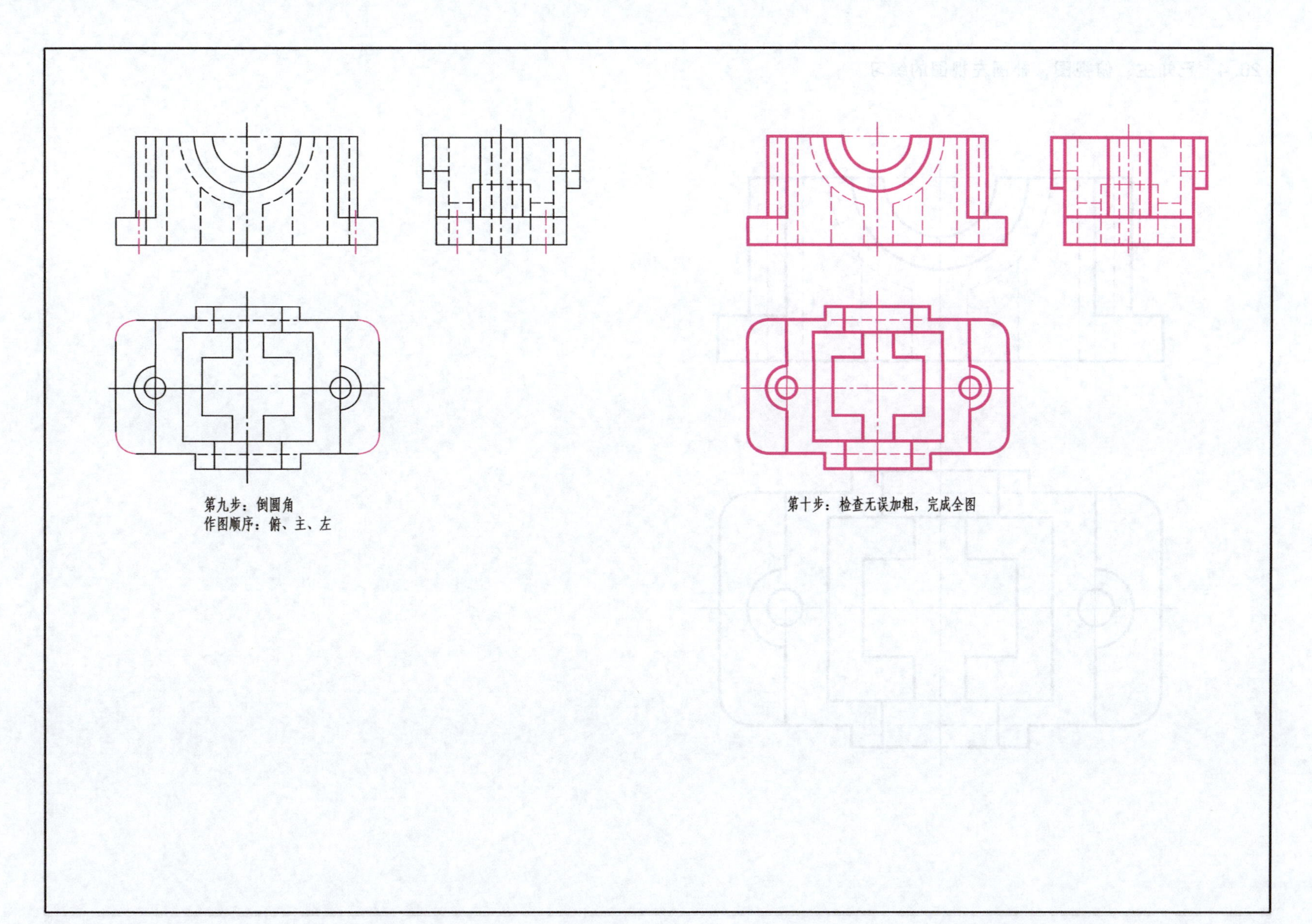
第九步：倒圆角
作图顺序：俯、主、左
第十步：检查无误加粗，完成全图

26.4　已知主、俯视图，补画左视图的练习

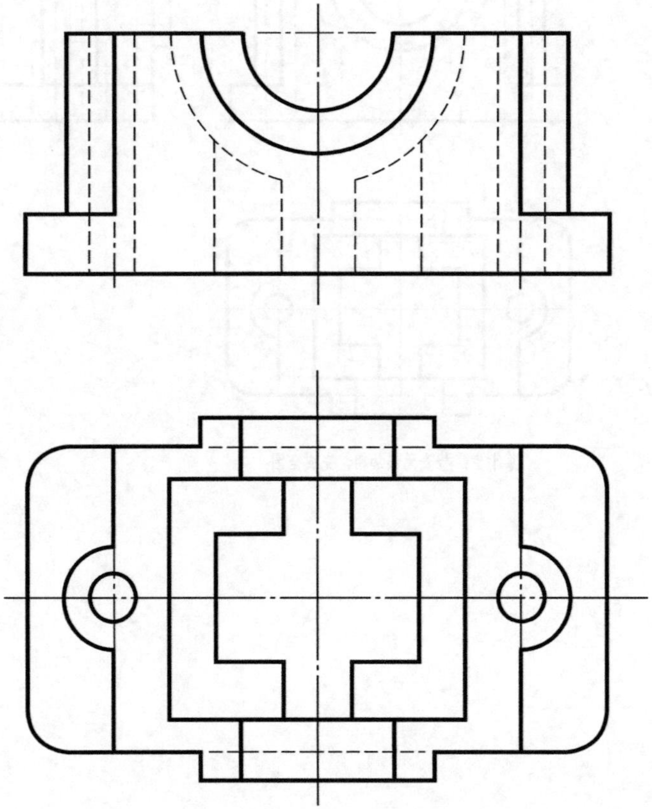

例 27

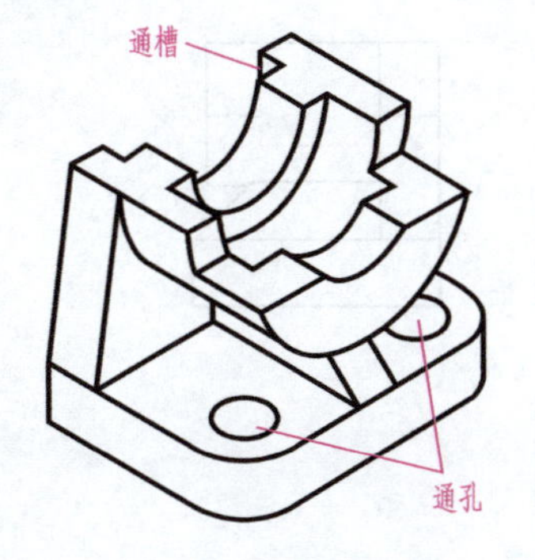

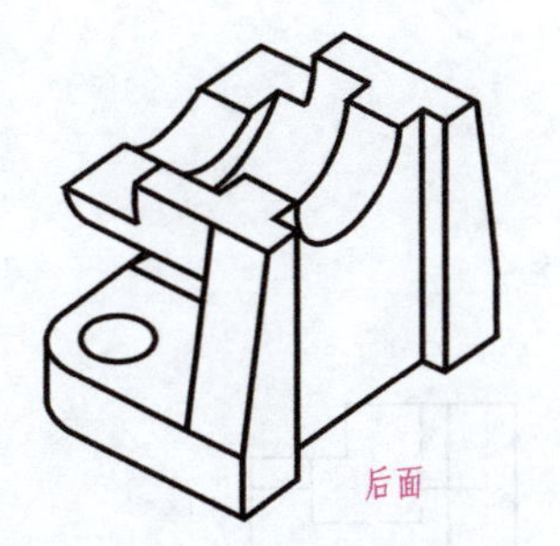

27.1 实体成型过程

本题首先将底板、半圆筒、后立板、肋叠加成复合基本体，然后按图示步骤开中间半圆槽、切口、开后槽及底板倒角，最后钻安装孔。

27.2 实体变化过程图解

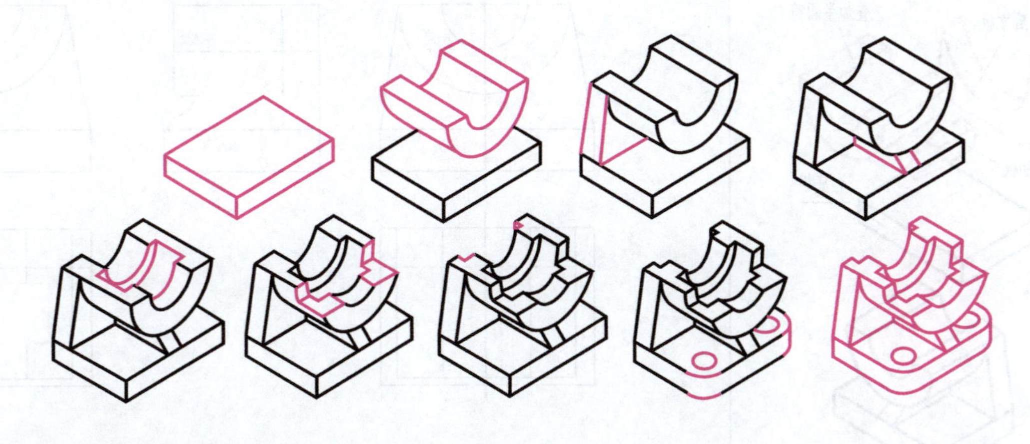

27.3 实体三视图分步画法详解

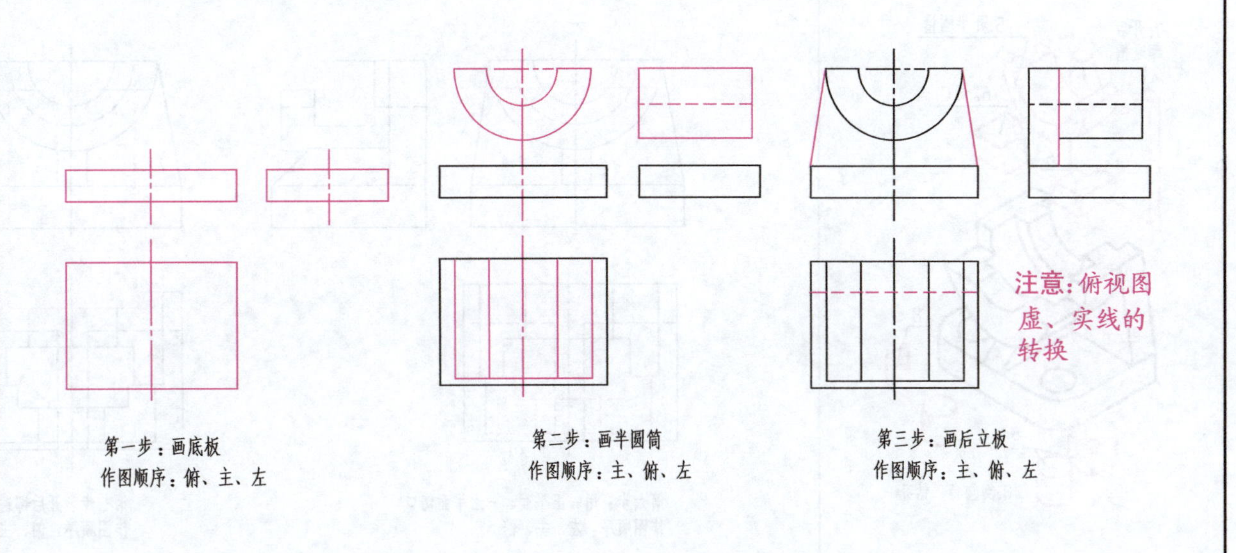

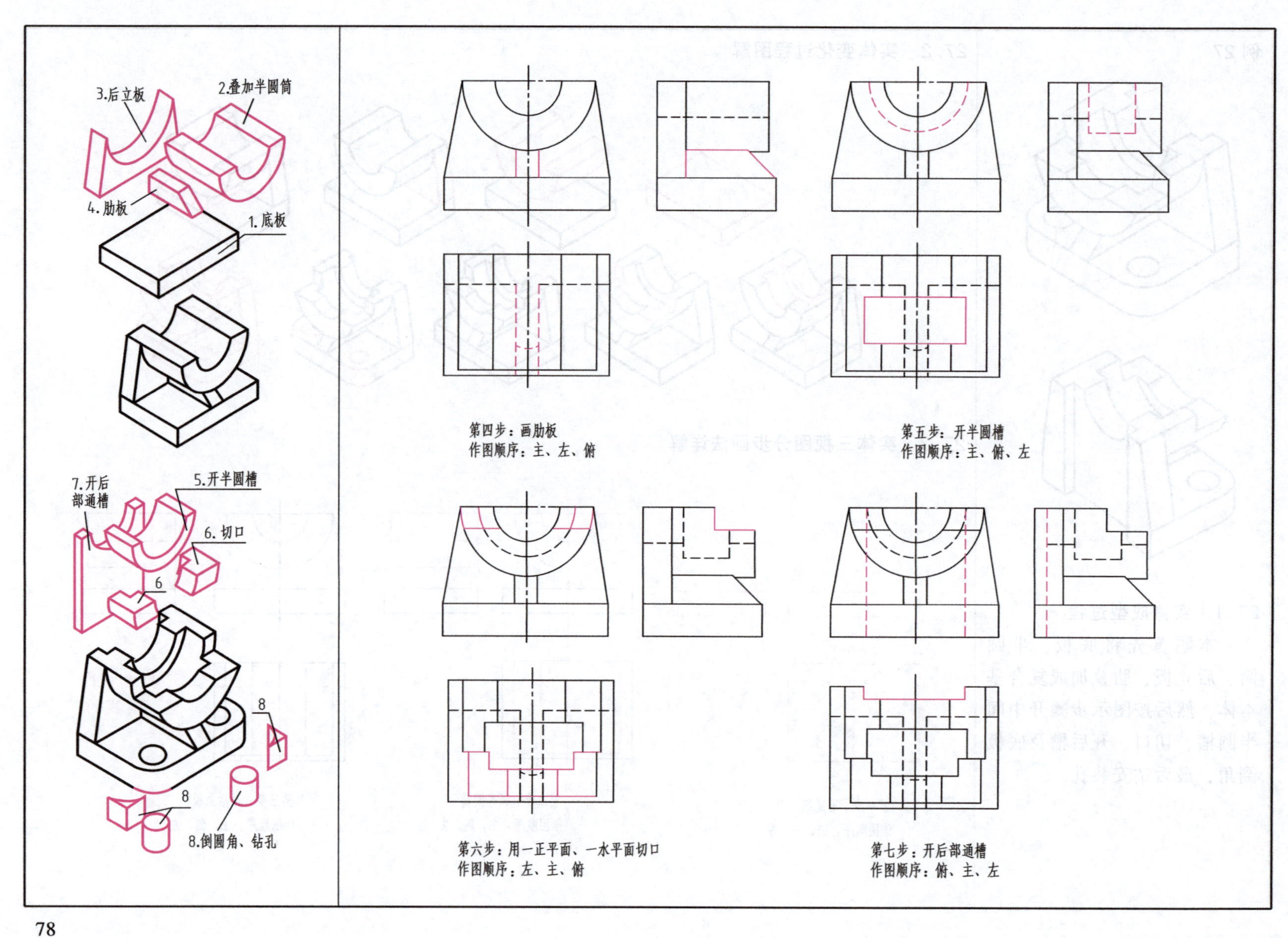
3.后立板
2.叠加半圆筒
4.肋板
1.底板
7.开后
部通槽
5.开半圆槽
6.切口
6
8
8
8.倒圆角、钻孔
第四步：画肋板
作图顺序：主、左、俯
第五步：开半圆槽
作图顺序：主、俯、左
第六步：用一正平面、一水平面切口
作图顺序：左、主、俯
第七步：开后部通槽
作图顺序：俯、主、左

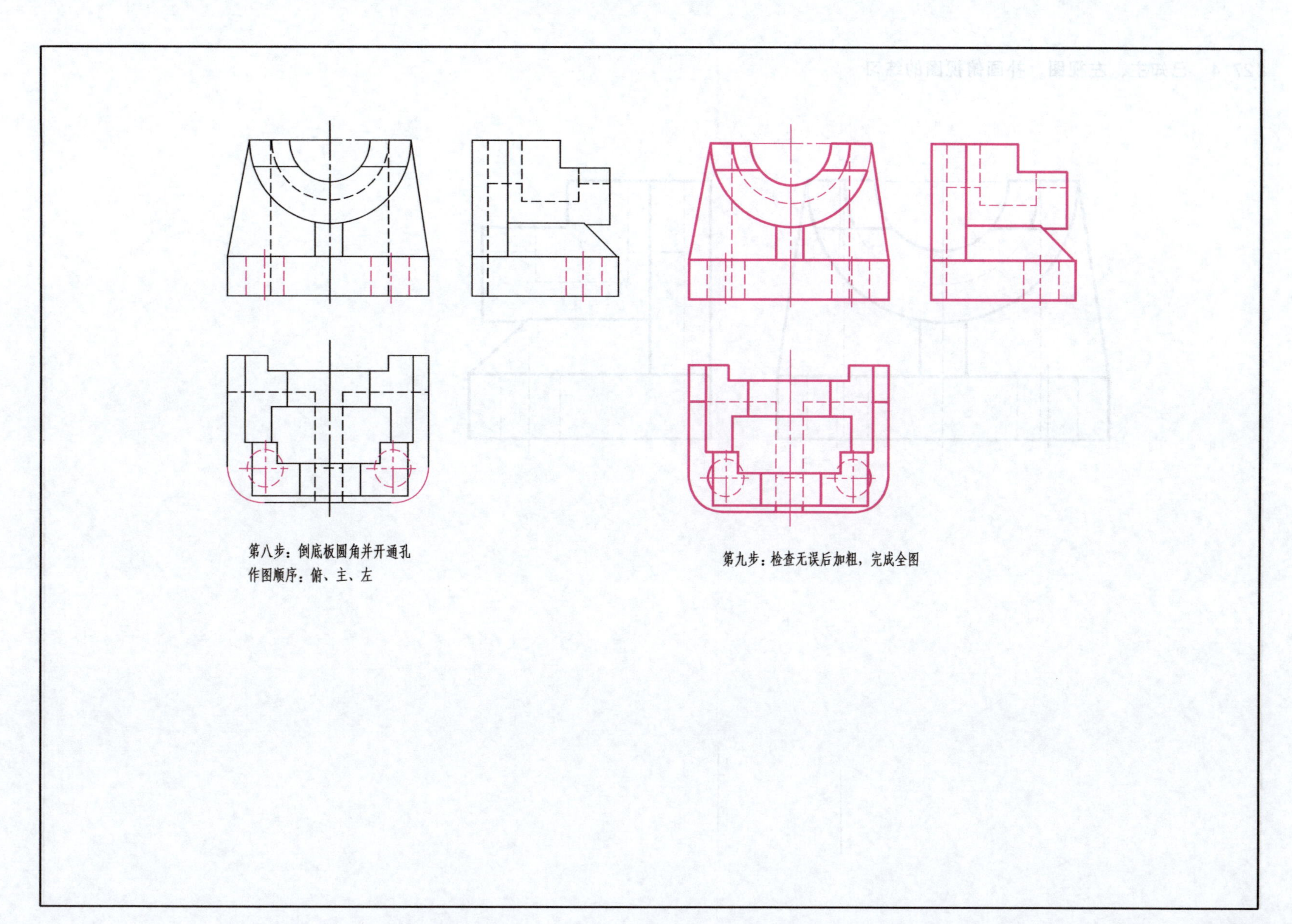
第八步：倒底板圆角并开通孔
作图顺序：俯、主、左
第九步：检查无误后加粗，完成全图

27.4　已知主、左视图，补画俯视图的练习

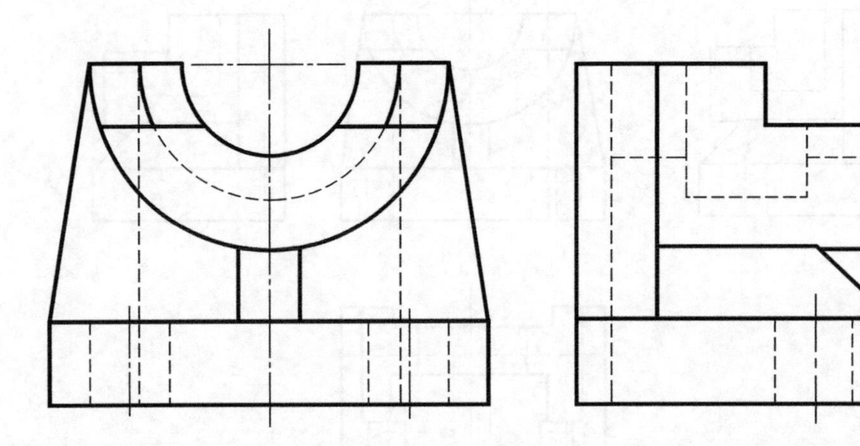

例 28

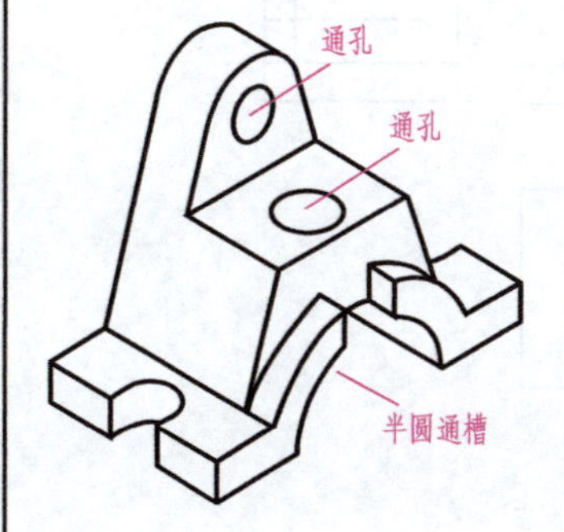

28.1 实体成型过程

本题为在半圆拱形底板上叠加一复合凸台，并用一正平面、一水平面截切后开一正垂通孔、一铅垂通孔，最后用两侧平面、一正平面在正中间切一通槽，最后再在底板上开两压板槽。

28.2 实体变化过程图解

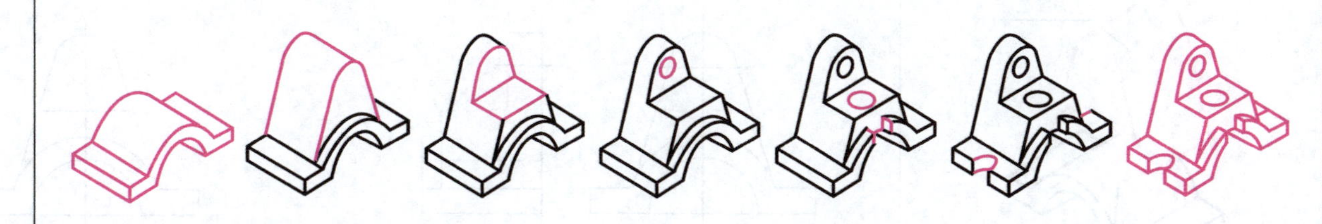

28.3 实体三视图分步画法详解

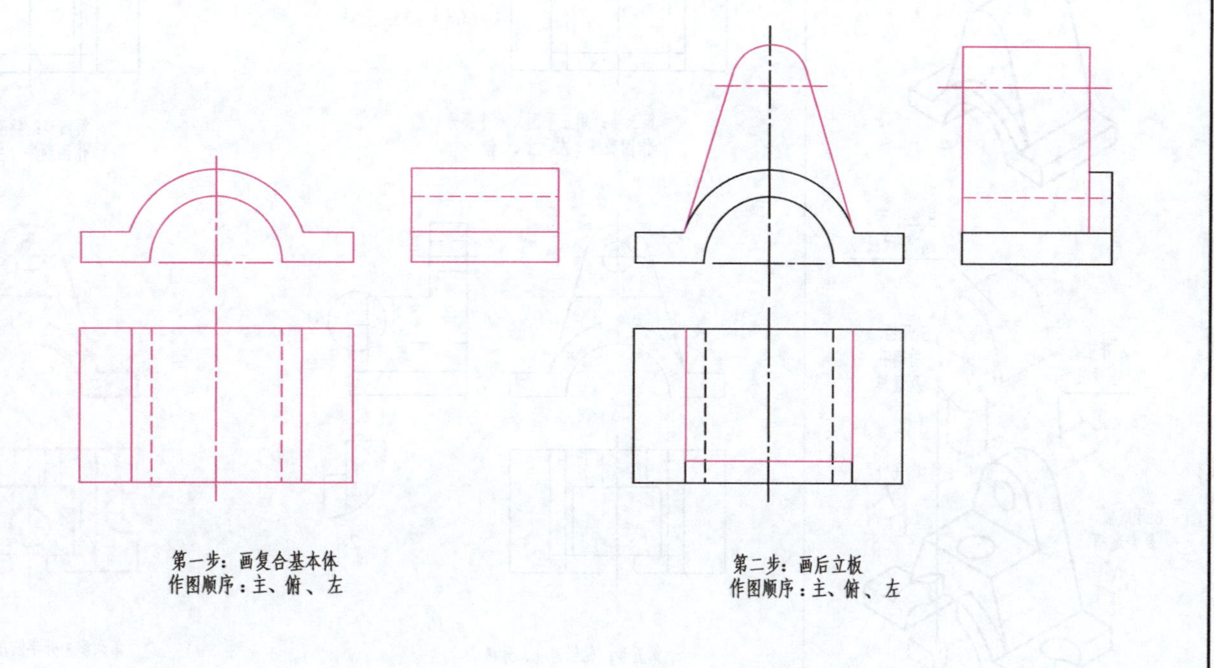

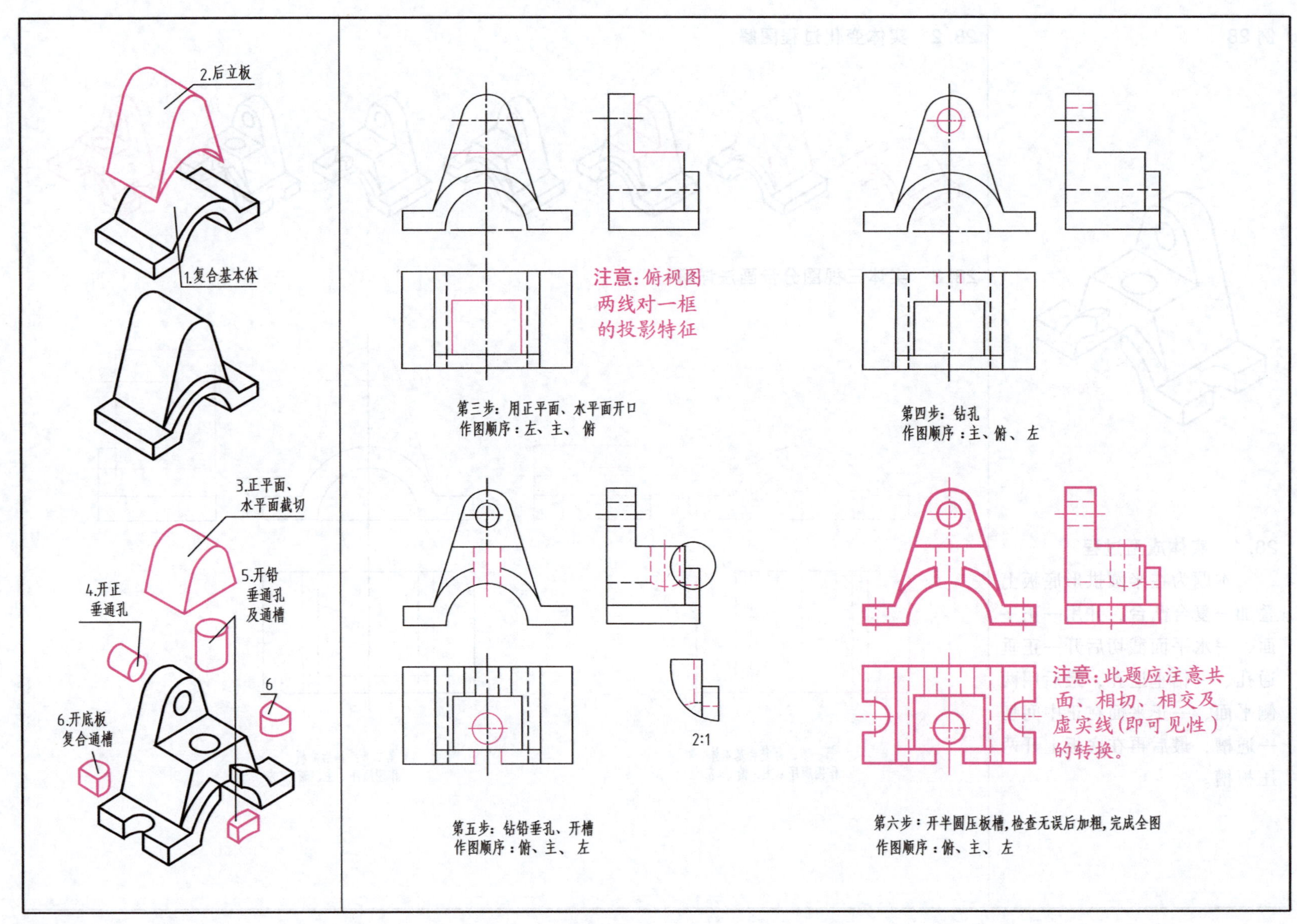
2.后立板
1.复合基本体
3.正平面、
水平面截切
4.开正
垂通孔
5.开铅
垂通孔
及通槽
6
6.开底板
复合通槽
注意：俯视图
两线对一框
的投影特征
第三步：用正平面、水平面开口
作图顺序：左、主、俯
第四步：钻孔
作图顺序：主、俯、左
2:1
第五步：钻铅垂孔、开槽
作图顺序：俯、主、左
注意：此题应注意共
面、相切、相交及
虚实线（即可见性）
的转换。
第六步：开半圆压板槽，检查无误后加粗，完成全图
作图顺序：俯、主、左

28.4　已知主、俯视图，补画左视图的练习

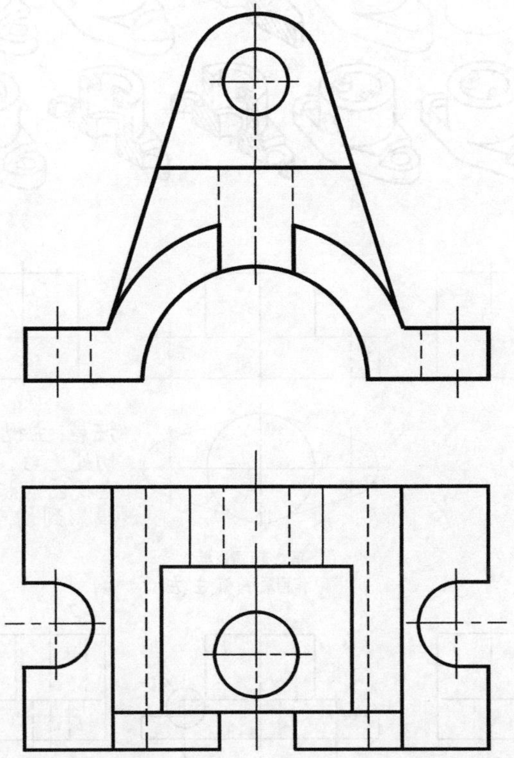

例 29

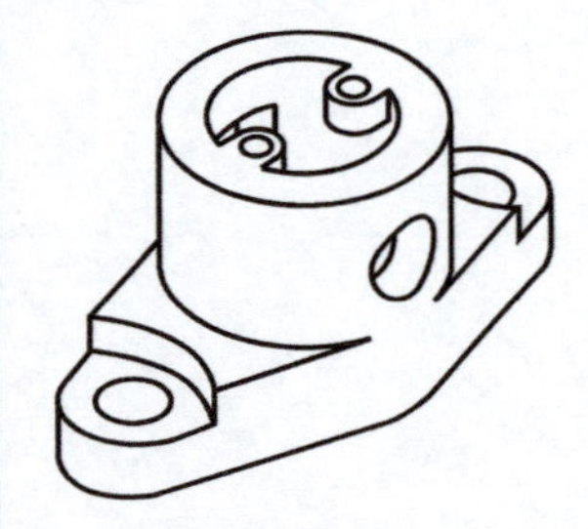

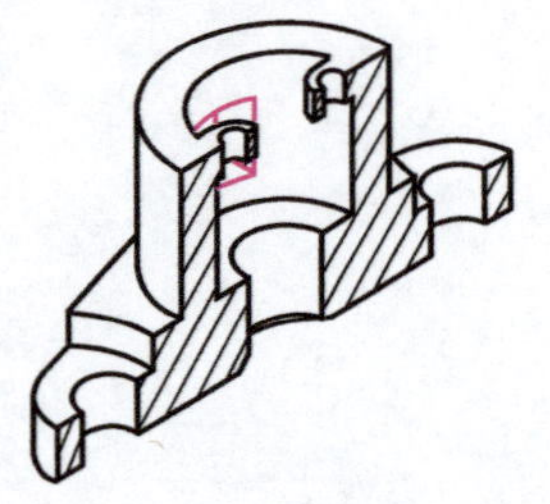

29.1　实体成型过程

本题为在一水平圆柱下加一复合底板（底板与圆柱相切），圆柱上开两阶梯孔，在底板左右对称铣圆弧槽并钻通孔，在圆筒上部左、右对称加两复合耳板并钻两通孔，最后在圆筒前方开一圆形通孔、后方开一方形通孔（注意圆、方两孔相贯线的不同画法及可见性的表达）。

29.2　实体变化过程图解

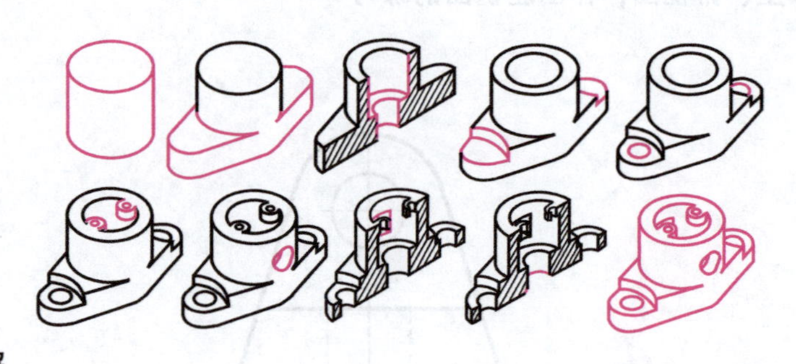

29.3　实体三视图分步画法详解

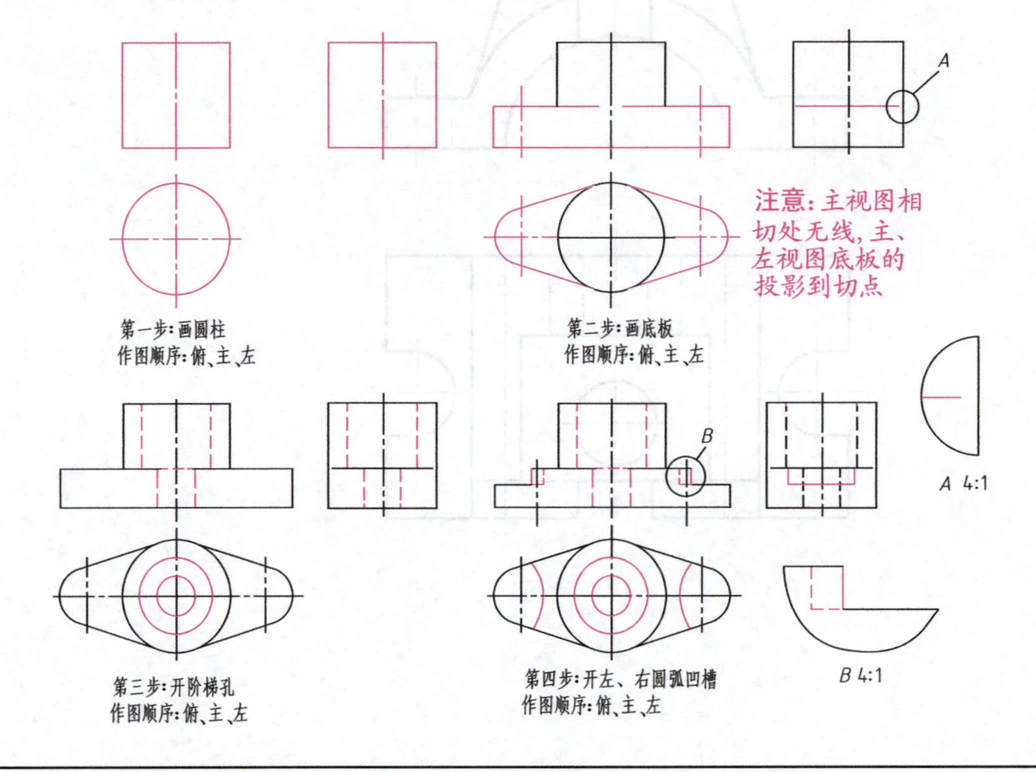

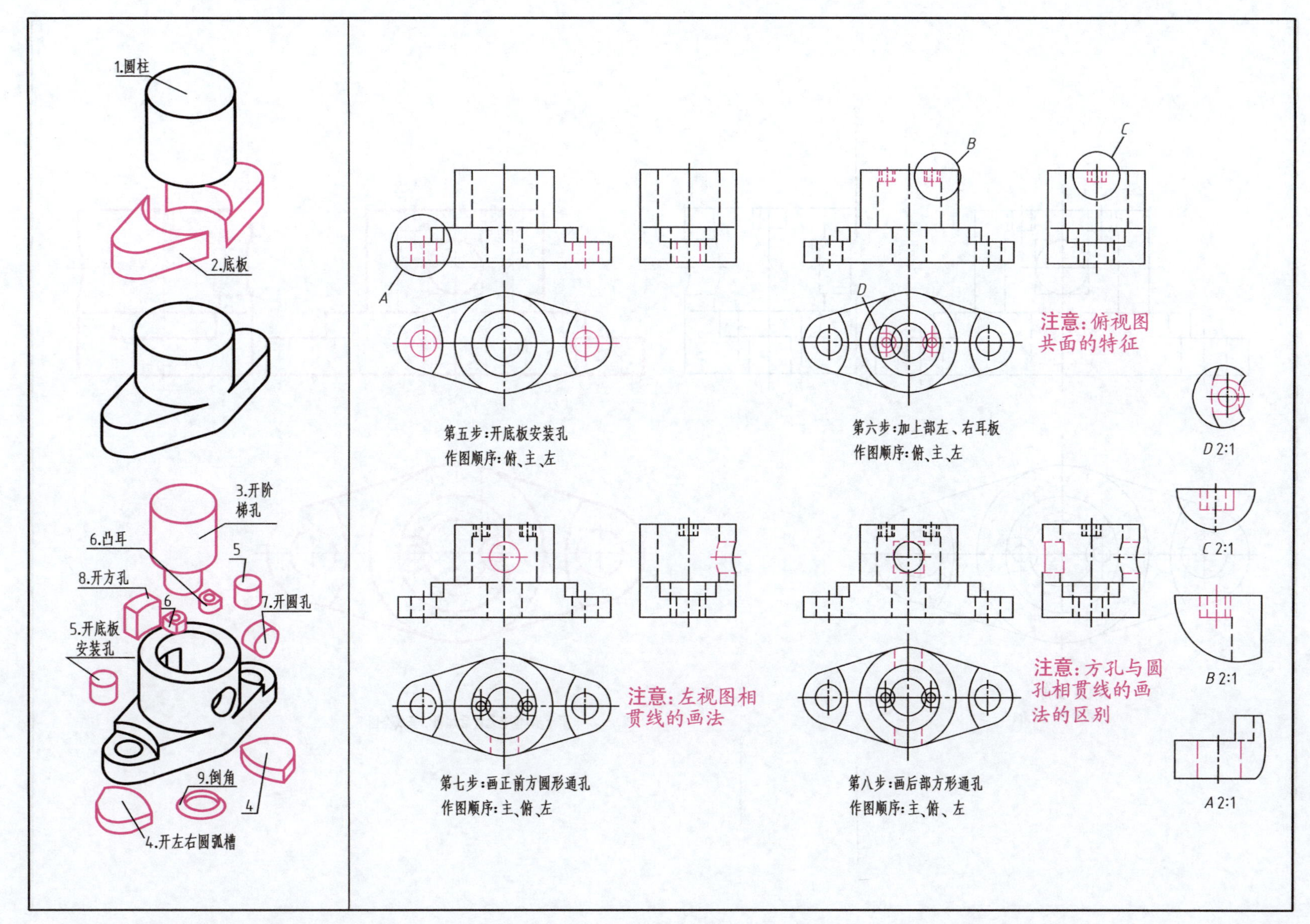
1.圆柱
2.底板
3.开阶梯孔
6.凸耳
5
8.开方孔
6
7.开圆孔
5.开底板安装孔
9.倒角
4
4.开左右圆弧槽
A
B
C
D
第五步:开底板安装孔
作图顺序:俯、主、左
第六步:加上部左、右耳板
作图顺序:俯、主、左
注意:俯视图共面的特征
D 2:1
C 2:1
B 2:1
A 2:1
第七步:画正前方圆形通孔
作图顺序:主、俯、左
注意:左视图相贯线的画法
第八步:画后部方形通孔
作图顺序:主、俯、左
注意:方孔与圆孔相贯线的画法的区别

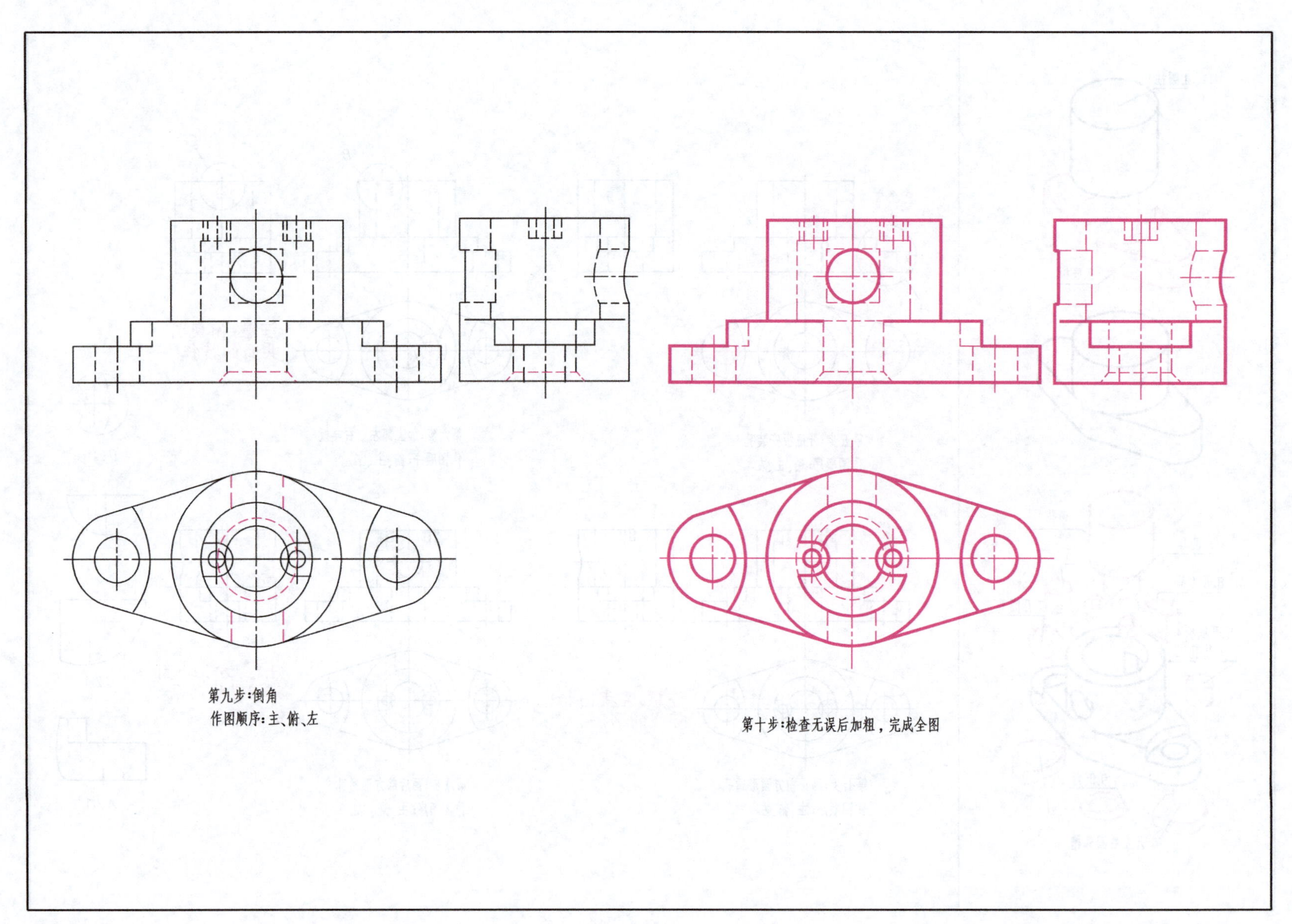
第九步:倒角
作图顺序:主、俯、左
第十步:检查无误后加粗，完成全图

29.4　已知主、俯视图，补画左视图的练习

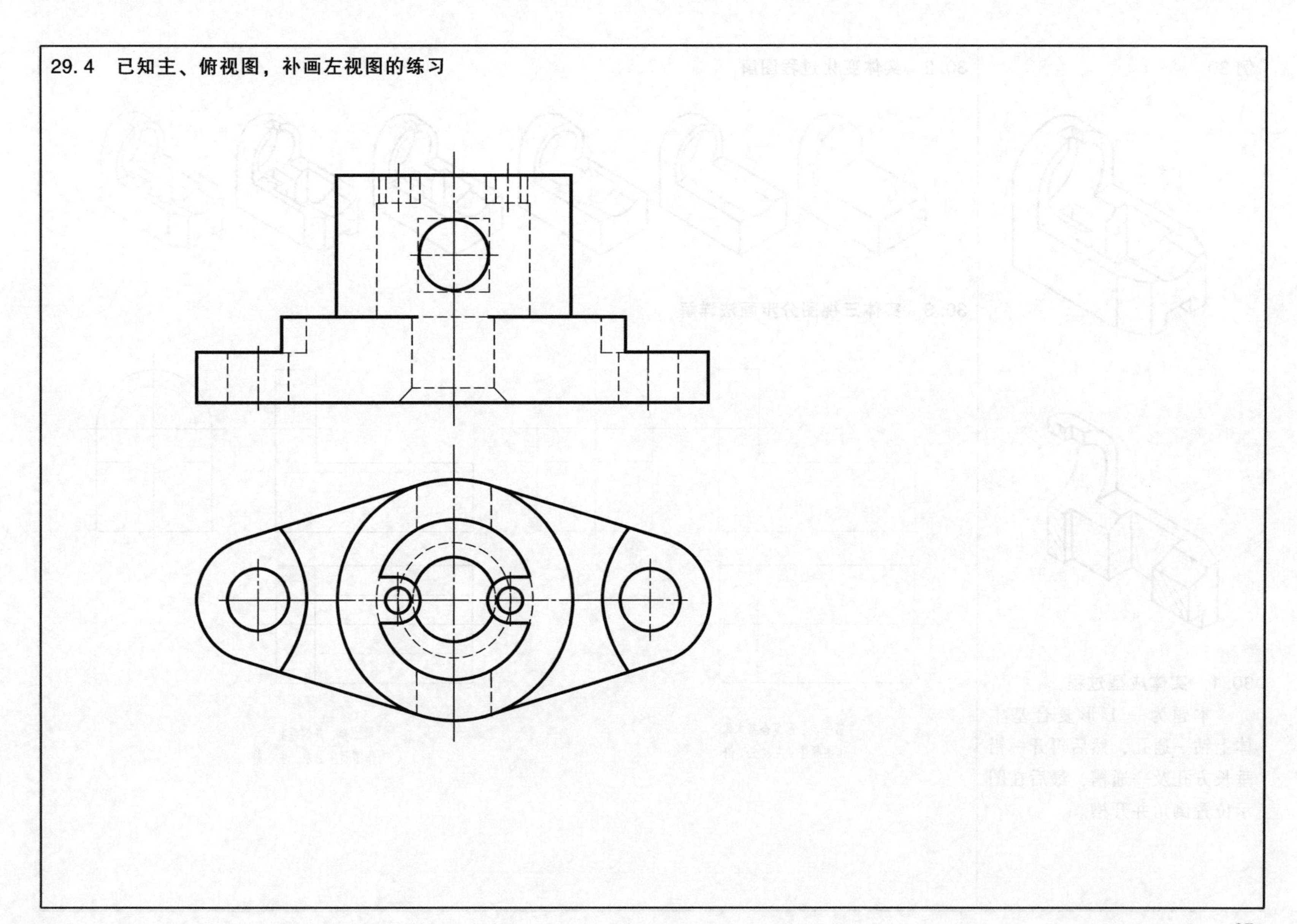

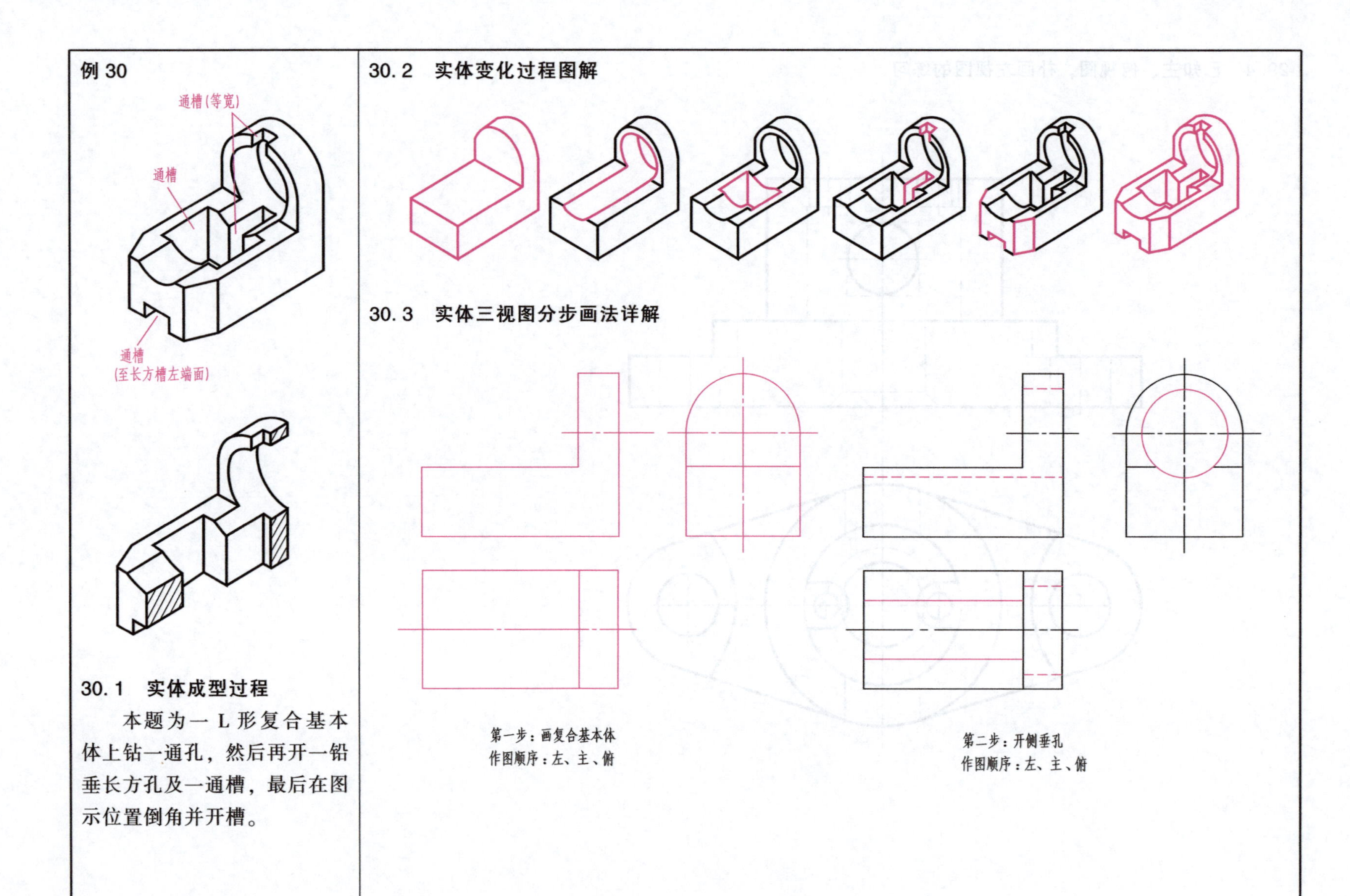
例 30
通槽(等宽)
通槽
通槽
(至长方槽左端面)
30.1 实体成型过程
本题为一L形复合基本体上钻一通孔，然后再开一铅垂长方孔及一通槽，最后在图示位置倒角并开槽。
30.2 实体变化过程图解
30.3 实体三视图分步画法详解
第一步：画复合基本体
作图顺序：左、主、俯
第二步：开侧垂孔
作图顺序：左、主、俯

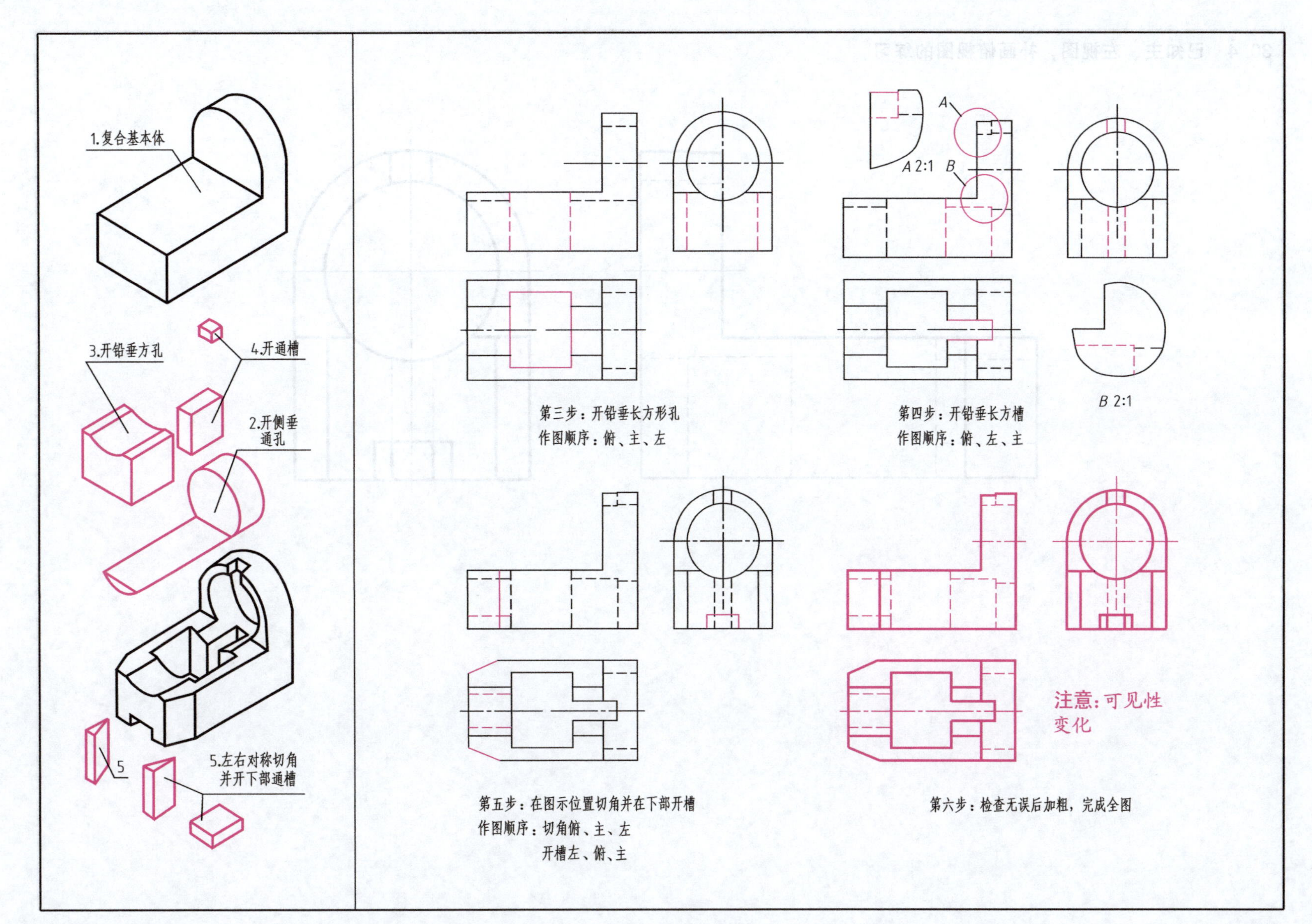
1.复合基本体
3.开铅垂方孔
4.开通槽
2.开侧垂
通孔
5
5.左右对称切角
并开下部通槽
第三步：开铅垂长方形孔
作图顺序：俯、主、左
A
A 2:1
B
B 2:1
第四步：开铅垂长方槽
作图顺序：俯、左、主
第五步：在图示位置切角并在下部开槽
作图顺序：切角俯、主、左
开槽左、俯、主
注意：可见性
变化
第六步：检查无误后加粗，完成全图

30.4 已知主、左视图，补画俯视图的练习

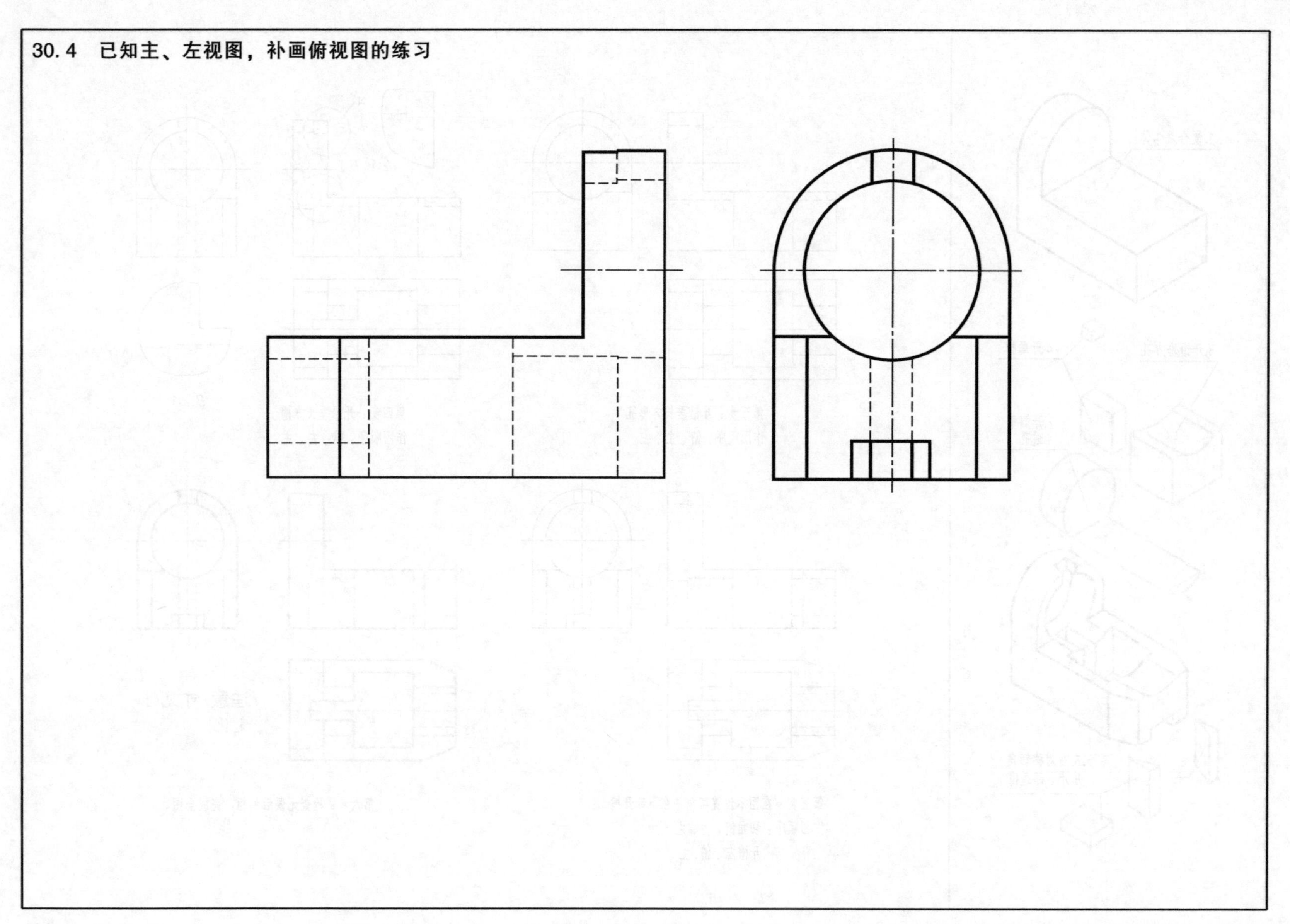

例 31

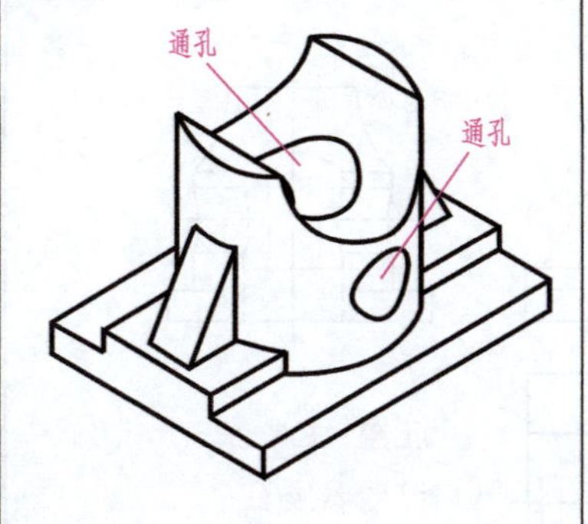

31.2 实体变化过程图解

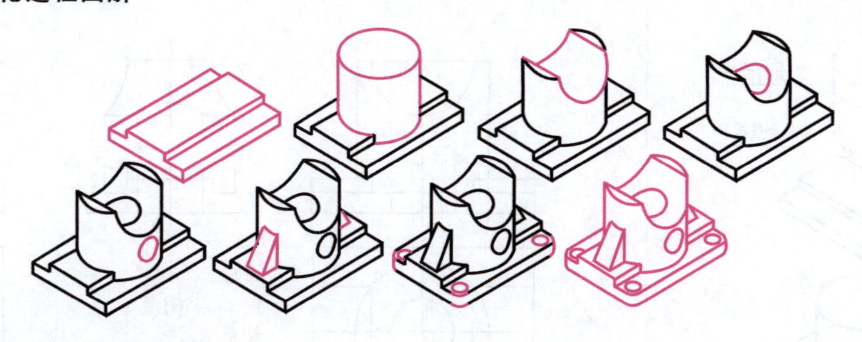

31.3 实体三视图分步画法详解

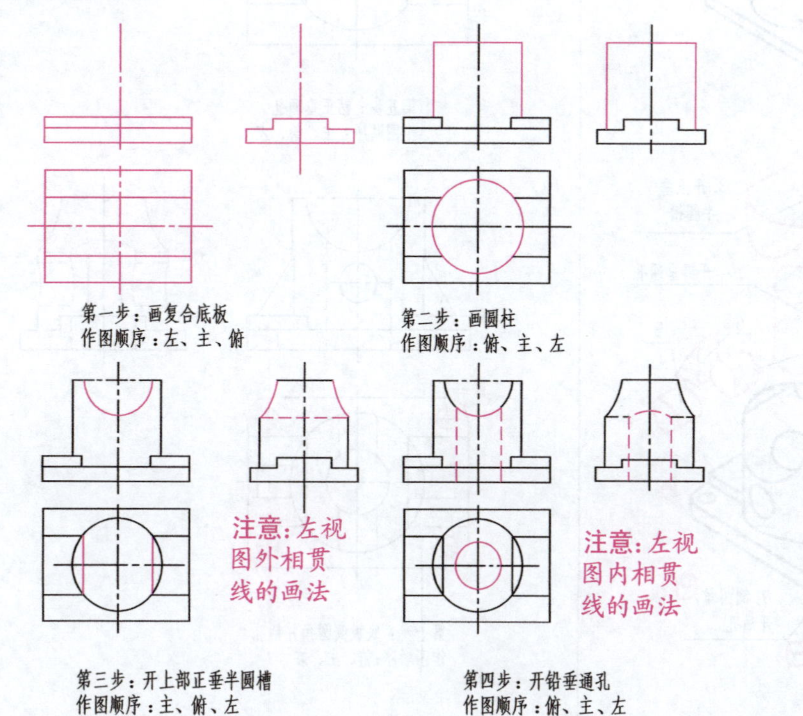

31.1 实体成型过程

本题为一复合底板上加一铅垂圆柱，先在铅垂圆柱上开一正垂半圆槽，再在其上钻一铅垂孔，开正垂通孔，然后在其左、右对称加肋，底板倒圆角后钻通孔。

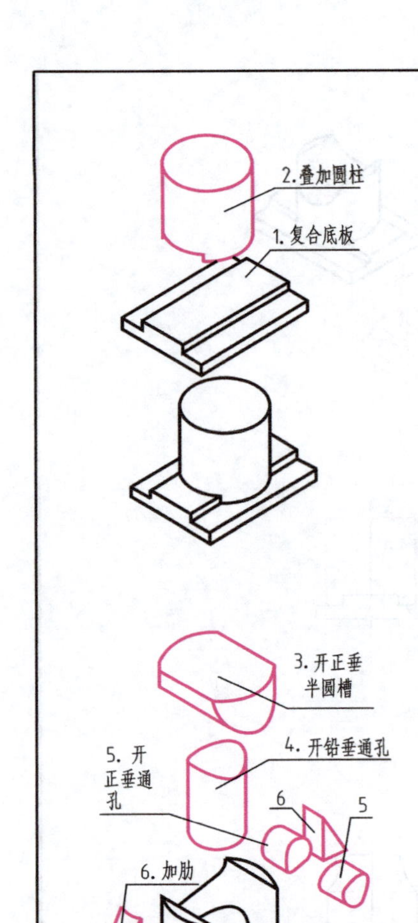

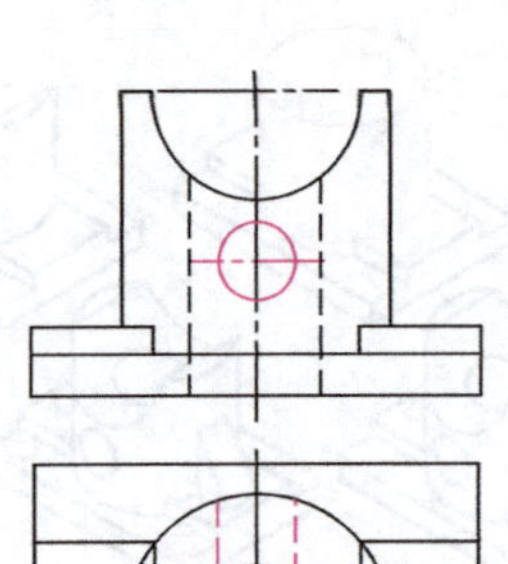
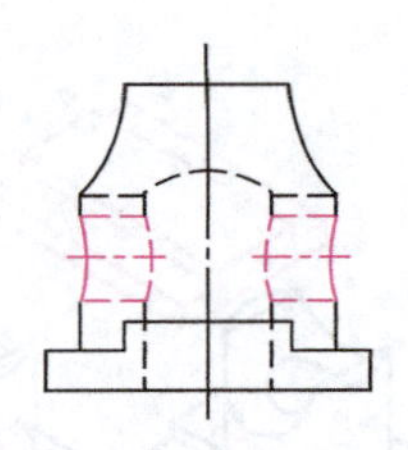

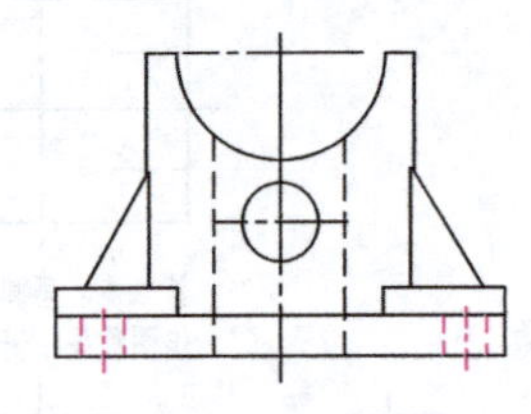

第五步：钻正垂通孔
作图顺序：主、俯、左

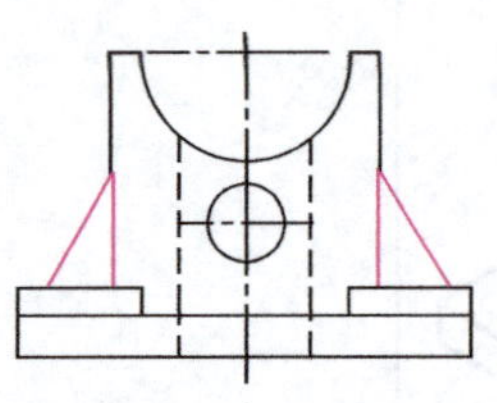
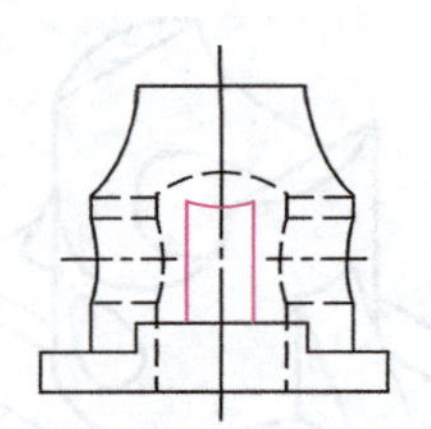

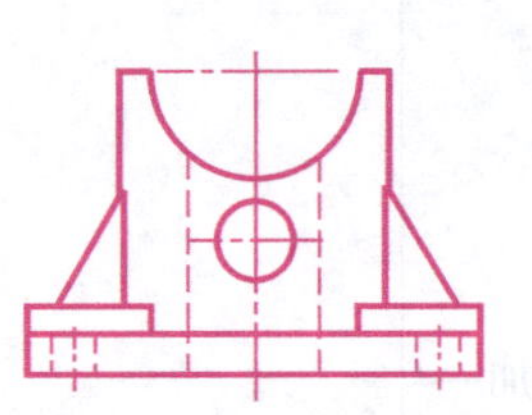
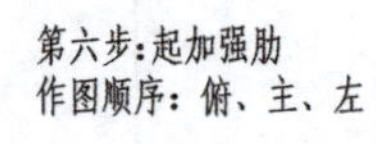

第六步：起加强肋
作图顺序：俯、主、左

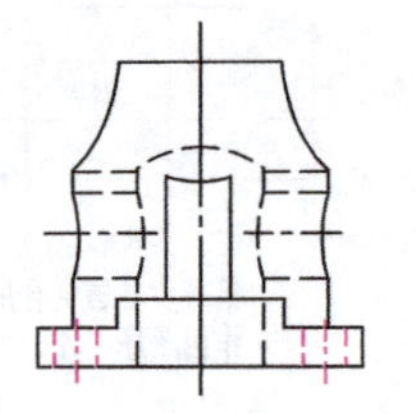
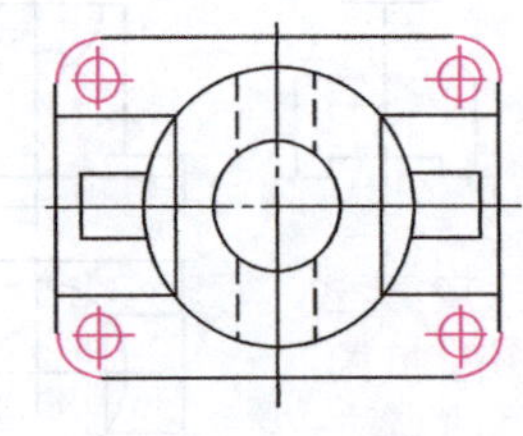

第七步：底板倒圆角并钻孔
作图顺序：俯、主、左

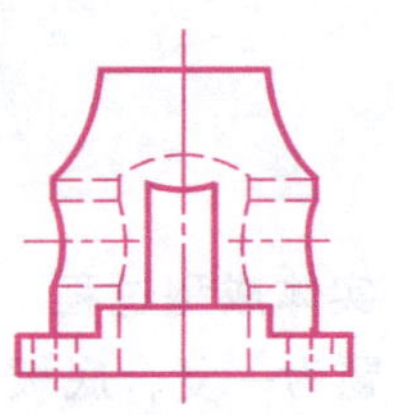
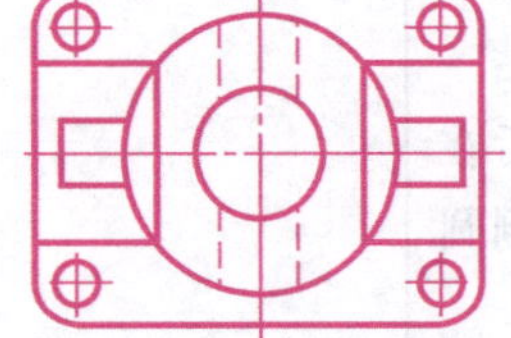
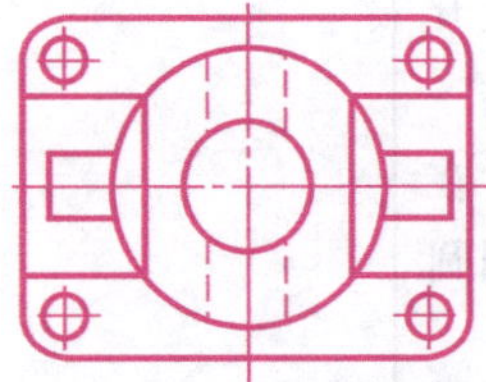

第八步：检查无误后加粗，完成全图
作图顺序：俯、主、左

31.4　已知主、俯视图，补画左视图的练习

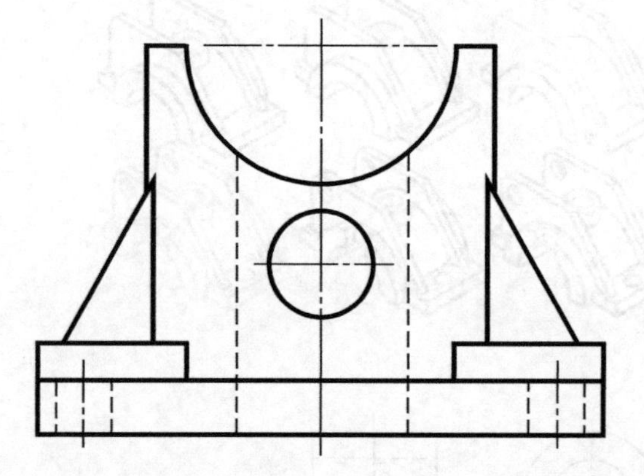

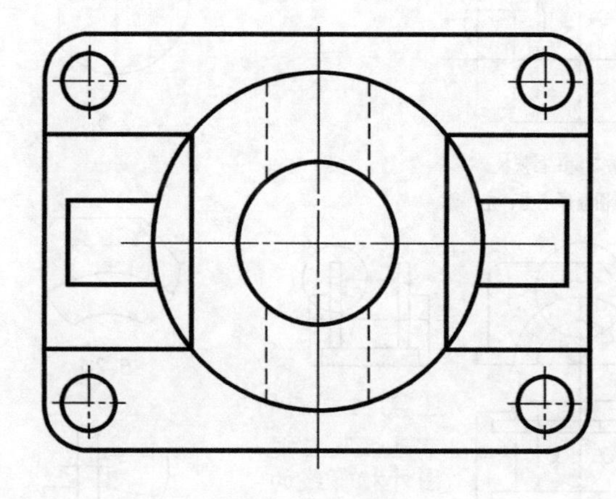

例 32

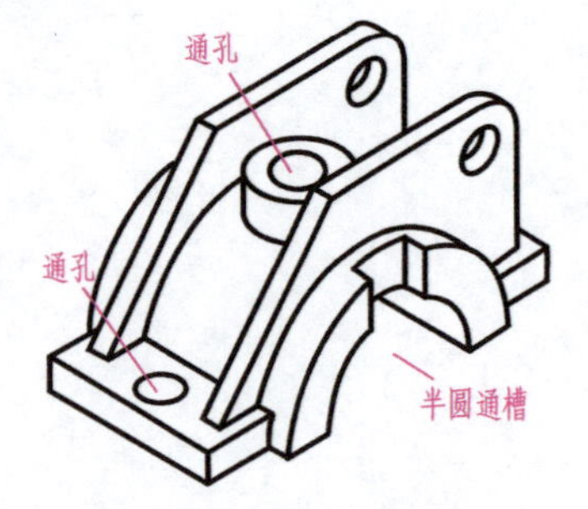

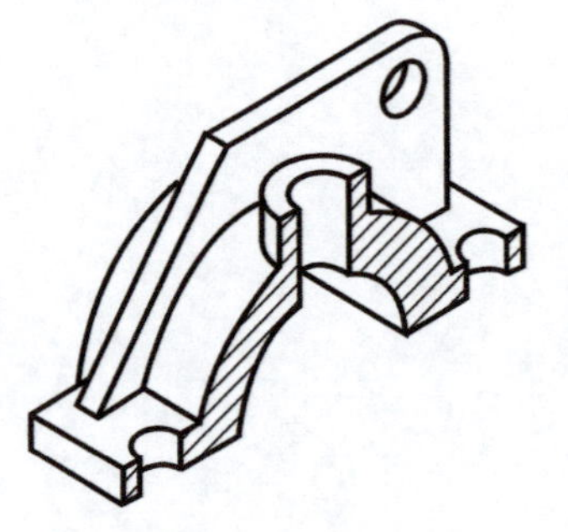

32.1 实体成型过程

本题为在一半圆筒下左、右对称加长方形底板，并在图示位置加两个立板，在其中间铅垂方向贯一圆柱并钻一通孔，在左、右底板上各钻一安装孔，然后在两立板右上方钻通孔，最后在半圆柱前后开通槽。

32.2 实体变化过程图解

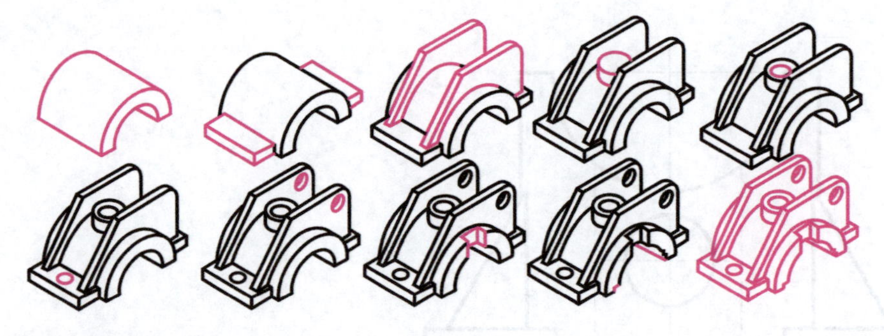

32.3 实体三视图分步画法详解

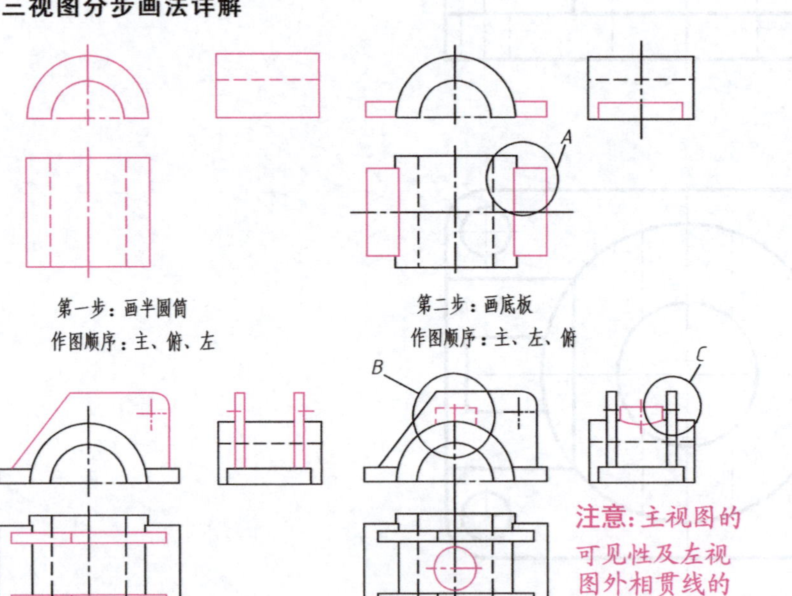

第一步：画半圆筒
作图顺序：主、俯、左

第二步：画底板
作图顺序：主、左、俯

第三步：画双立板
作图顺序：主、俯、左

第四步：画铅垂圆柱
作图顺序：俯、主、左

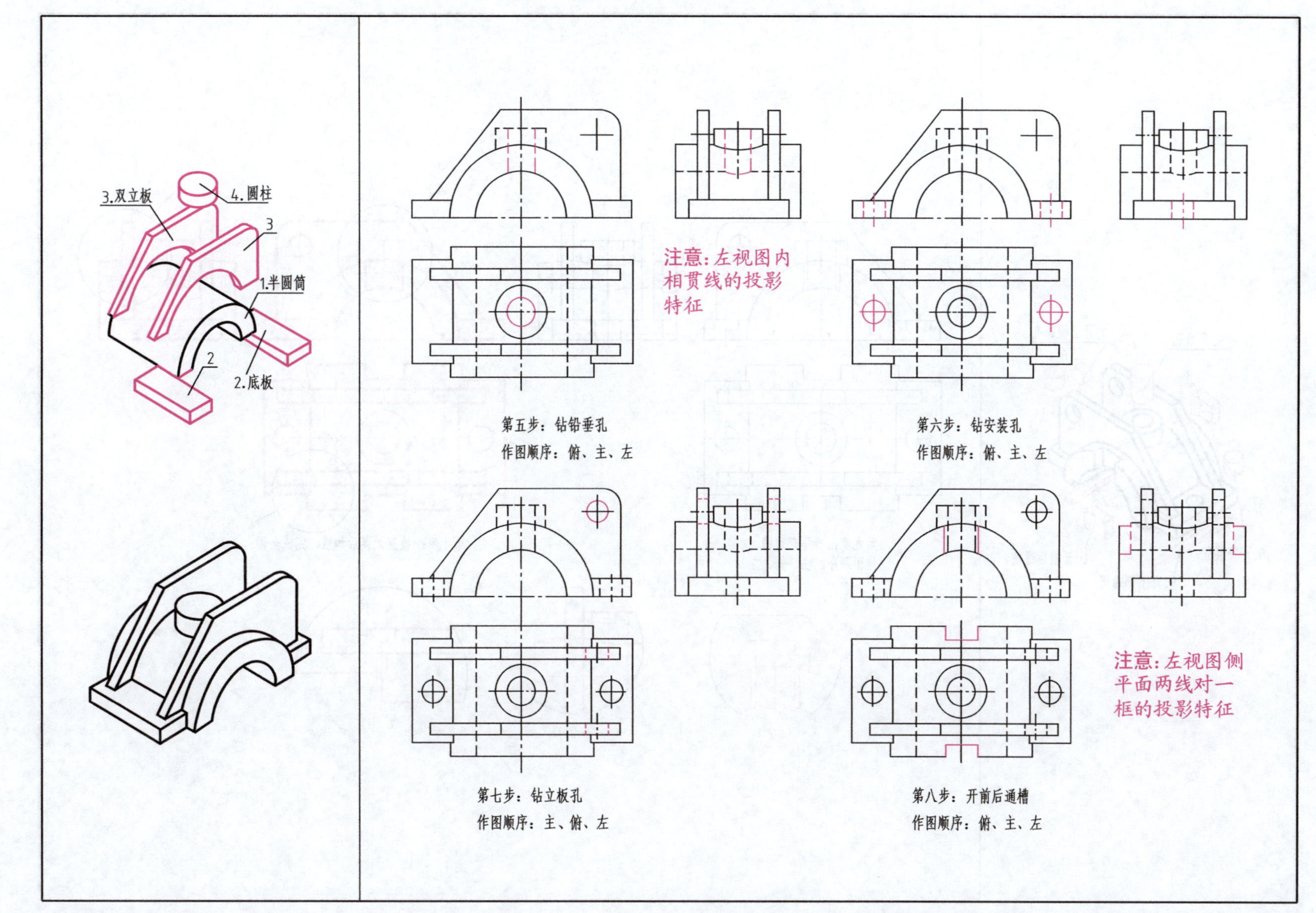
3.双立板
4.圆柱
3
1.半圆筒
2
2.底板
注意:左视图内相贯线的投影特征
第五步：钻铅垂孔
作图顺序：俯、主、左
第六步：钻安装孔
作图顺序：俯、主、左
注意:左视图侧平面两线对一框的投影特征
第七步：钻立板孔
作图顺序：主、俯、左
第八步：开前后通槽
作图顺序：俯、主、左

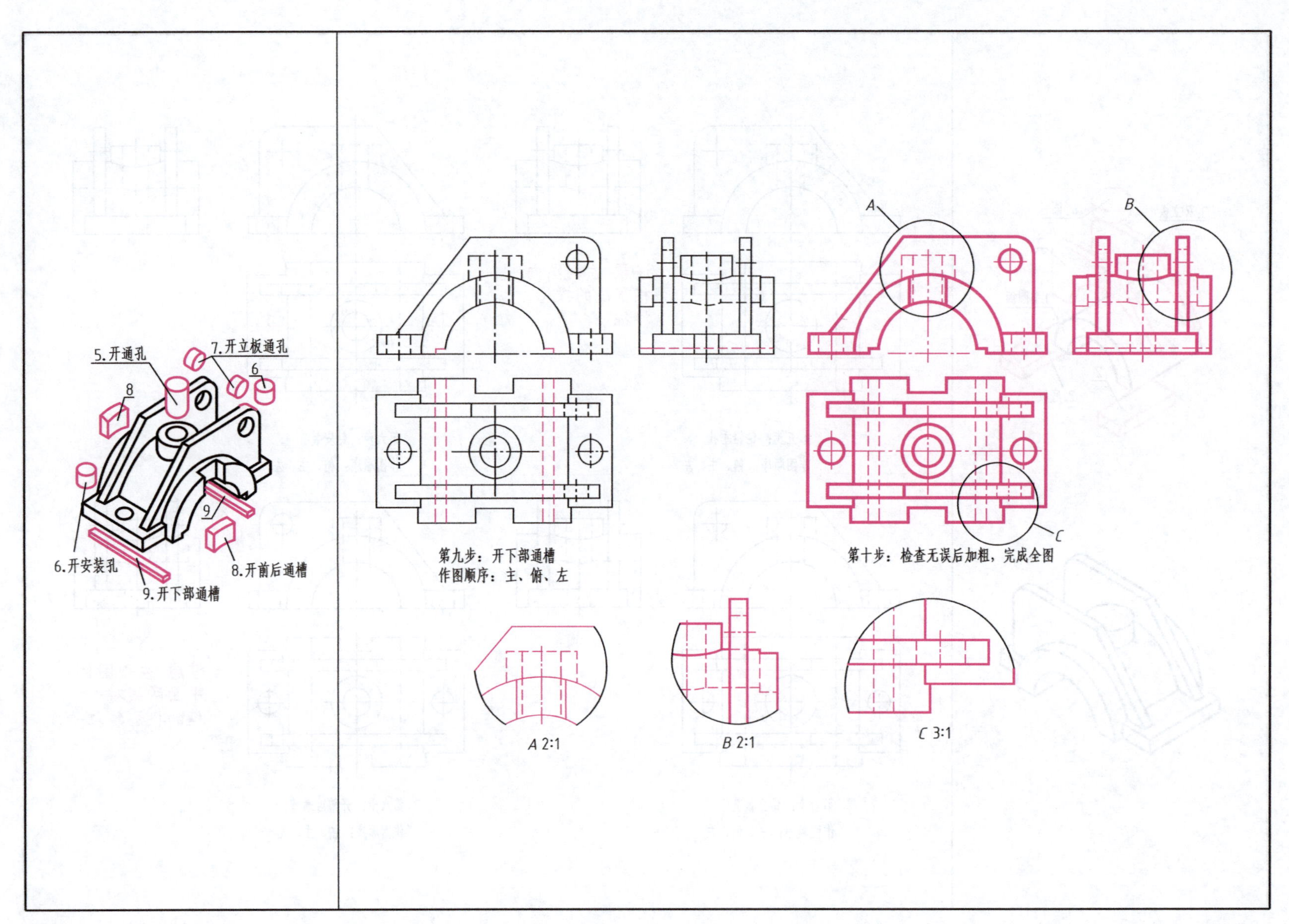

第九步：开下部通槽
作图顺序：主、俯、左

第十步：检查无误后加粗，完成全图

32.4 已知主、俯视图，补画左视图的练习

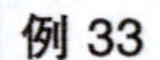

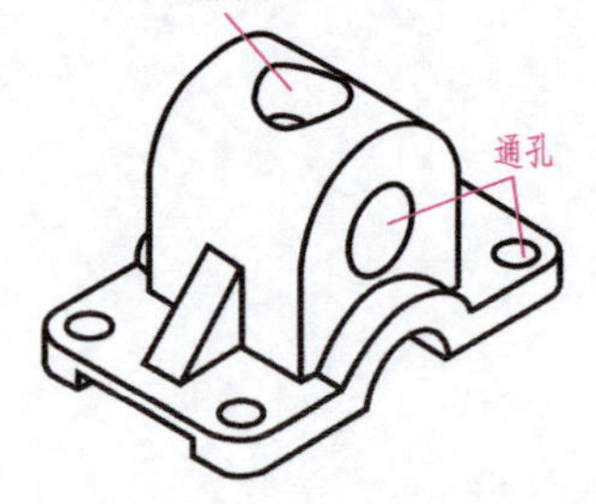

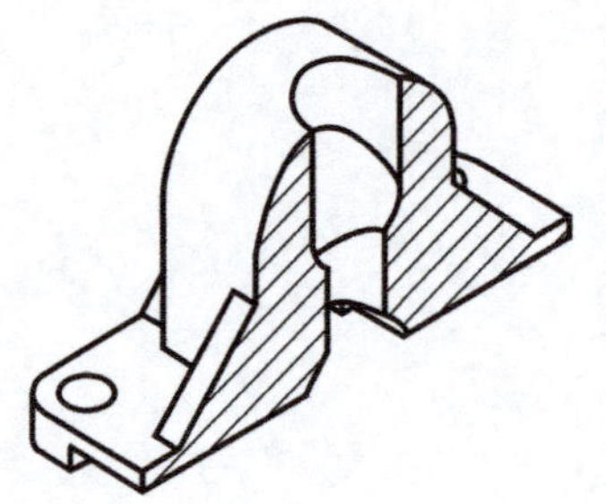

33.1 实体成型过程

本题为在复合底板上加一复合凸台，并在其左右起肋、正垂方向钻一通孔、铅垂方向钻一孔与正垂通孔等径相贯、下部钻一小通孔、底板上开通槽，最后倒圆角、钻安装孔。

33.2 实体变化过程图解

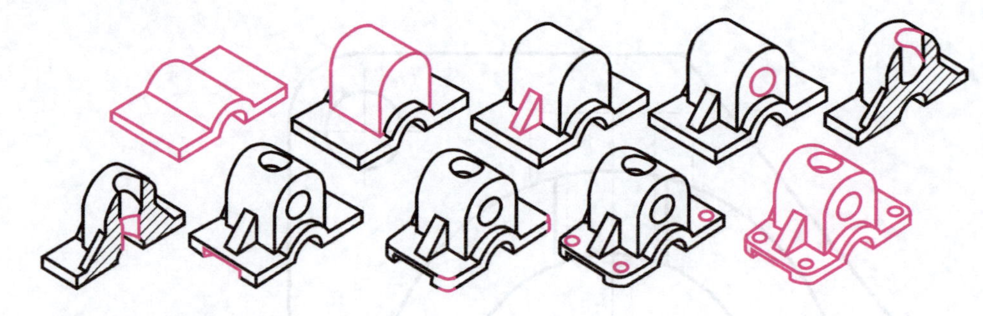

33.3 实体三视图分步画法详解

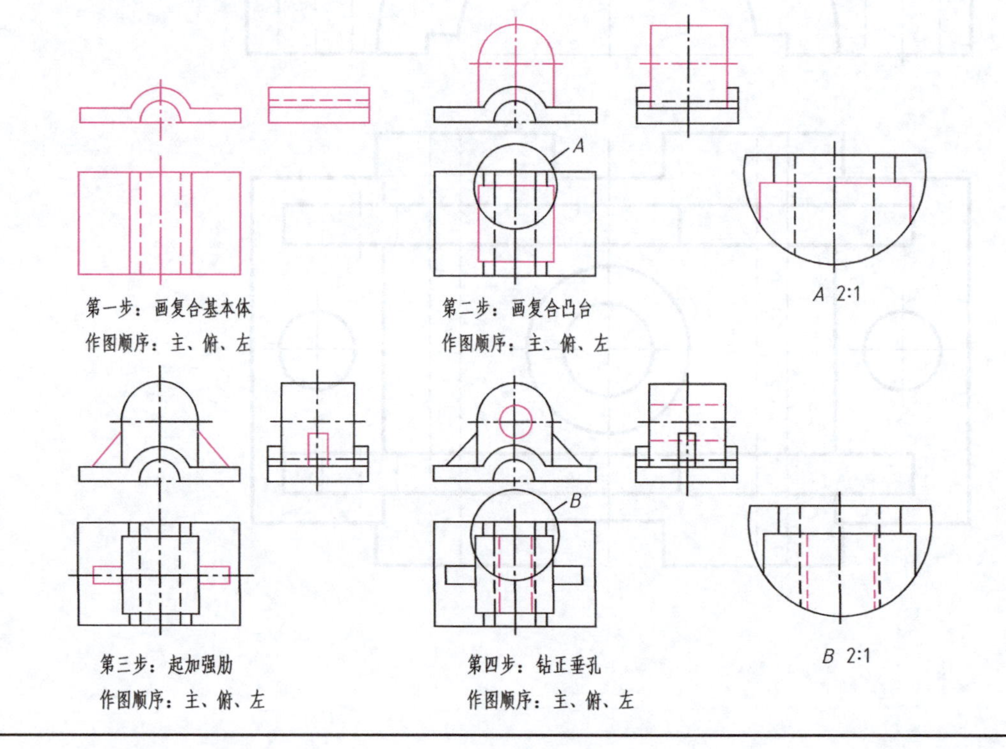

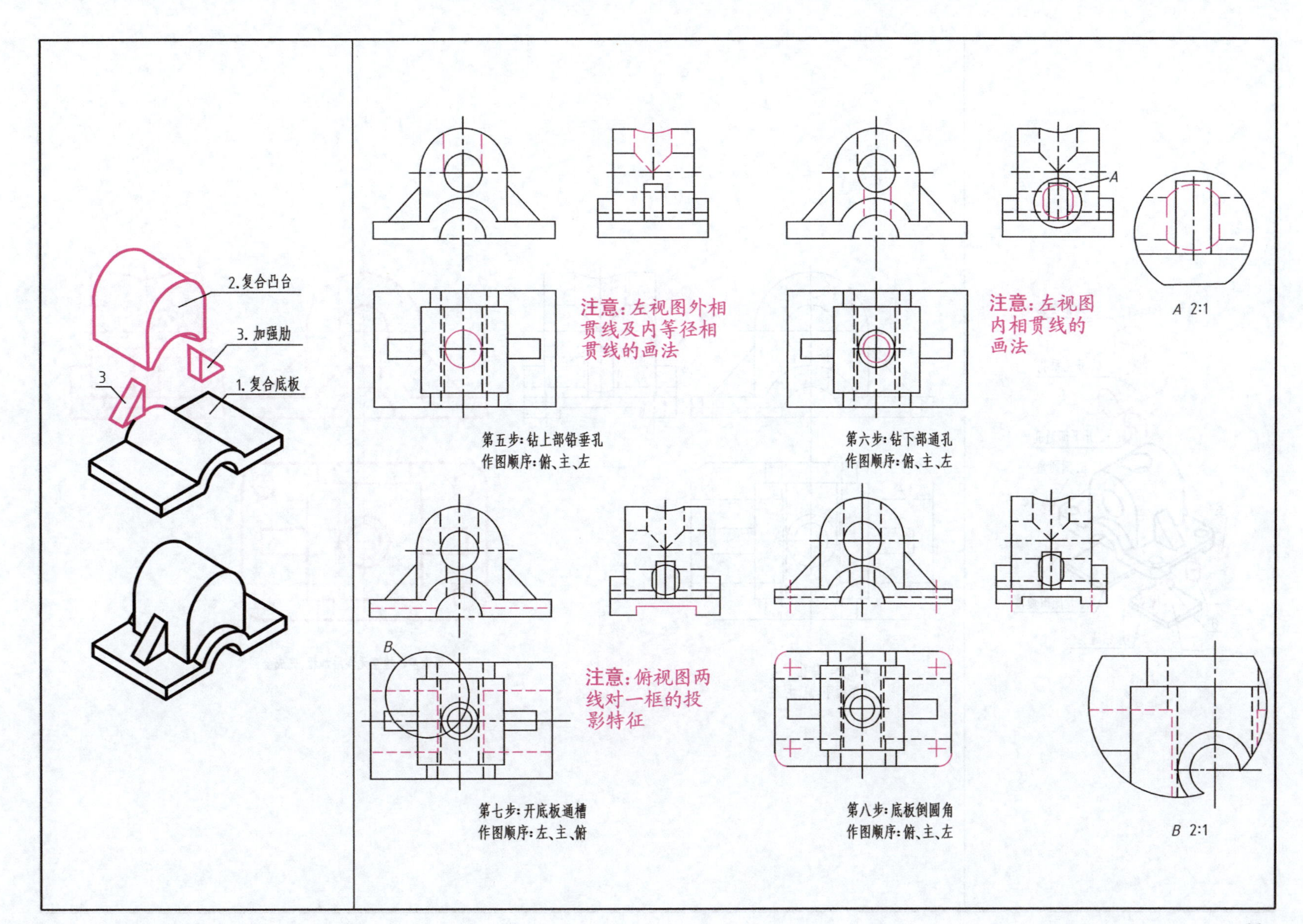
2. 复合凸台
3. 加强肋
3
1. 复合底板
注意：左视图外相贯线及内等径相贯线的画法
第五步：钻上部铅垂孔
作图顺序：俯、主、左
A
A 2:1
注意：左视图内相贯线的画法
第六步：钻下部通孔
作图顺序：俯、主、左
B
注意：俯视图两线对一框的投影特征
第七步：开底板通槽
作图顺序：左、主、俯
第八步：底板倒圆角
作图顺序：俯、主、左
B 2:1

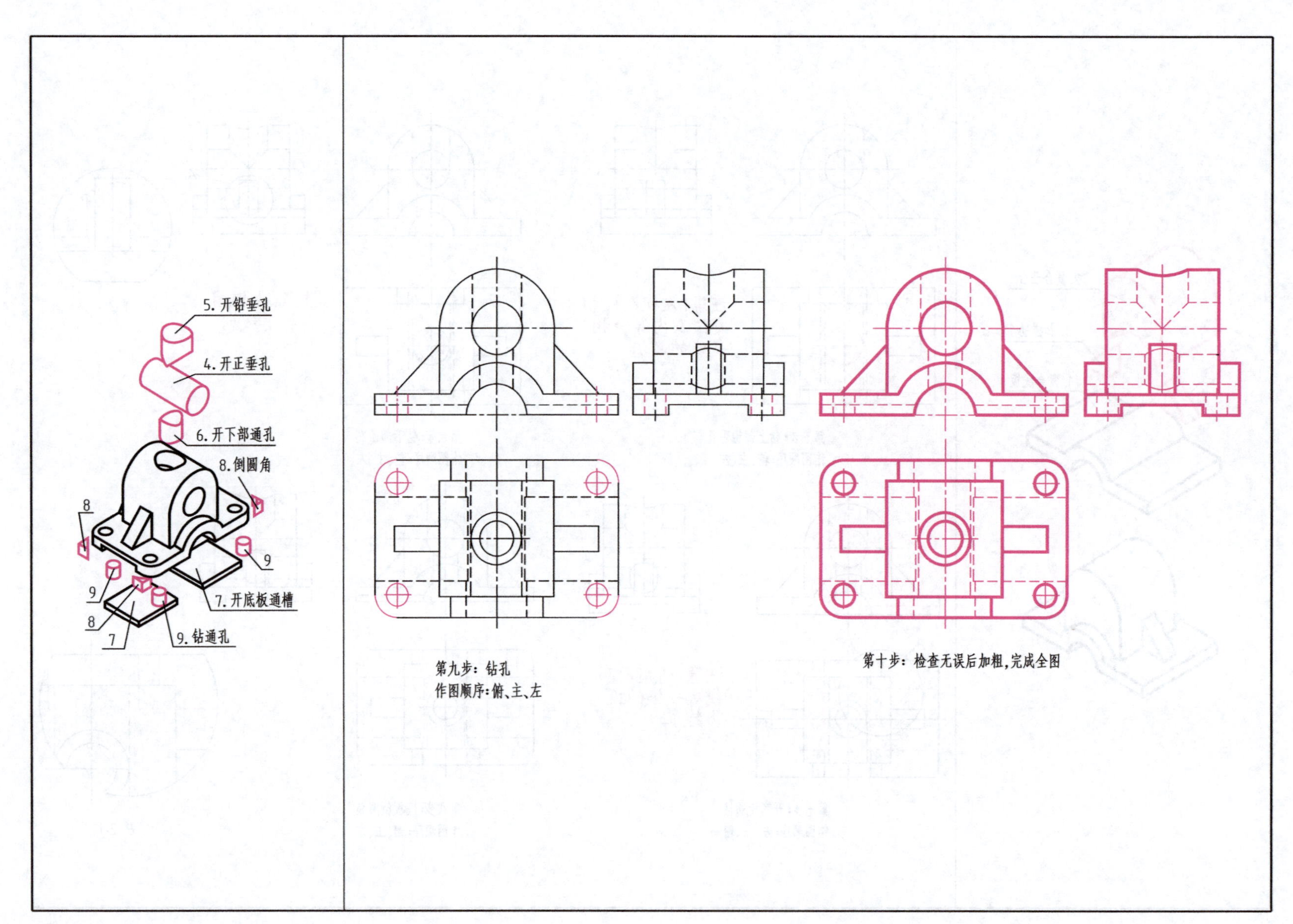
5. 开铅垂孔
4. 开正垂孔
6. 开下部通孔
8. 倒圆角
8
9
9
8
7
7. 开底板通槽
9. 钻通孔
第九步：钻孔
作图顺序：俯、主、左
第十步：检查无误后加粗，完成全图

33.4　已知主、俯视图，补画左视图的练习

例 34

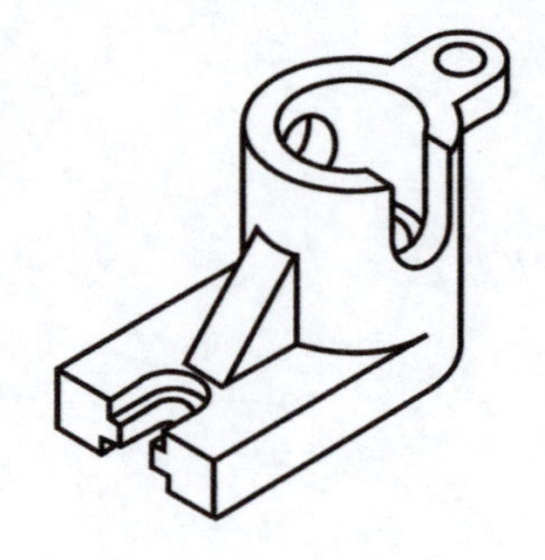

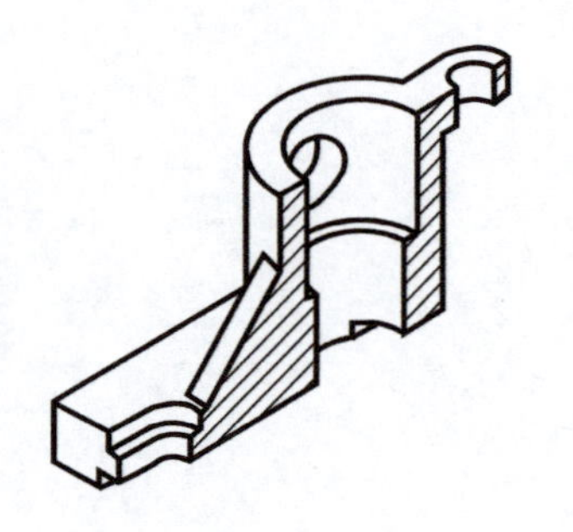

34.1 实体成型过程

本题为铅垂圆柱加一底板，然后左侧起肋、右上加耳板、铅垂圆柱上钻阶梯孔、前部开复合槽、后部钻通孔再在右上耳板上钻通孔、底板下部开通槽、底板左下开复合压板槽。

34.2 实体变化过程图解

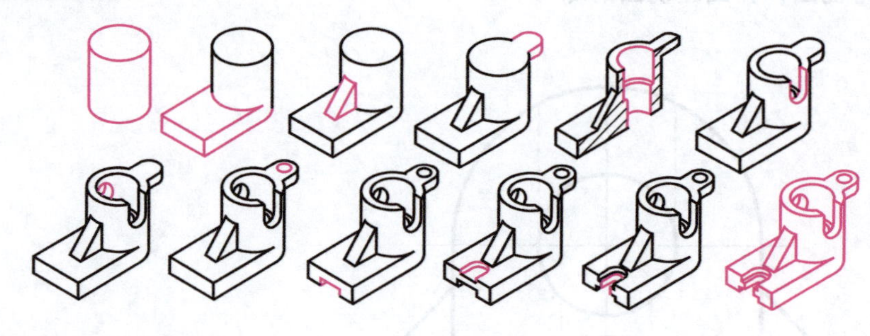

34.3 实体三视图分步画法详解

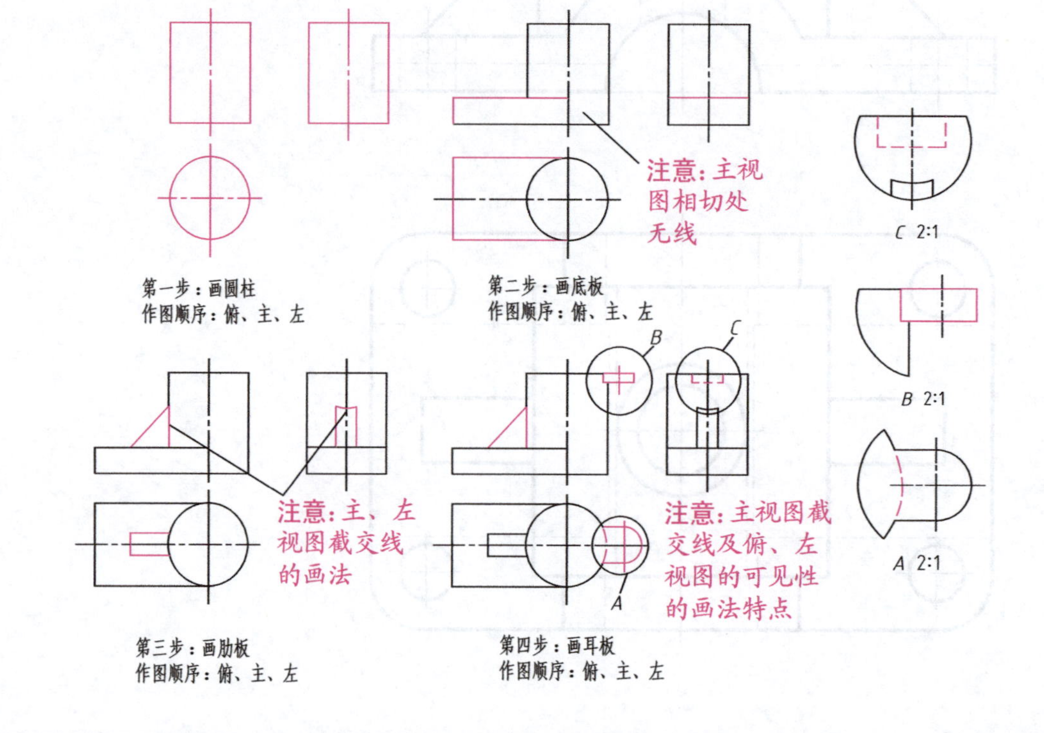

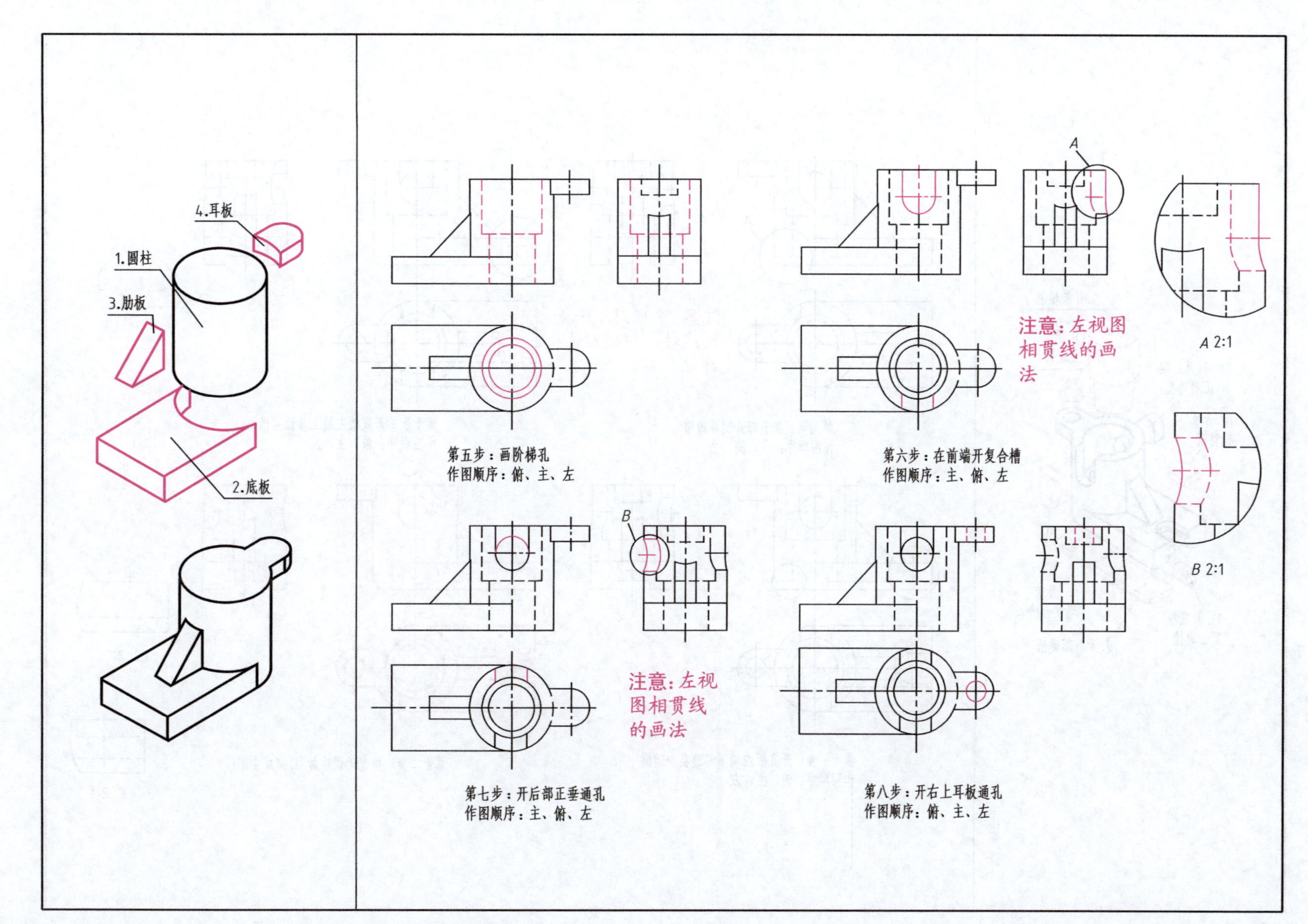
4.耳板
1.圆柱
3.肋板
2.底板
第五步：画阶梯孔
作图顺序：俯、主、左
A
第六步：在前端开复合槽
作图顺序：主、俯、左
注意：左视图相贯线的画法
A 2:1
B
注意：左视图相贯线的画法
B 2:1
第七步：开后部正垂通孔
作图顺序：主、俯、左
第八步：开右上耳板通孔
作图顺序：俯、主、左

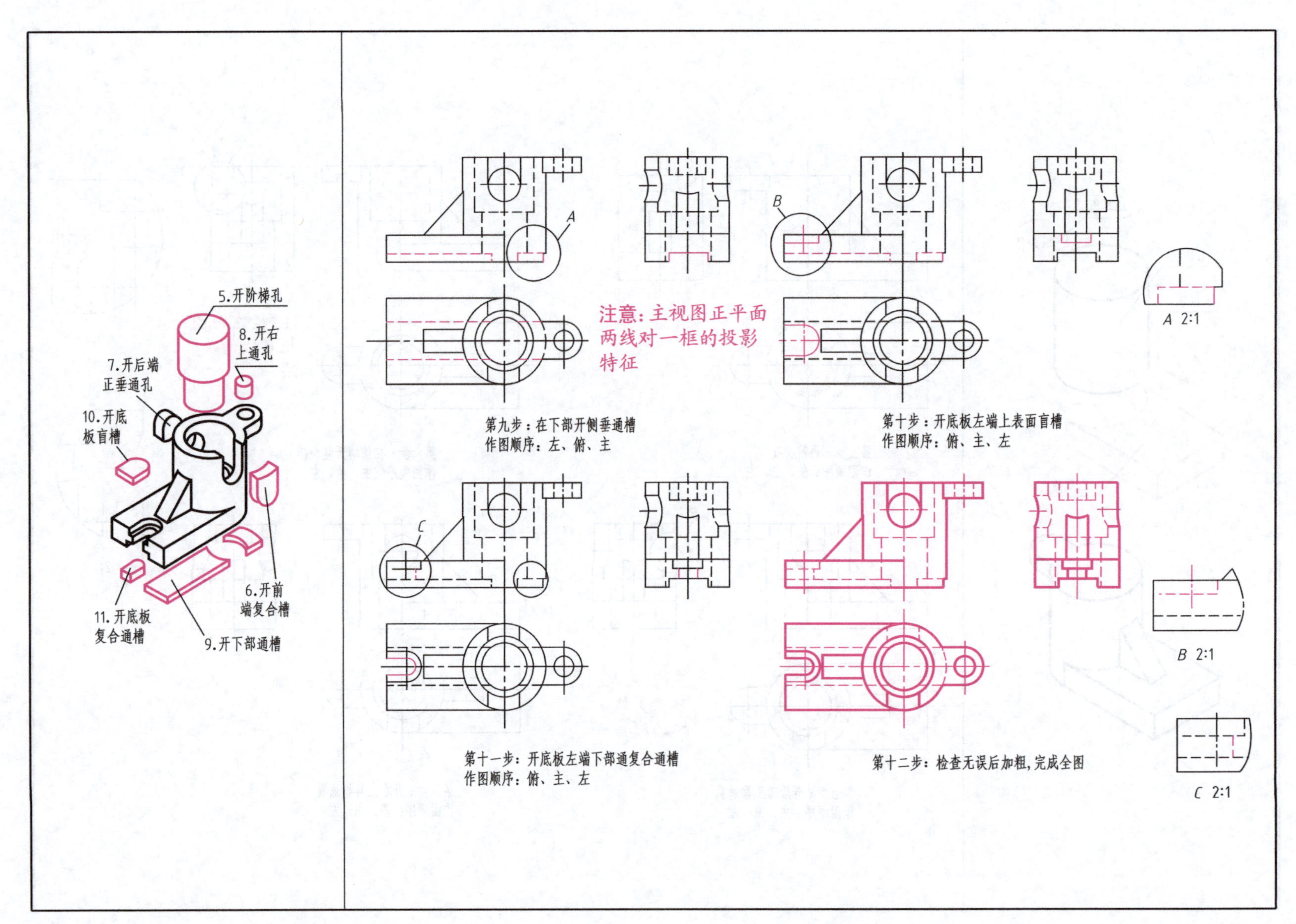
5.开阶梯孔
8.开右上通孔
7.开后端正垂通孔
10.开底板盲槽
11.开底板复合通槽
9.开下部通槽
6.开前端复合槽
A
B
C
注意：主视图正平面两线对一框的投影特征
第九步：在下部开侧垂通槽
作图顺序：左、俯、主
第十步：开底板左端上表面盲槽
作图顺序：俯、主、左
第十一步：开底板左端下部通复合通槽
作图顺序：俯、主、左
第十二步：检查无误后加粗，完成全图
A 2:1
B 2:1
C 2:1

34.4　已知主、俯视图，补画左视图的练习

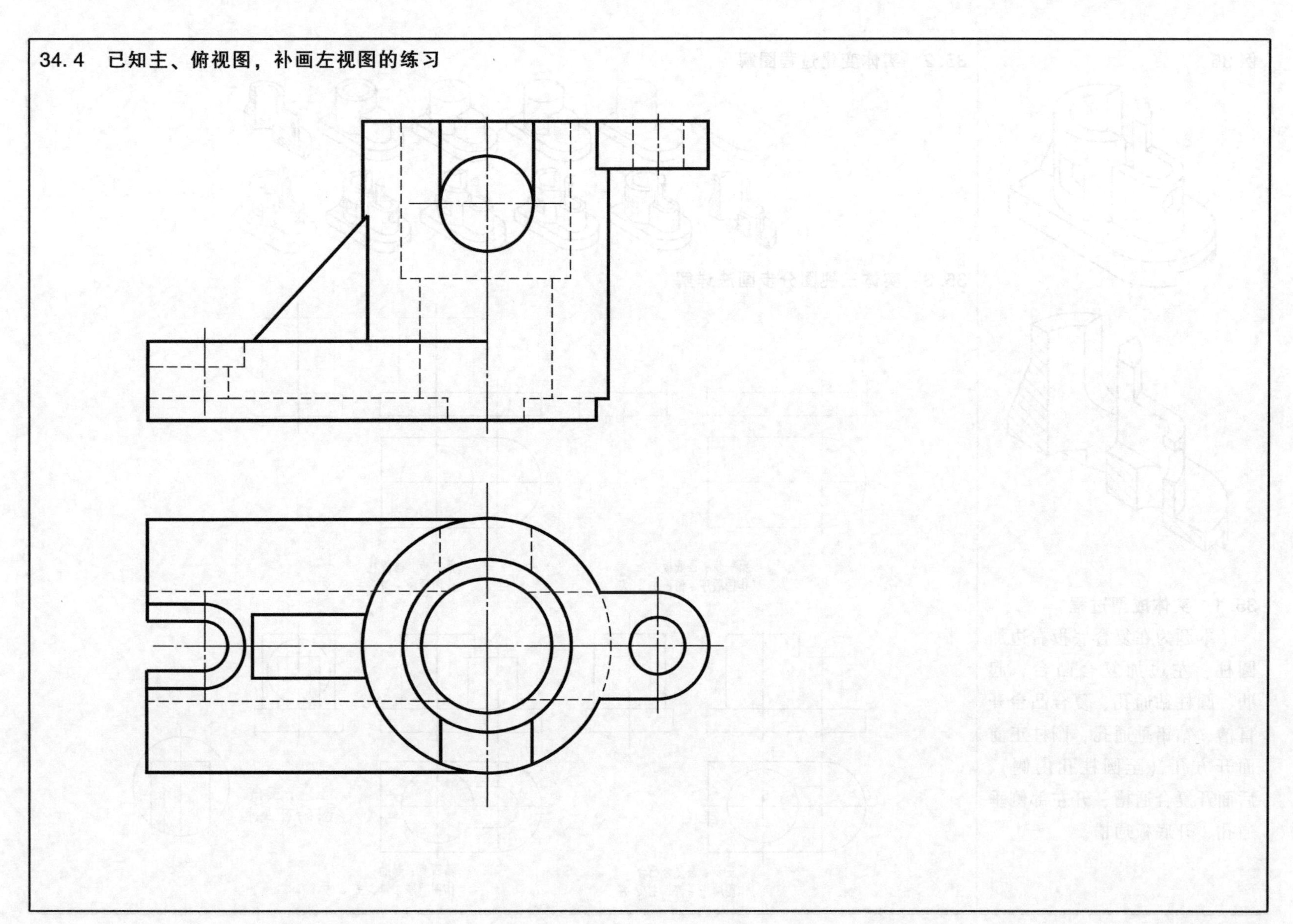

例 35

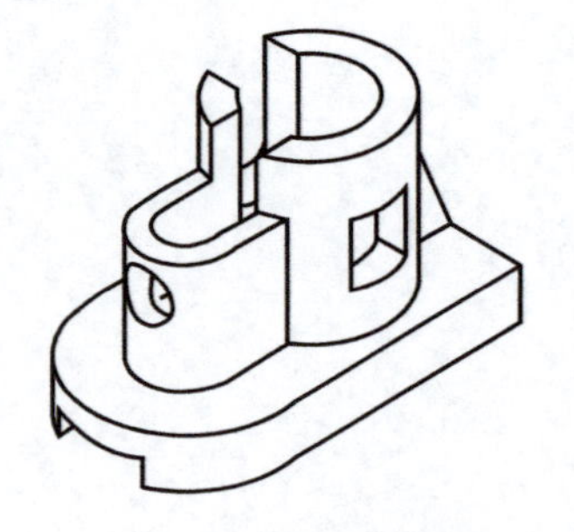

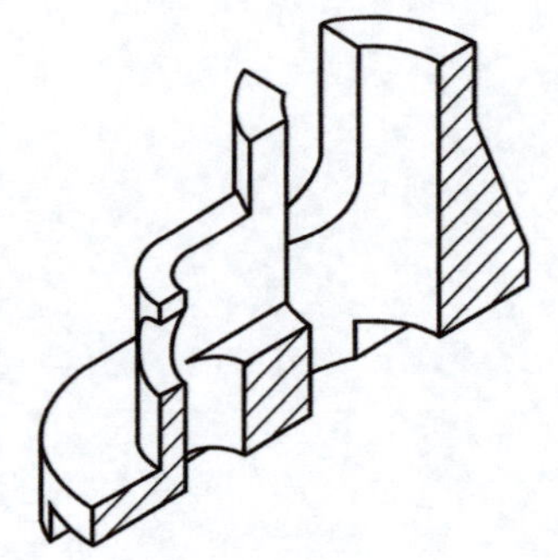

35.1　实体成型过程

本题为在复合底板右边加圆柱、左边加复合凸台、起肋、圆柱钻通孔、复合凸台开盲槽、钻铅垂通孔，圆柱正前面开方孔（至圆柱孔内侧）、后面开复合通槽、开左部侧垂通孔、开底板通槽。

35.2　实体变化过程图解

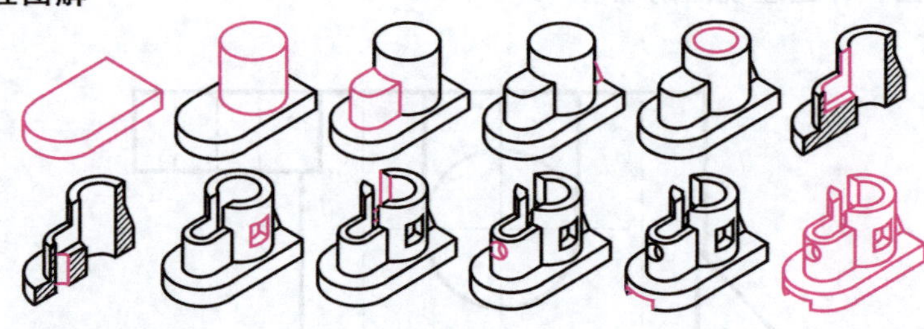

35.3　实体三视图分步画法详解

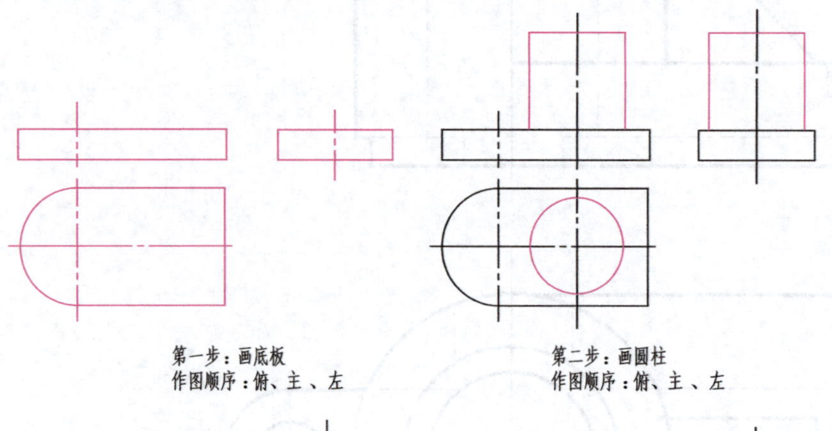

第一步：画底板
作图顺序：俯、主、左

第二步：画圆柱
作图顺序：俯、主、左

第三步：画复合凸台
作图顺序：俯、主、左

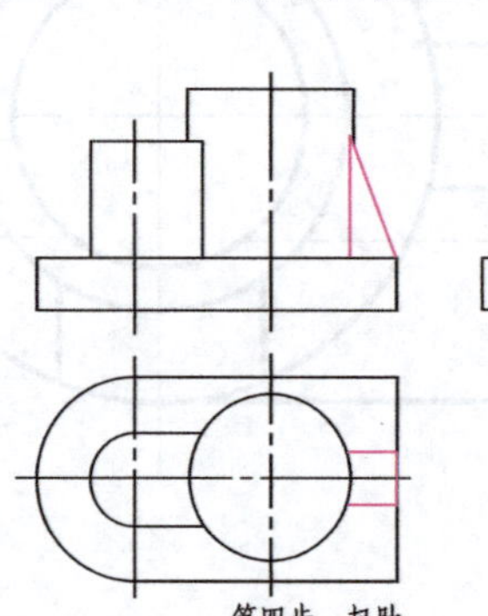

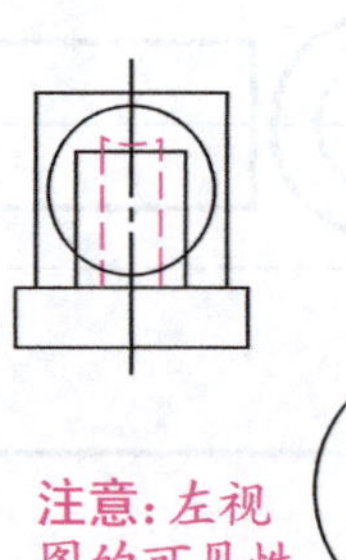

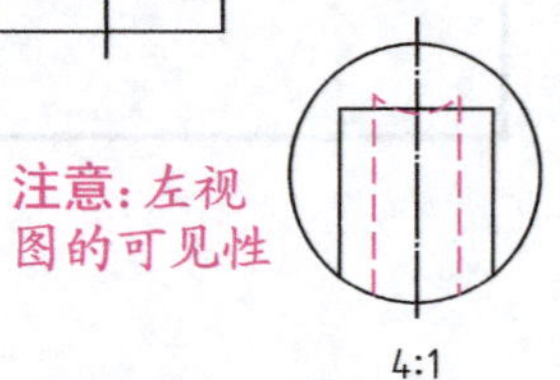

第四步：起肋
作图顺序：俯、主、左

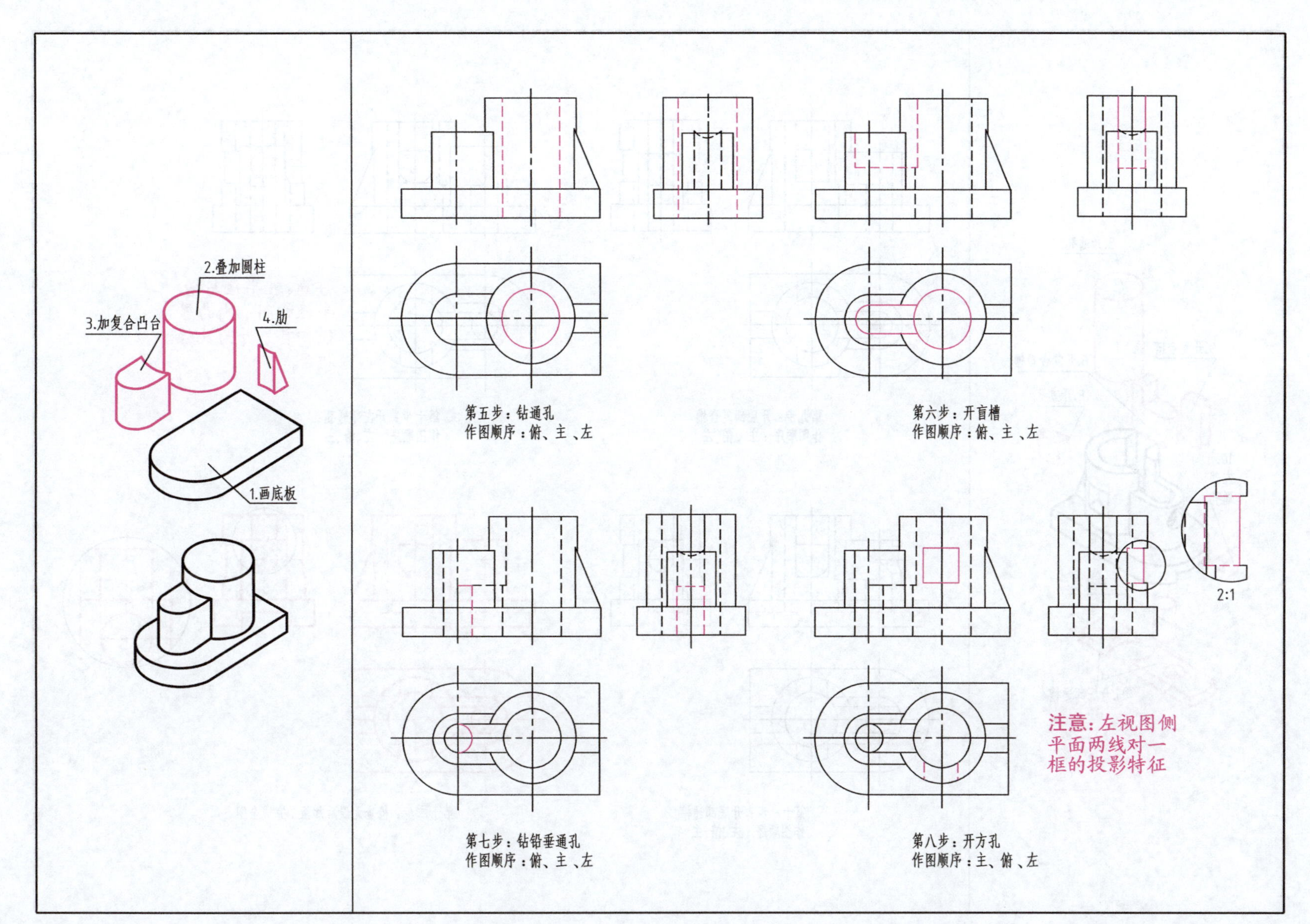
2.叠加圆柱
3.加复合凸台
4.肋
1.画底板
第五步：钻通孔
作图顺序：俯、主、左
第六步：开盲槽
作图顺序：俯、主、左
2:1
第七步：钻铅垂通孔
作图顺序：俯、主、左
第八步：开方孔
作图顺序：主、俯、左
注意：左视图侧
平面两线对一
框的投影特征

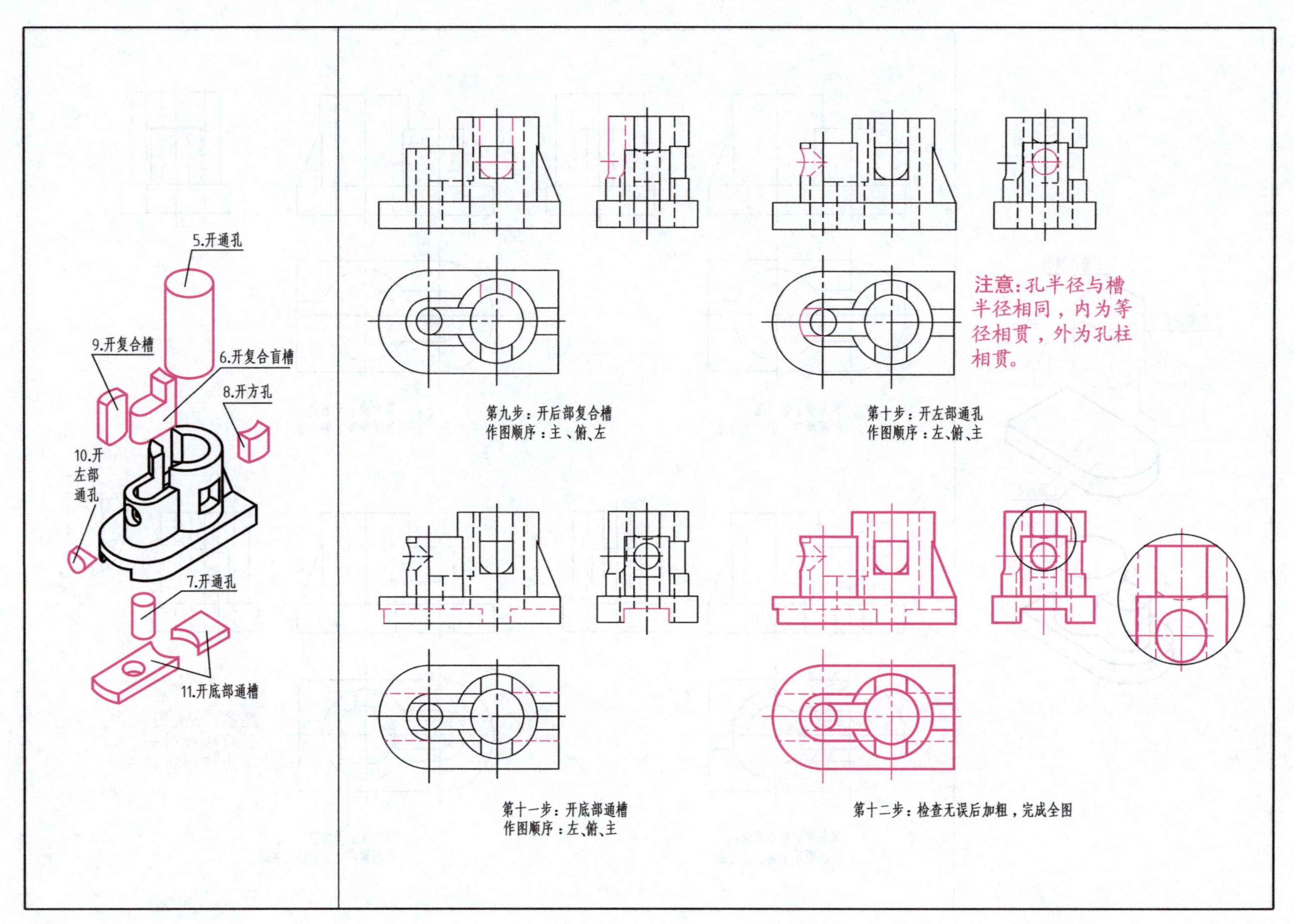
5.开通孔
9.开复合槽
6.开复合盲槽
8.开方孔
10.开左部通孔
7.开通孔
11.开底部通槽
第九步：开后部复合槽
作图顺序：主 、俯、左
第十步：开左部通孔
作图顺序：左、俯、主
注意：孔半径与槽半径相同，内为等径相贯，外为孔柱相贯。
第十一步：开底部通槽
作图顺序：左、俯、主
第十二步：检查无误后加粗，完成全图

35.4 已知主、俯视图，补画左视图的练习

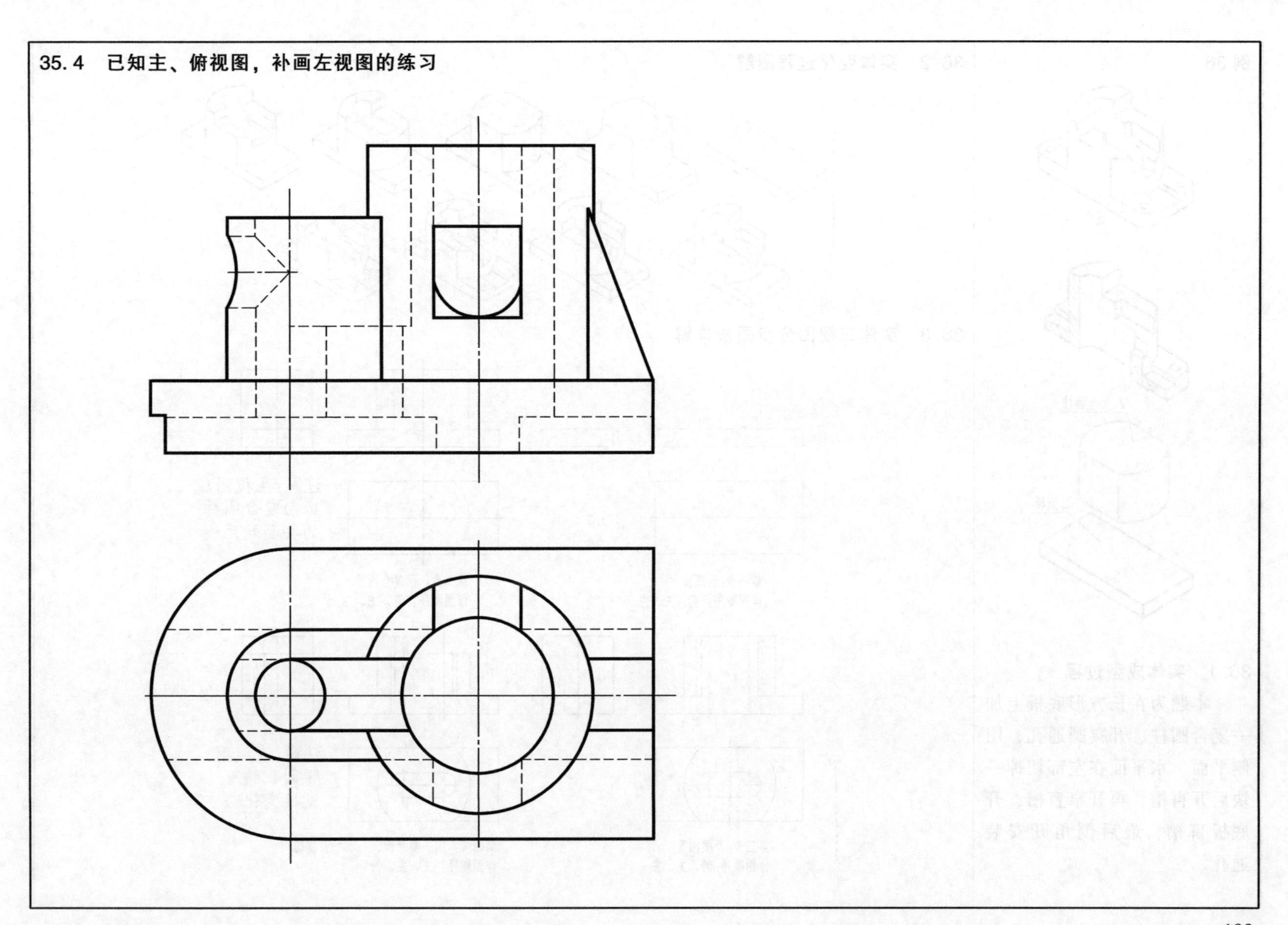

例 36

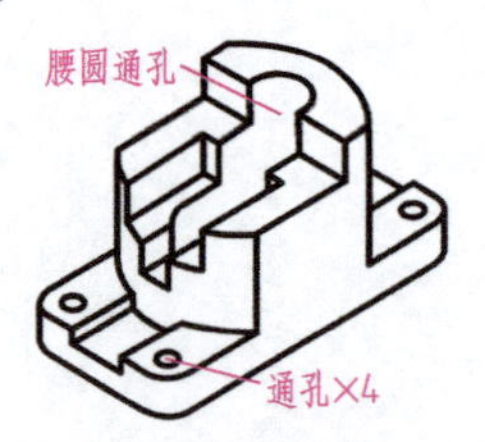

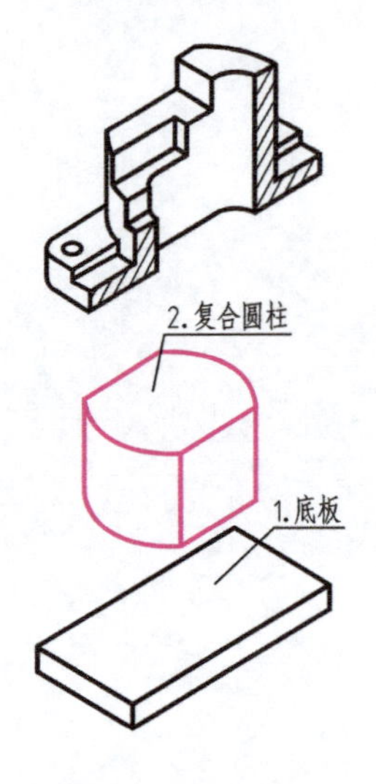

36.1 实体成型过程

本题为在长方形底板上加一复合圆柱、开腰圆通孔，用侧平面、水平面在左部切掉一块后开盲槽，再开窄盲槽，开底板盲槽，最后倒角开安装通孔。

36.2 实体变化过程图解

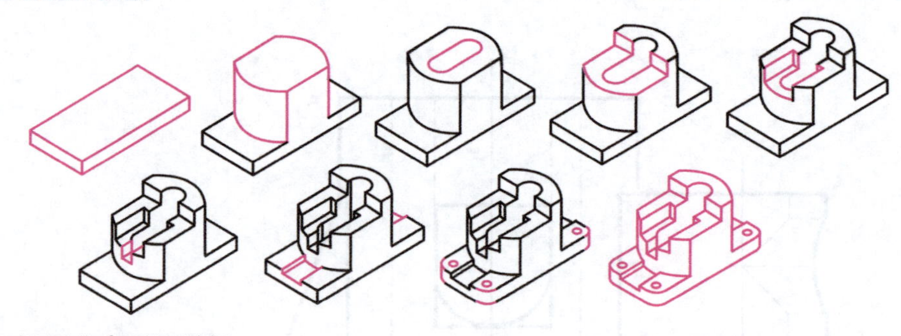

36.3 实体三视图分步画法详解

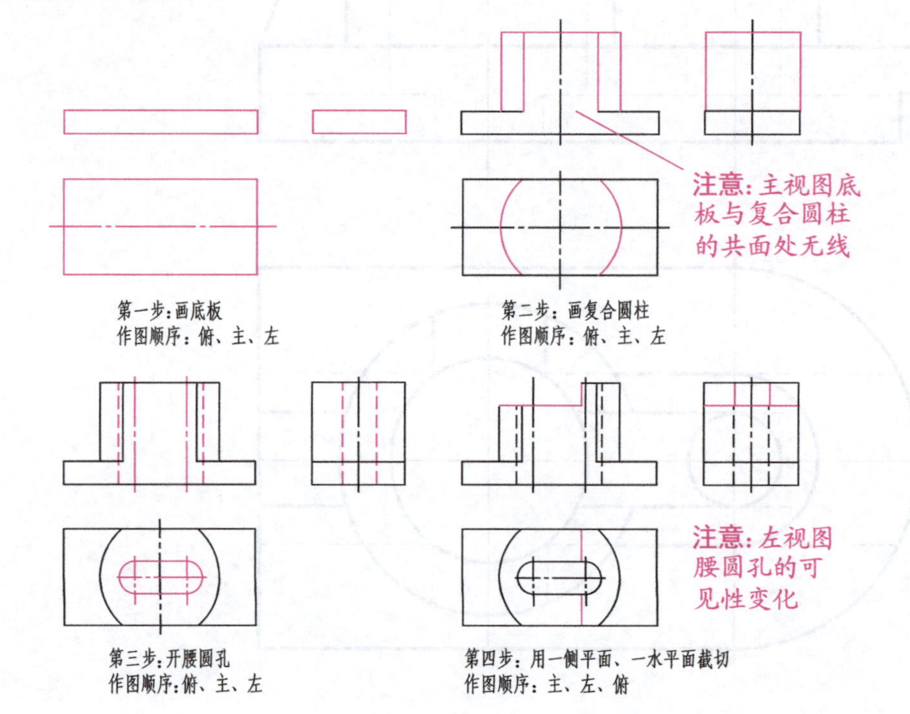

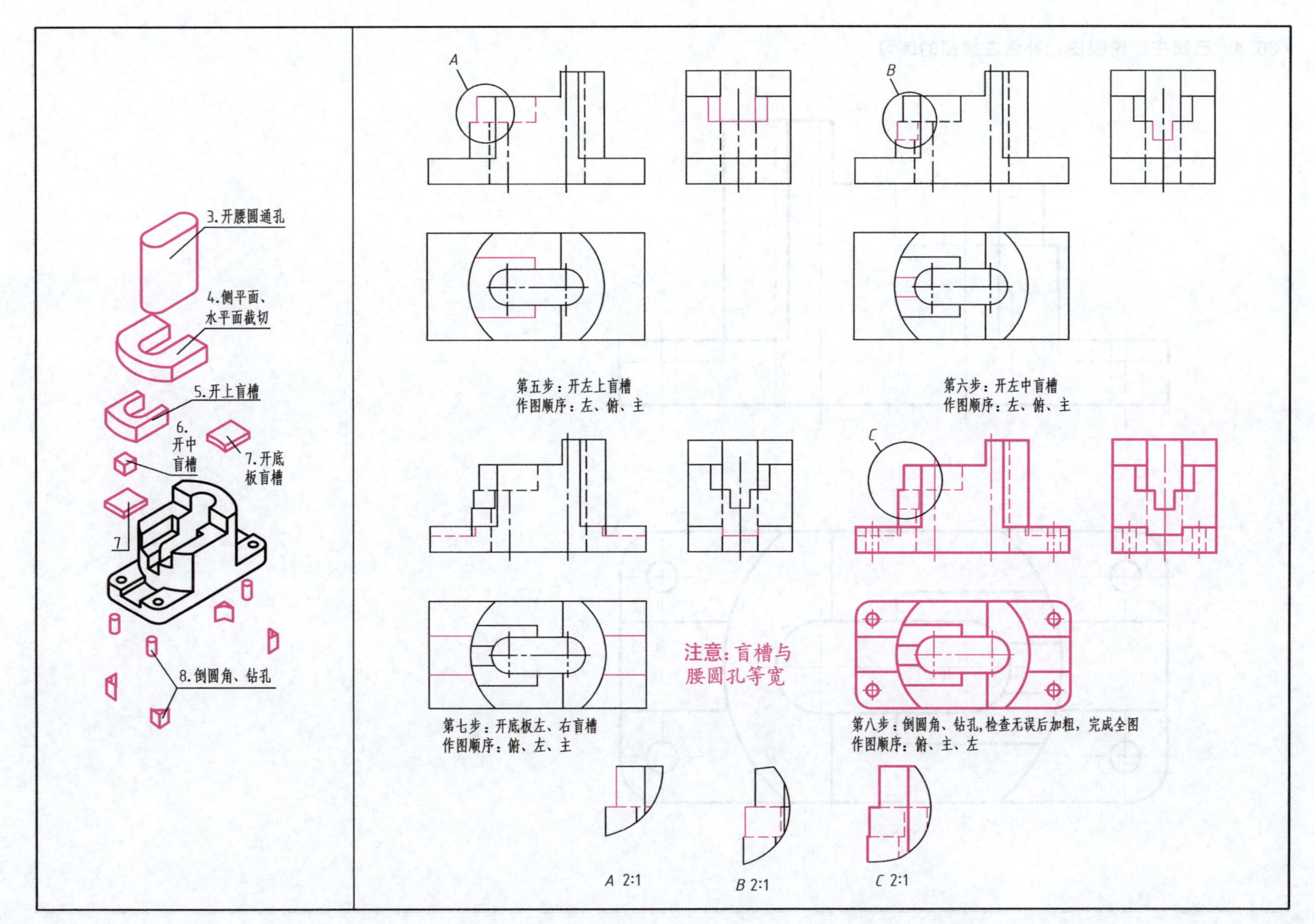

3.开腰圆通孔
4.侧平面、
水平面截切
5.开上盲槽
6.
开中
盲槽
7.开底
板盲槽
7
8.倒圆角、钻孔
A
B
第五步：开左上盲槽
作图顺序：左、俯、主
第六步：开左中盲槽
作图顺序：左、俯、主
C
注意：盲槽与
腰圆孔等宽
第七步：开底板左、右盲槽
作图顺序：俯、左、主
第八步：倒圆角、钻孔，检查无误后加粗，完成全图
作图顺序：俯、主、左
A 2:1
B 2:1
C 2:1

36.4　已知主、俯视图，补画左视图的练习

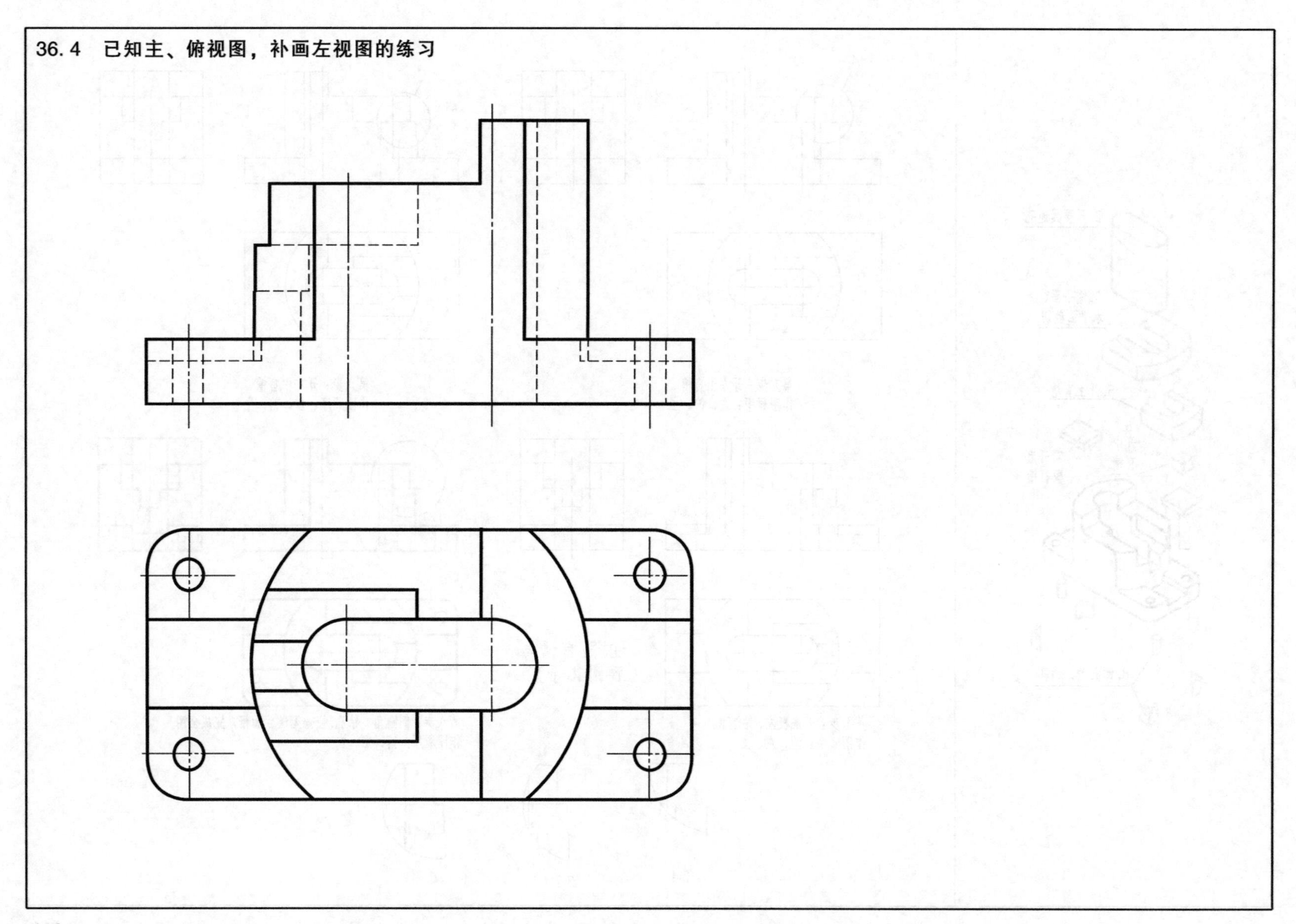

例 37

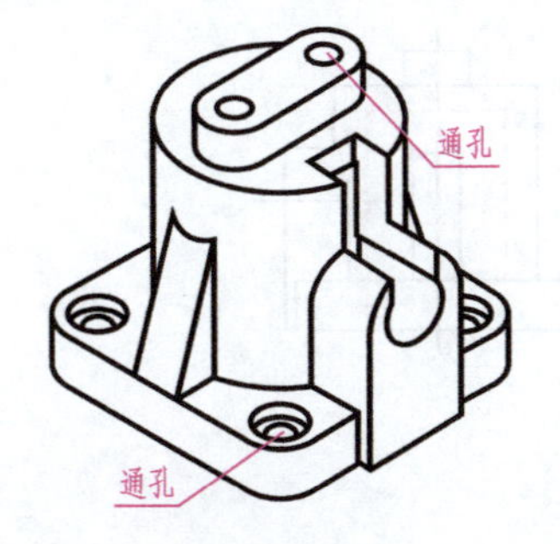

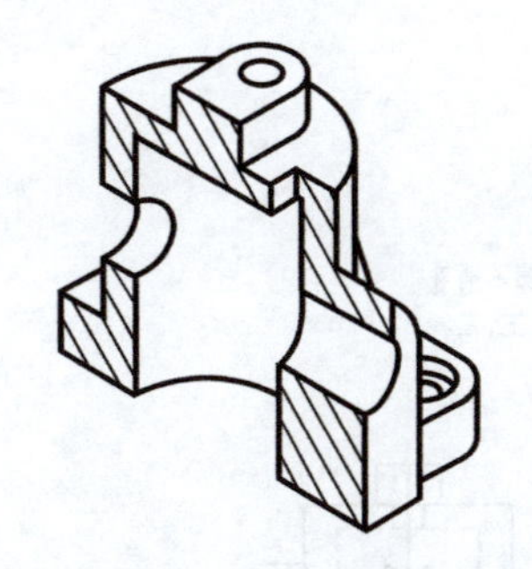

37.1　实体成型过程

本题为在正方形底板上加一铅垂圆柱，正前方一复合凸台与其相贯，圆柱左、右起肋，上部加一腰圆凸台，圆柱底部开不通孔，腰圆凸台上钻两通孔，开正垂通孔，开前部长方槽，最后倒圆角、开阶梯安装孔。

37.2　实体变化过程图解

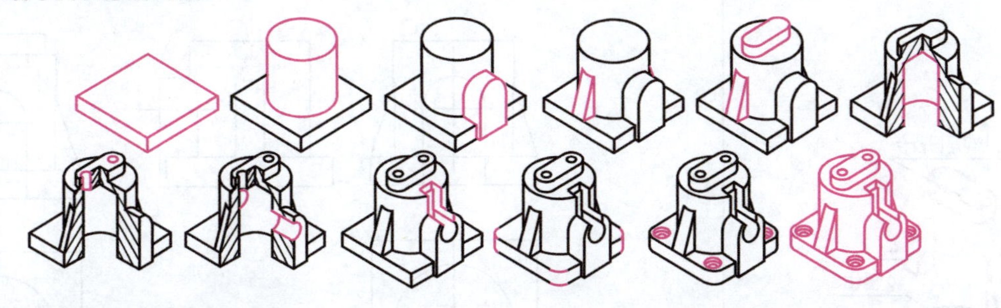

37.3　实体三视图分步画法详解

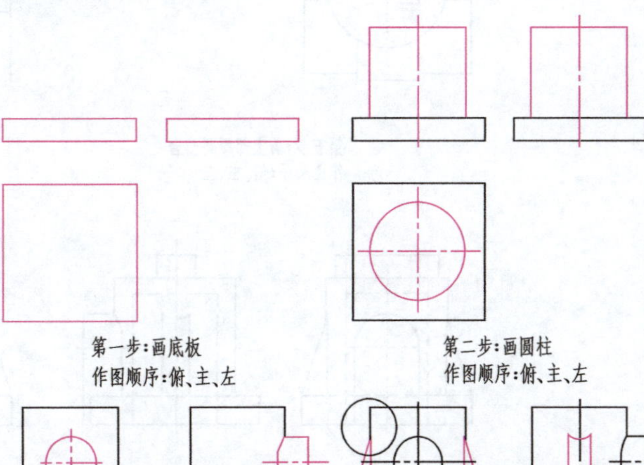

第一步：画底板
作图顺序：俯、主、左

第二步：画圆柱
作图顺序：俯、主、左

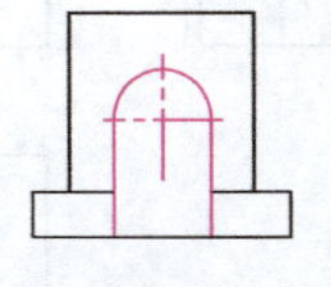

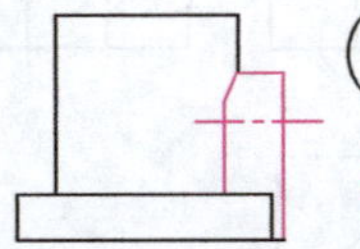

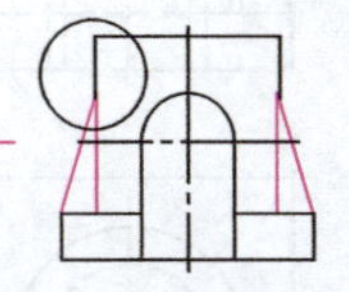

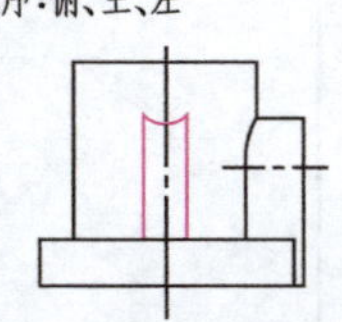

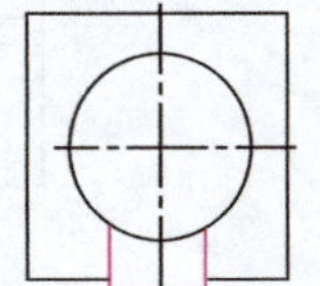

注意：左视图外相贯线投影的画法

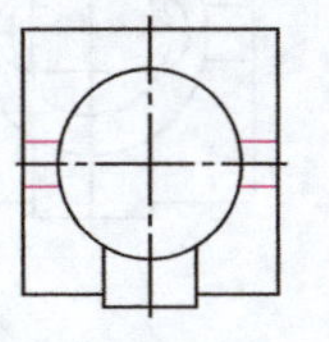

注意：主、左视图截交线投影的画法

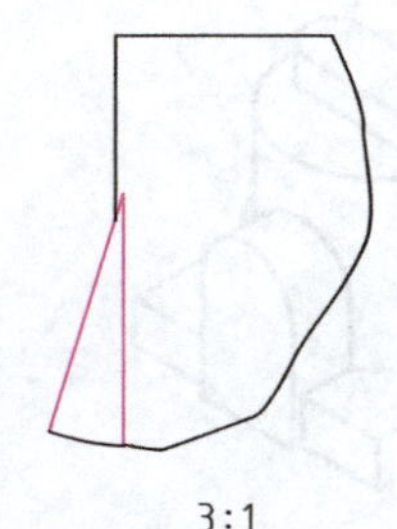

3:1

第三步：画复合凸台
作图顺序：主、俯、左

第四步：起肋
作图顺序：俯、主、左

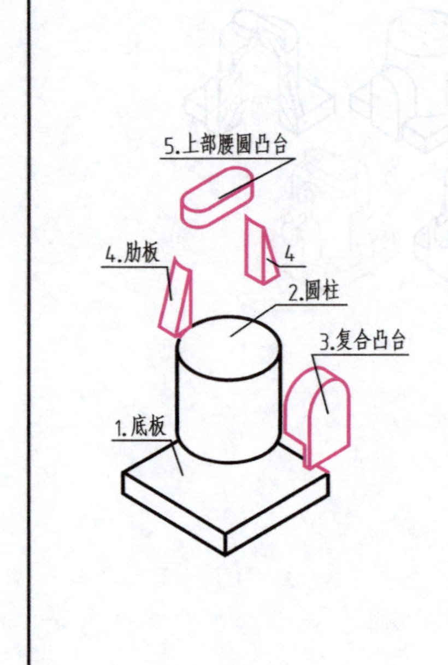

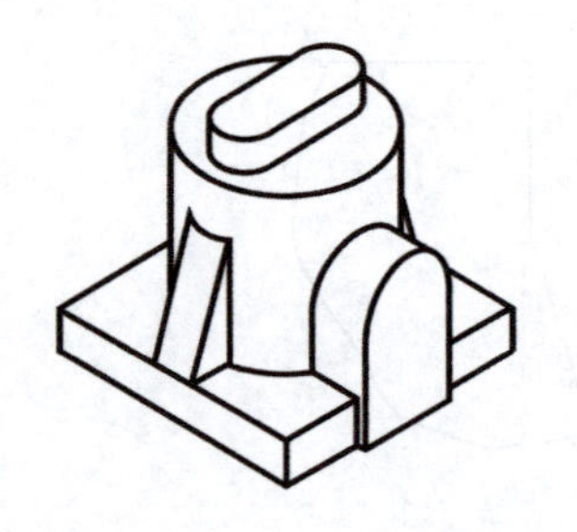

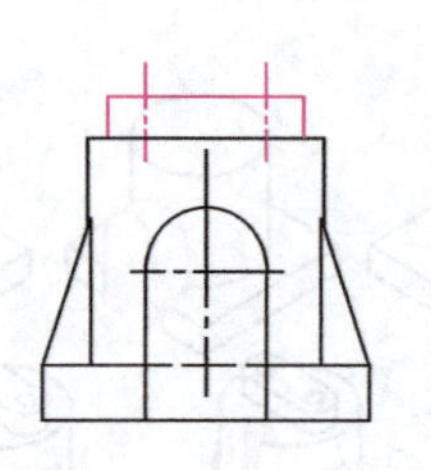

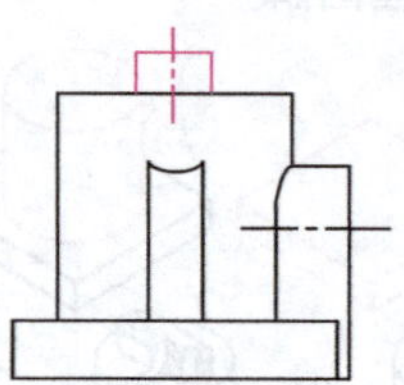

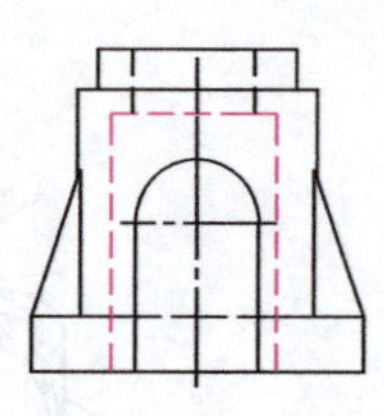

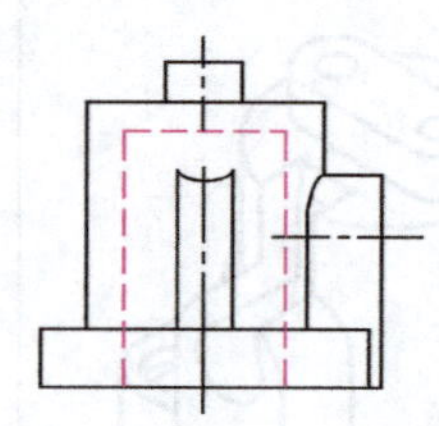

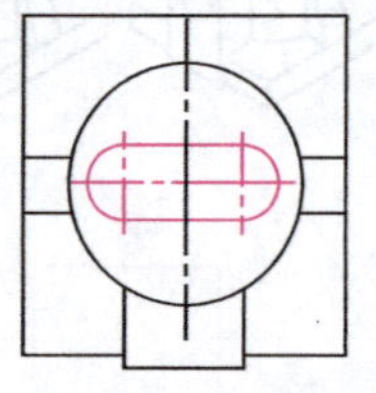

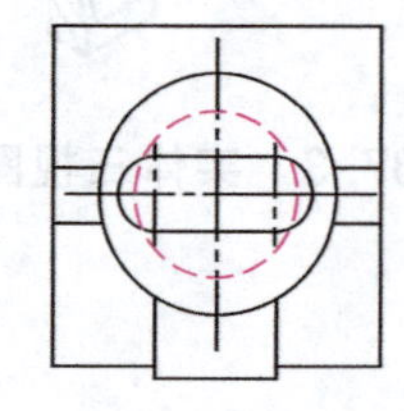

第五步:画上部腰圆凸台
作图顺序:俯、主、左

第六步:开下部不通孔
作图顺序:俯、主、左

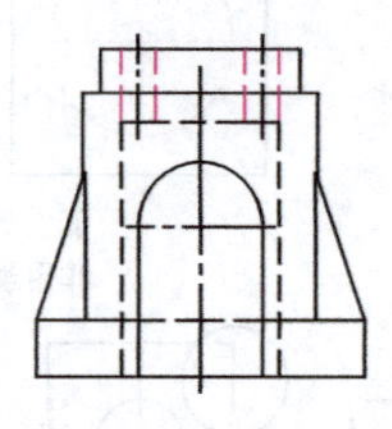

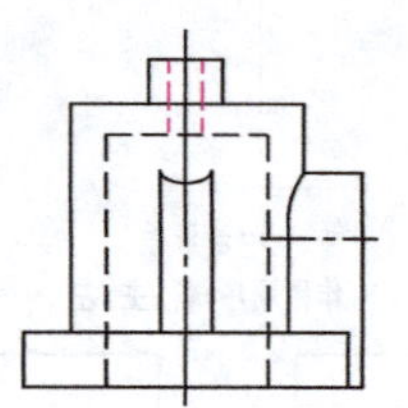

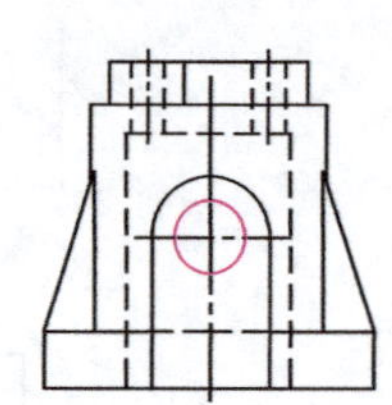

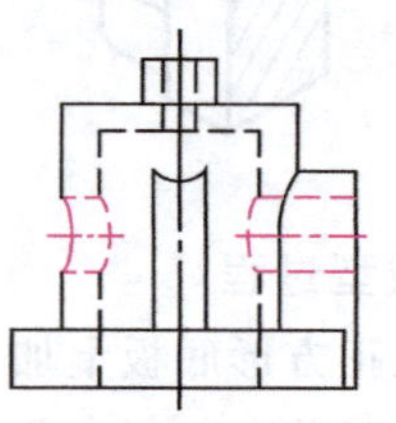

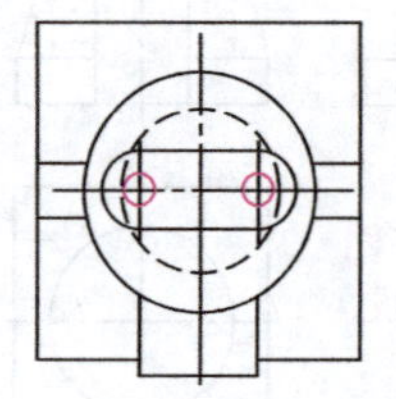

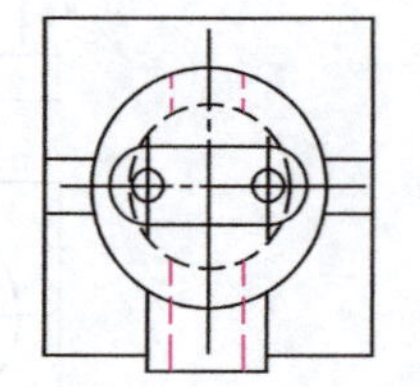

注意:左视图内外相贯线投影的画法

第七步:钻上部两通孔
作图顺序:俯、主、左

第八步:开正垂通孔
作图顺序:主、俯、左

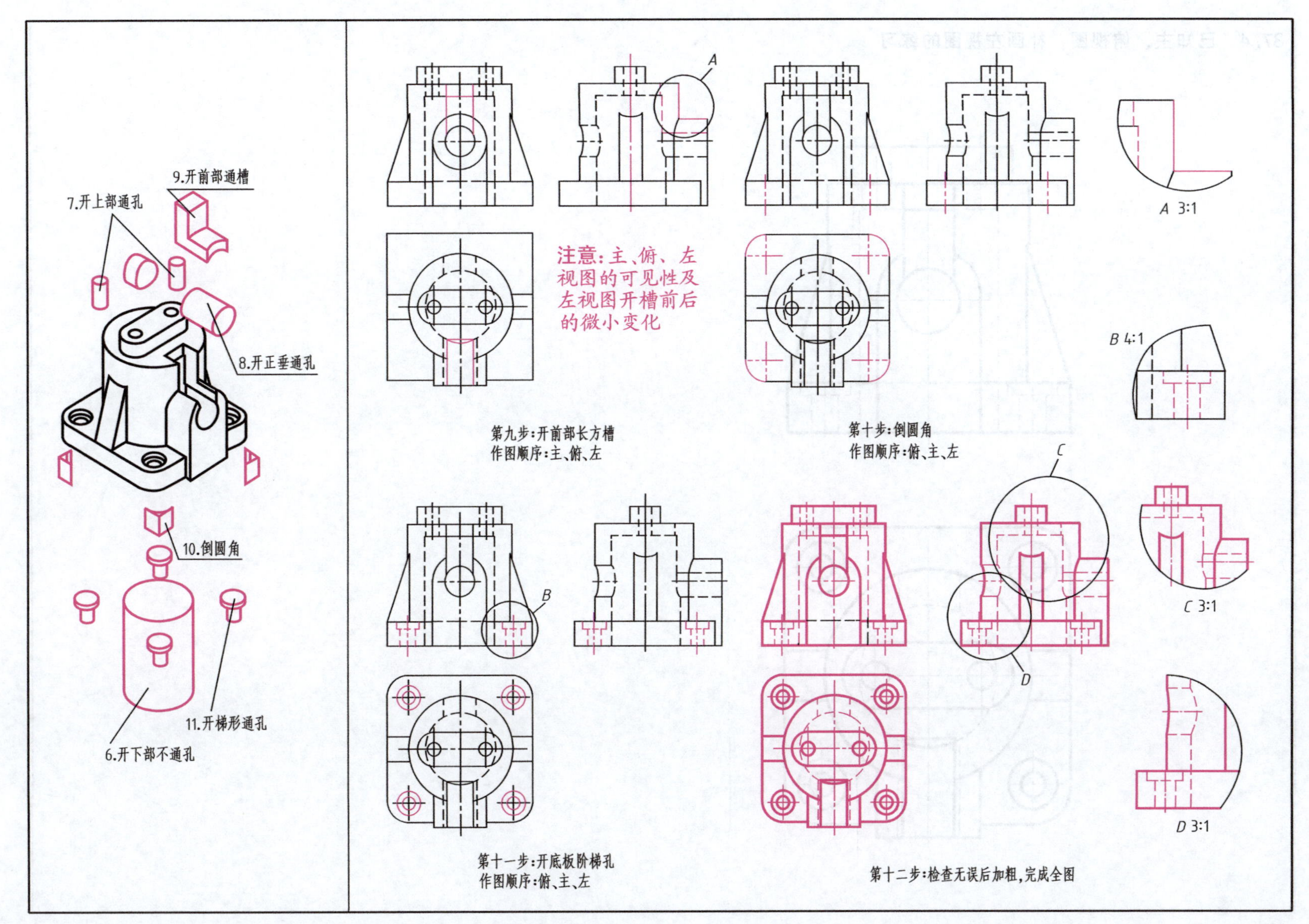

第九步:开前部长方槽
作图顺序:主、俯、左

第十步:倒圆角
作图顺序:俯、主、左

第十一步:开底板阶梯孔
作图顺序:俯、主、左

第十二步:检查无误后加粗,完成全图

37.4　已知主、俯视图，补画左视图的练习

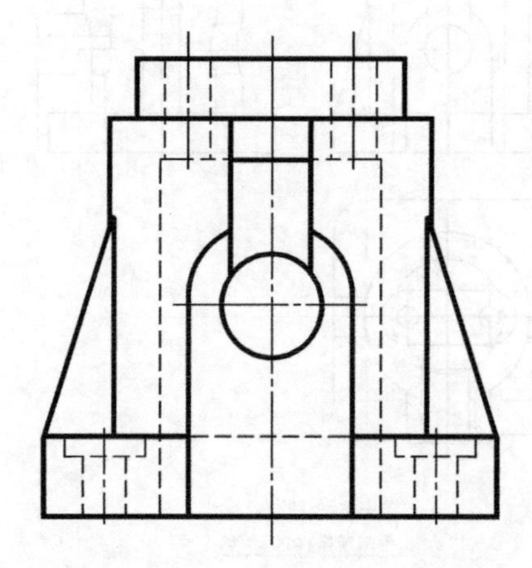

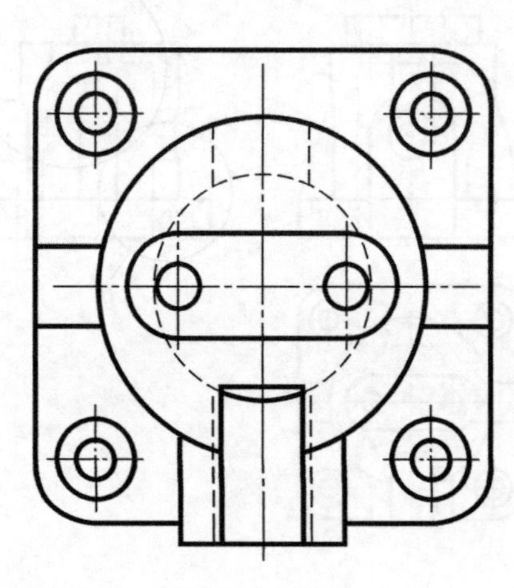

例 38

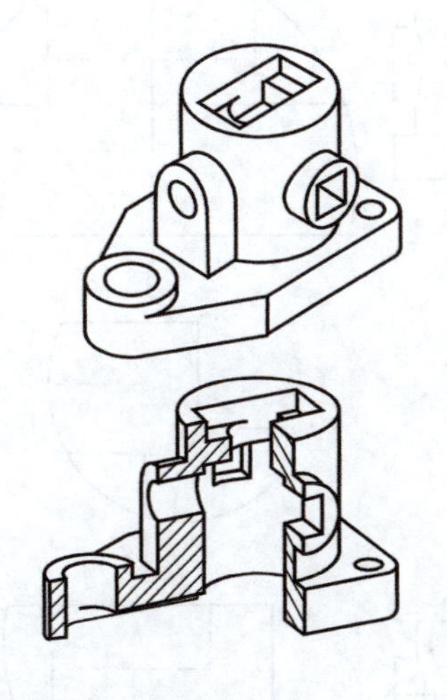

38.1 实体成型过程

本题为在复合底板上加一铅垂圆柱，左方一复合凸台与其相贯，圆柱正前方一圆柱与其相贯，在复合底板上起一圆形凸台，在铅垂圆柱下方开一不通孔，上方开一长方形盲槽后再开一复合通孔，再在正前方开一正方形通孔，左方开一圆孔（孔深至下部不通孔），在复合底板上开一通孔，并在下部开槽（槽延长至左边通孔并与其相切），最后倒底板右部圆角并钻通孔。

38.2 实体变化过程图解

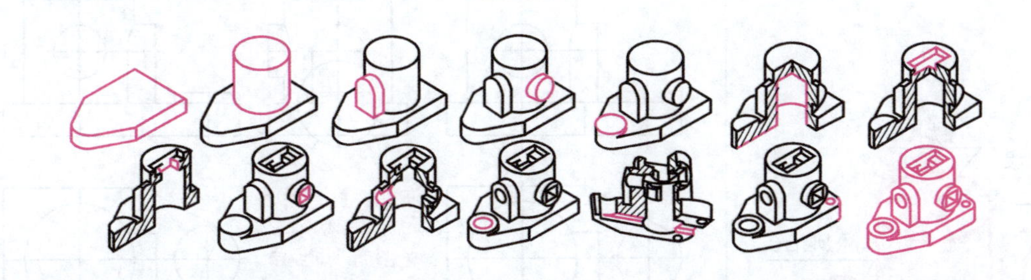

38.3 实体三视图分步画法详解

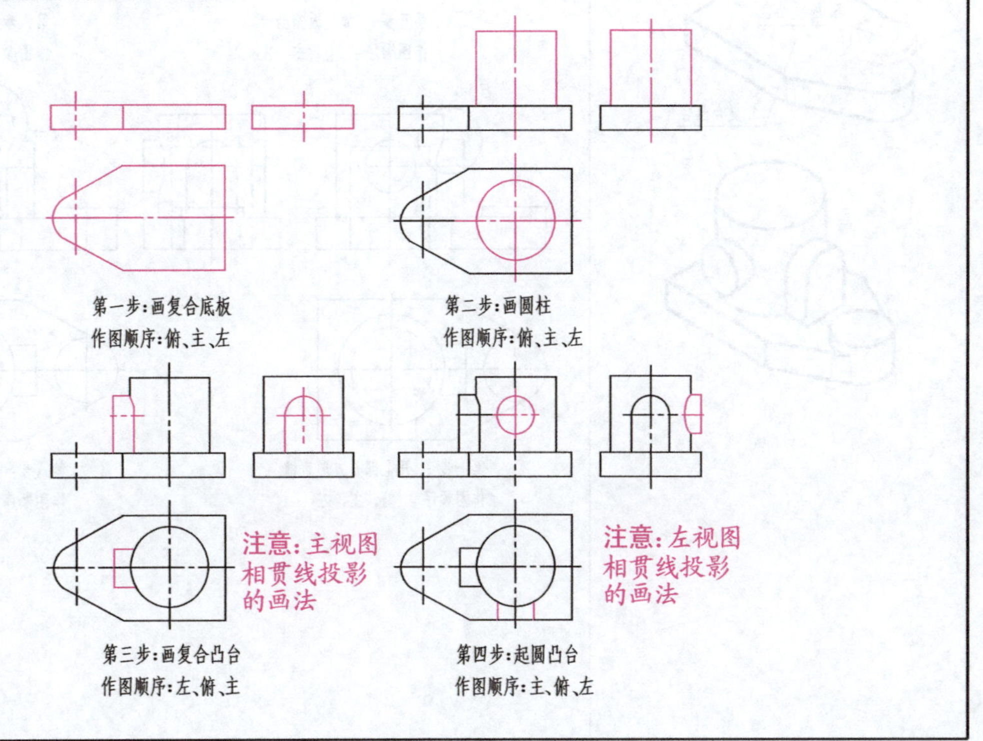

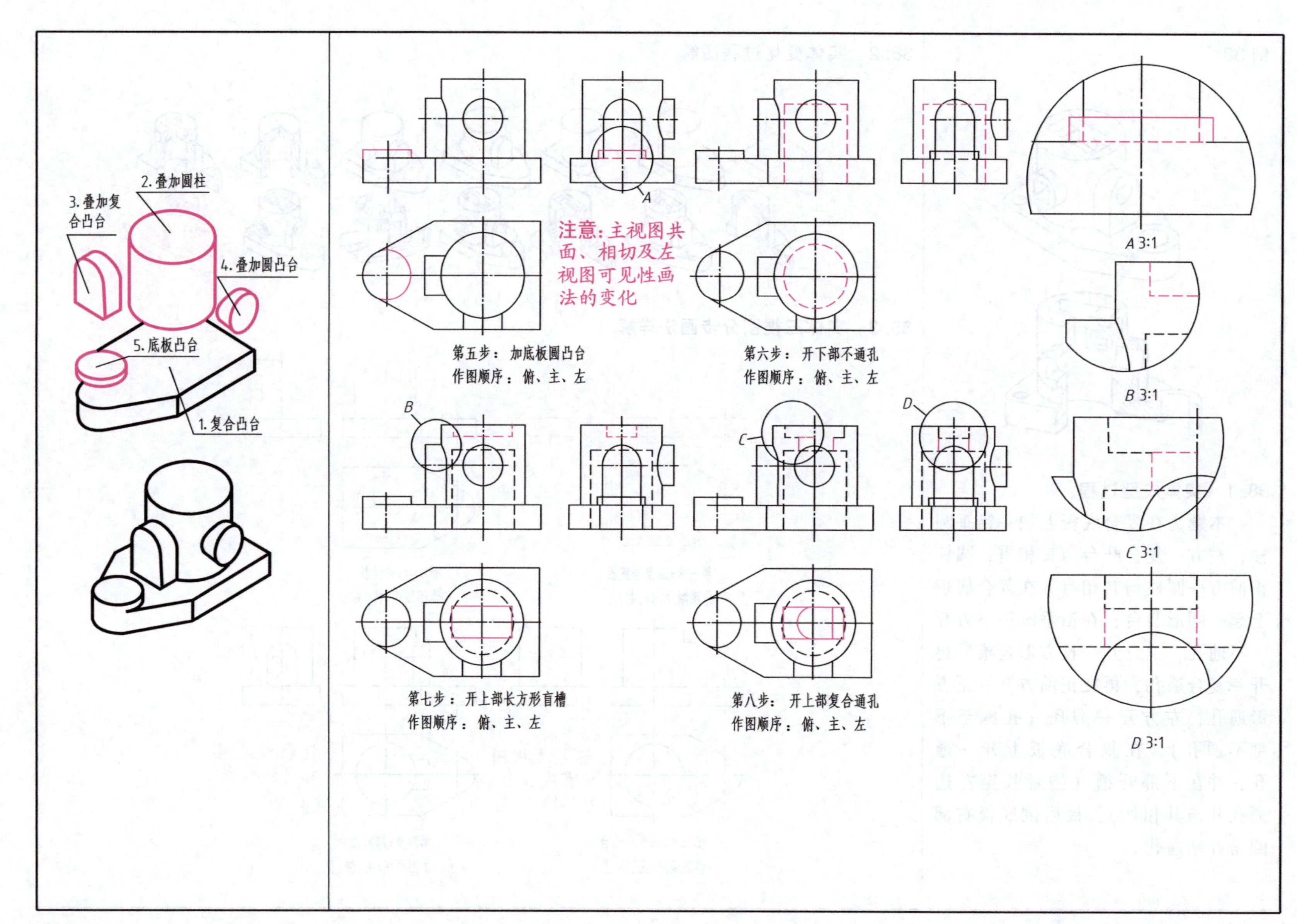

2. 叠加圆柱
3. 叠加复合凸台
4. 叠加圆凸台
5. 底板凸台
1. 复合凸台
A
注意：主视图共面、相切及左视图可见性画法的变化
第五步：加底板圆凸台
作图顺序：俯、主、左
第六步：开下部不通孔
作图顺序：俯、主、左
B
C
D
第七步：开上部长方形盲槽
作图顺序：俯、主、左
第八步：开上部复合通孔
作图顺序：俯、主、左
A 3:1
B 3:1
C 3:1
D 3:1

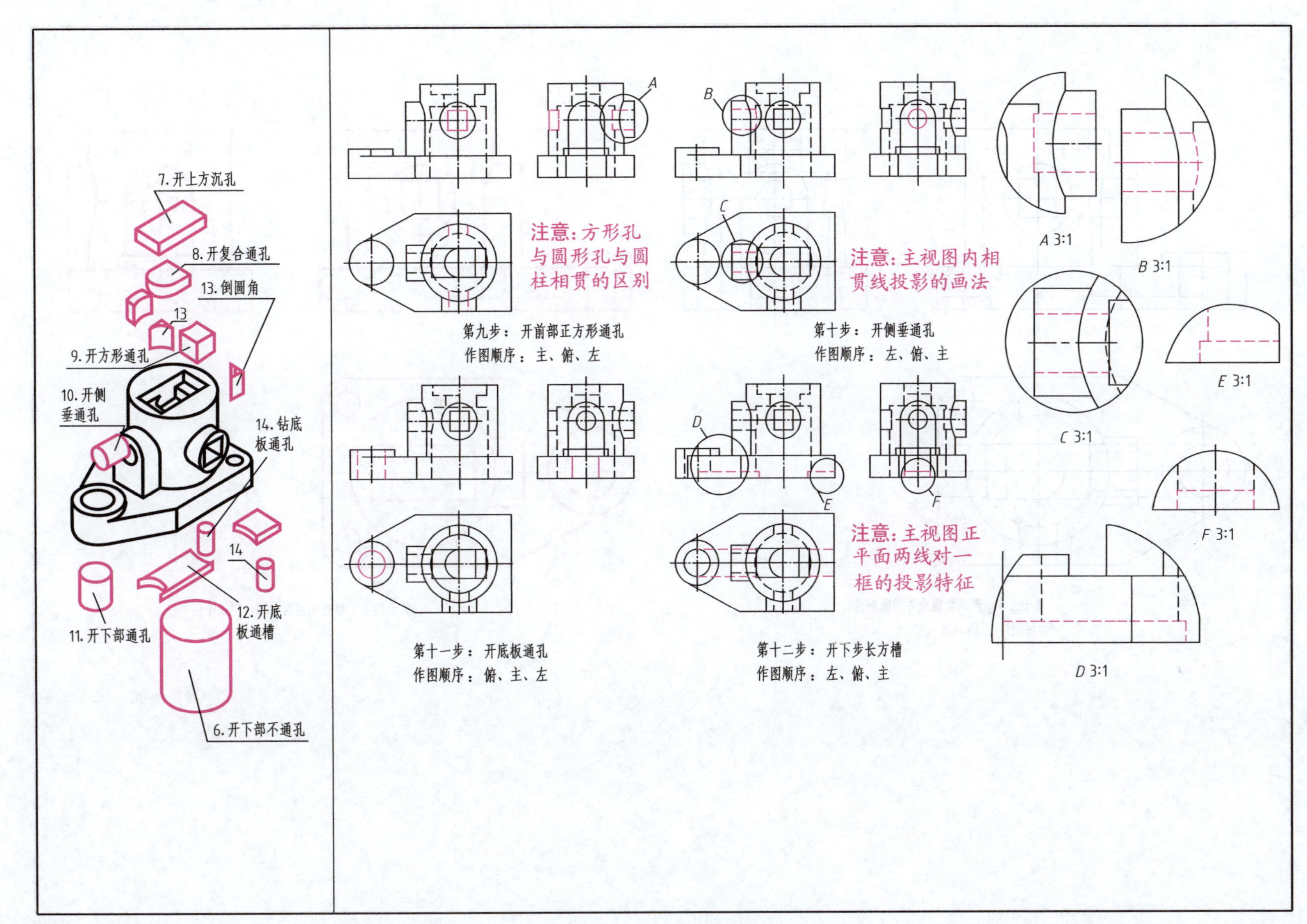
7. 开上方沉孔
8. 开复合通孔
13. 倒圆角
13
9. 开方形通孔
10. 开侧垂通孔
14. 钻底板通孔
14
12. 开底板通槽
11. 开下部通孔
6. 开下部不通孔
A
B
C
注意：方形孔与圆形孔与圆柱相贯的区别
注意：主视图内相贯线投影的画法
第九步：开前部正方形通孔
作图顺序：主、俯、左
第十步：开侧垂通孔
作图顺序：左、俯、主
A 3:1
B 3:1
C 3:1
E 3:1
D
E
F
注意：主视图正平面两线对一框的投影特征
第十一步：开底板通孔
作图顺序：俯、主、左
第十二步：开下步长方槽
作图顺序：左、俯、主
F 3:1
D 3:1

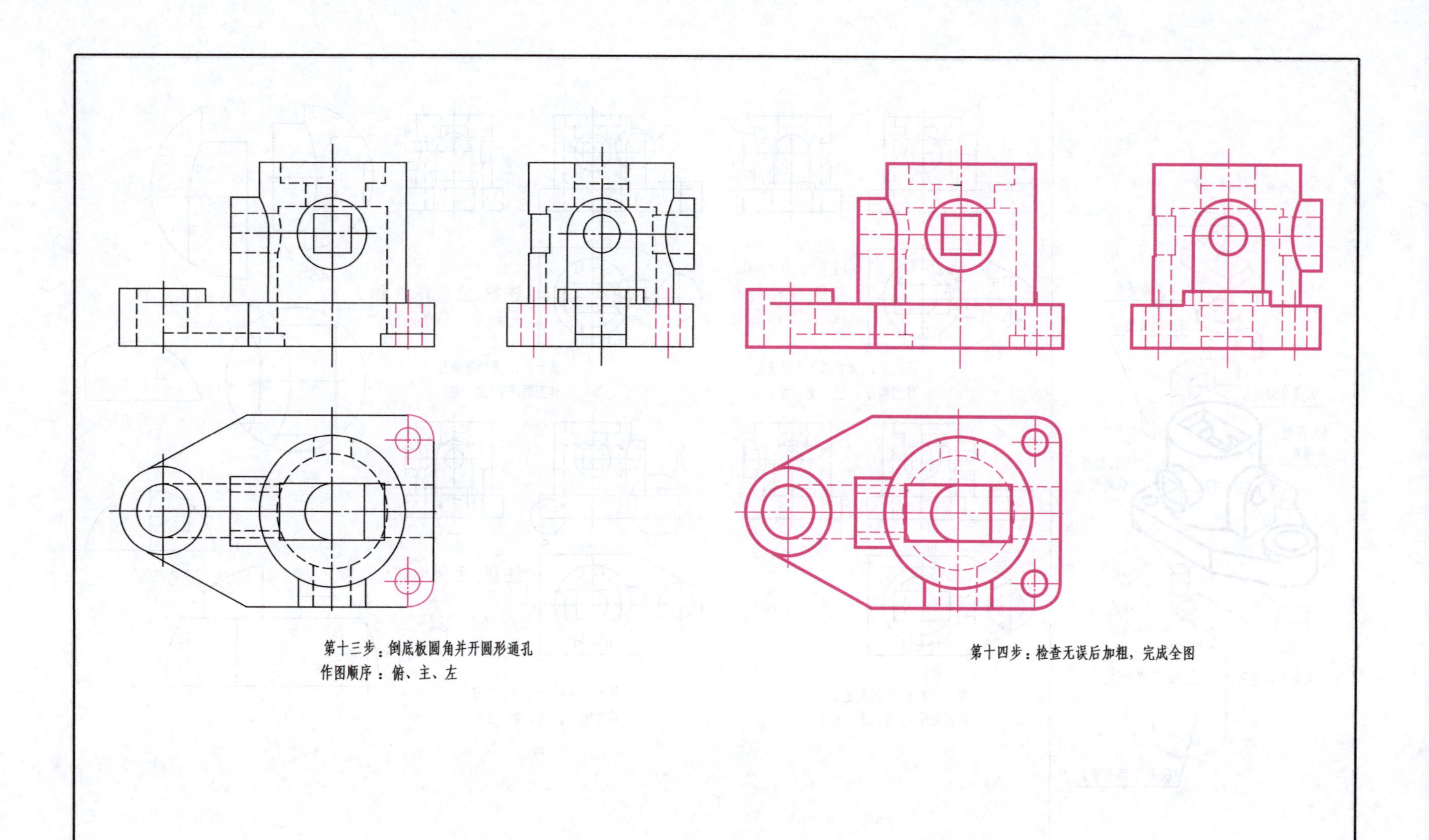

第十三步：倒底板圆角并开圆形通孔
作图顺序：俯、主、左

第十四步：检查无误后加粗，完成全图

38.4 已知主、俯视图，补画左视图的练习

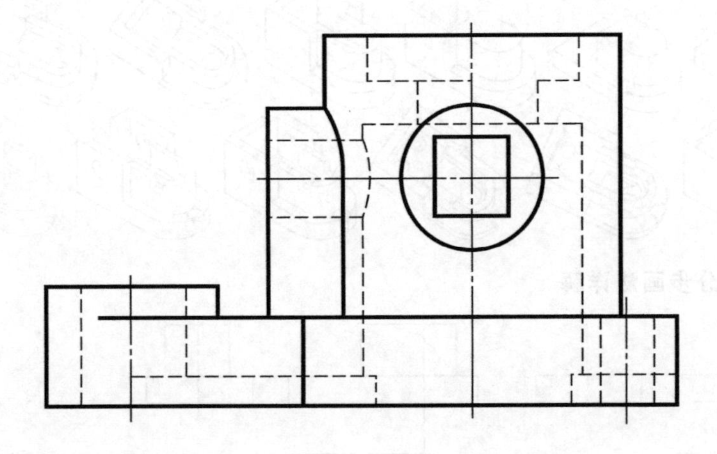

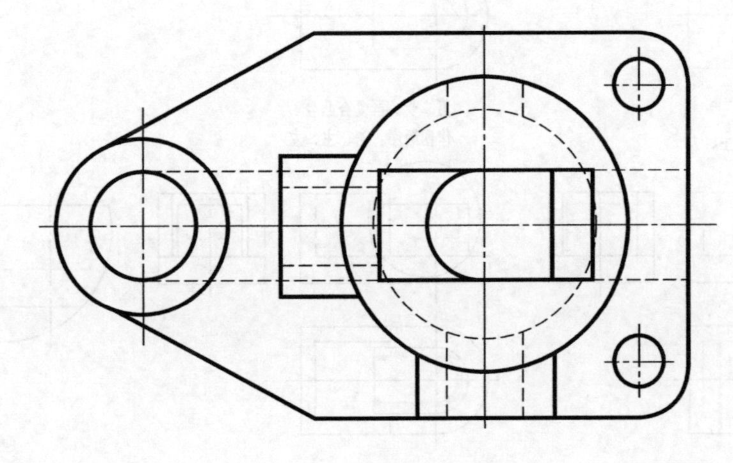

例 39

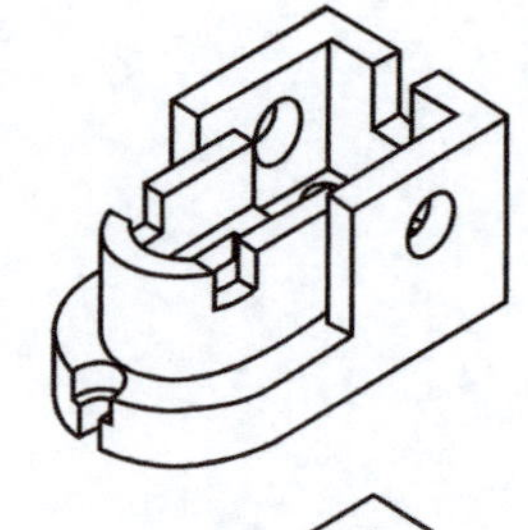

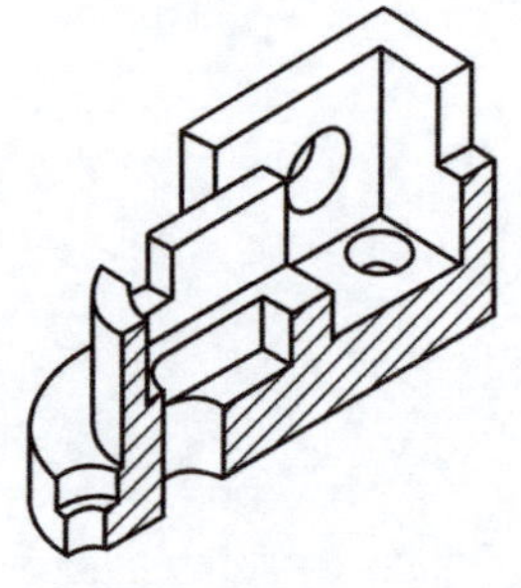

39.1 实体成型过程

本题为在一复合底板上加一复合凸台、加右部围板，在复合凸台上开一复合凹槽，在复合凹槽上开一铅垂通孔及一复合凹槽，又在复合凸台上开一正垂通槽，在底板上开图示不通孔（盲槽）并开通孔（通槽），最后在围板上钻正垂通孔及侧垂通槽。

39.2 实体变化过程图解

39.3 实体三视图分步画法详解

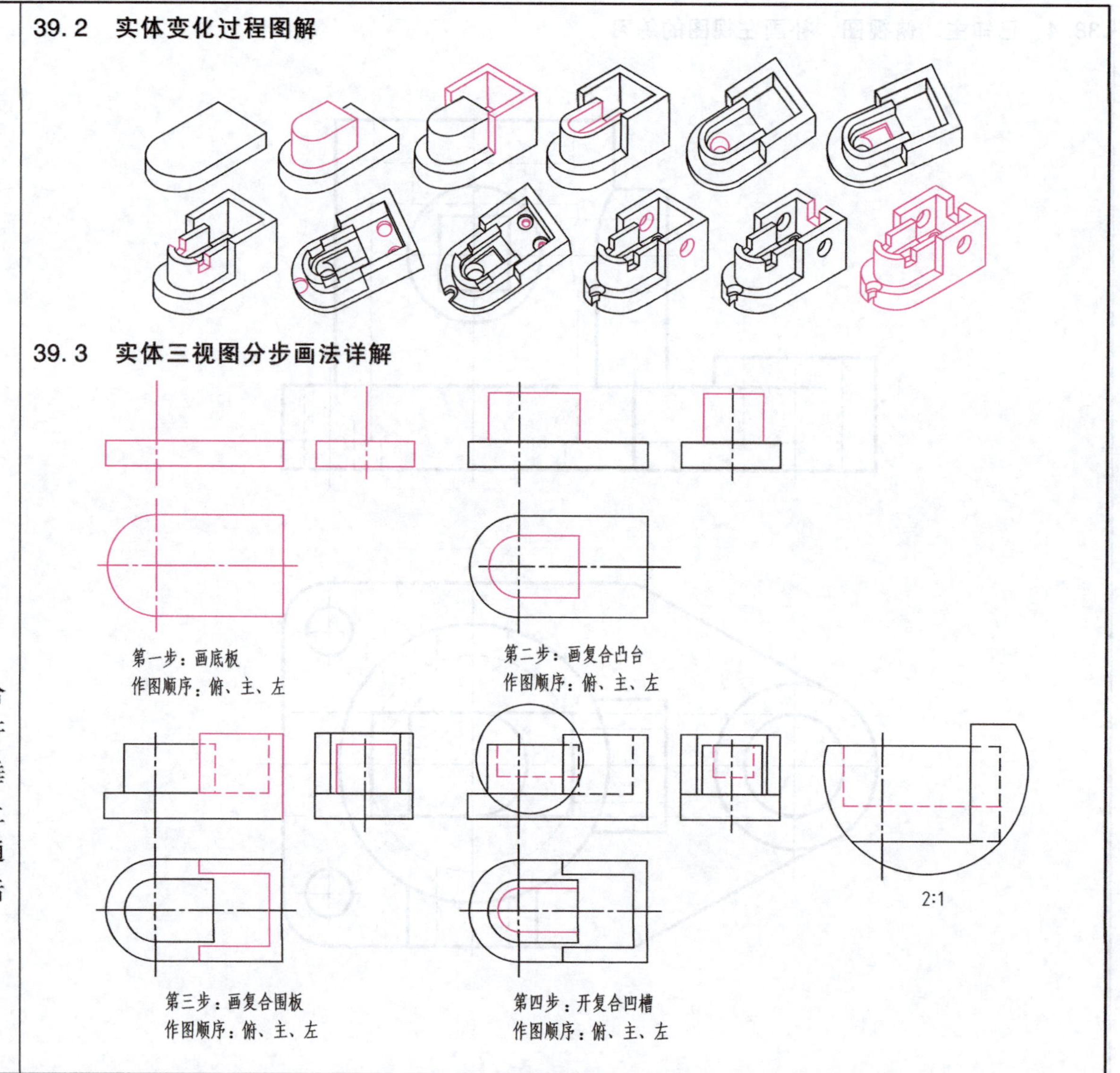

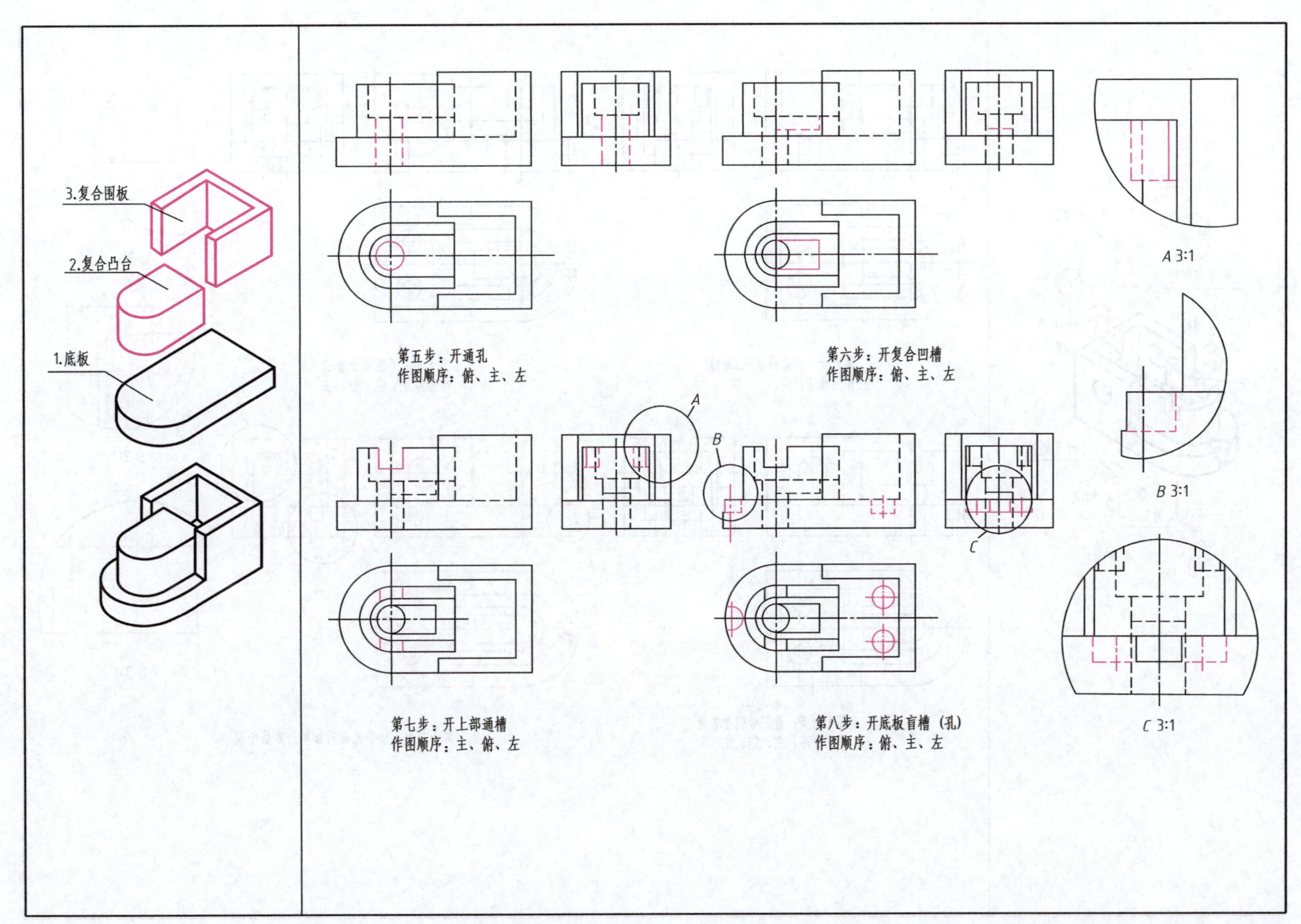

3.复合围板
2.复合凸台
1.底板
A
B
C
第五步：开通孔
作图顺序：俯、主、左
第六步：开复合凹槽
作图顺序：俯、主、左
第七步：开上部通槽
作图顺序：主、俯、左
第八步：开底板盲槽（孔）
作图顺序：俯、主、左
A 3:1
B 3:1
C 3:1

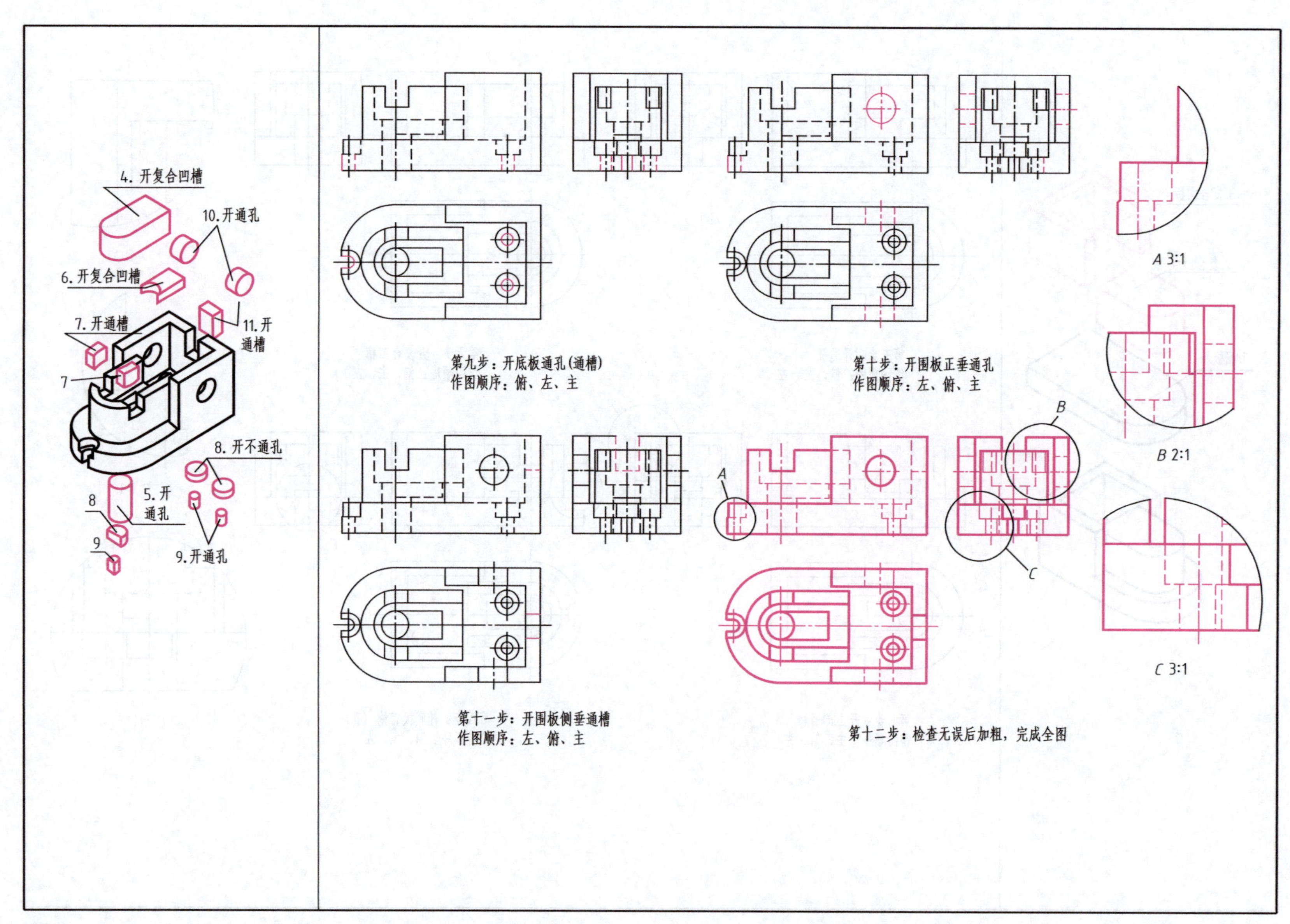
4. 开复合凹槽
10.开通孔
6. 开复合凹槽
7. 开通槽
11. 开通槽
7
8. 开不通孔
5. 开通孔
8
9
9. 开通孔
第九步：开底板通孔(通槽)
作图顺序：俯、左、主
第十步：开围板正垂通孔
作图顺序：左、俯、主
A 3:1
B
B 2:1
A
C
C 3:1
第十一步：开围板侧垂通槽
作图顺序：左、俯、主
第十二步：检查无误后加粗，完成全图

39.4 已知主、俯视图，补画左视图的练习

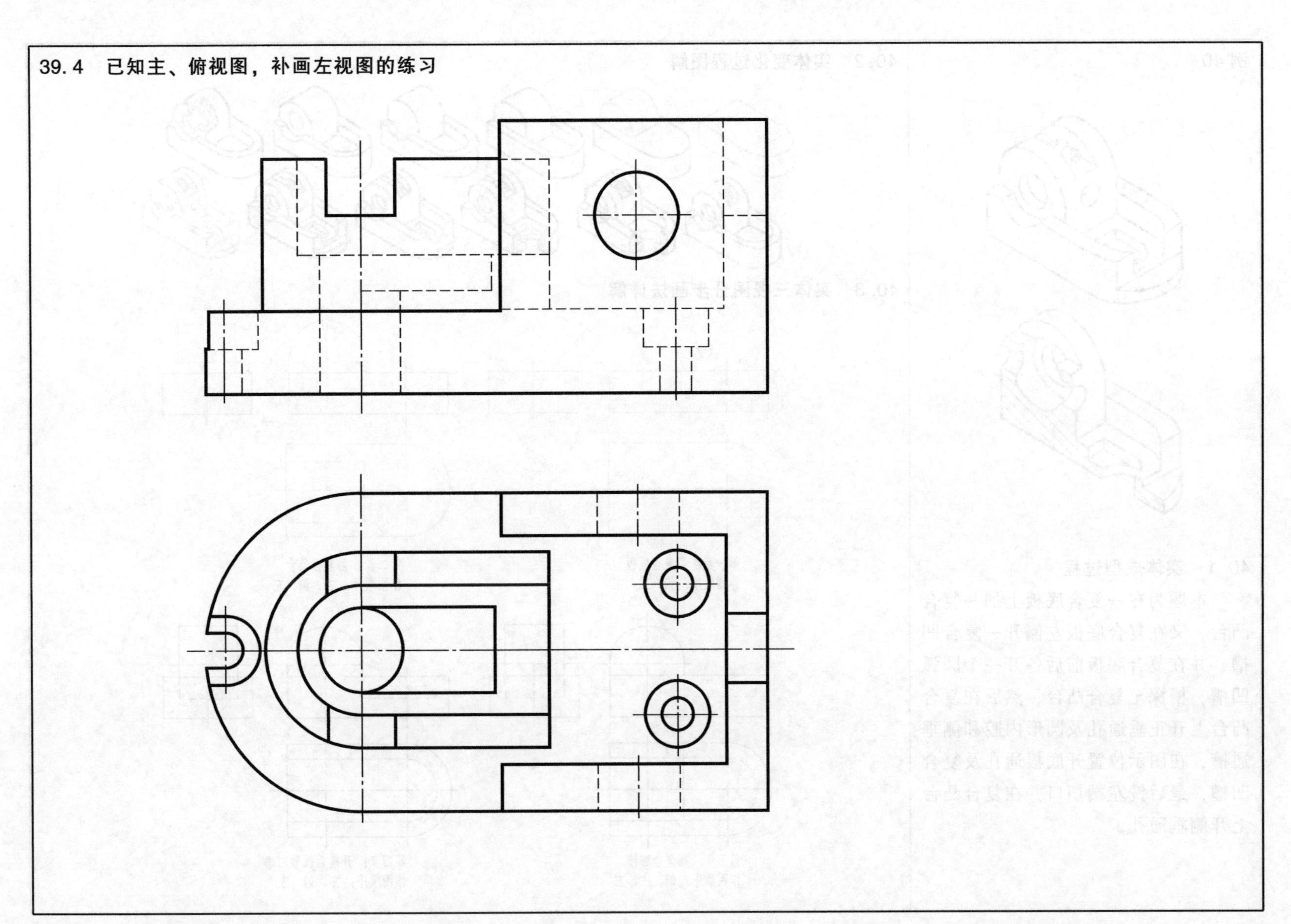

例 40

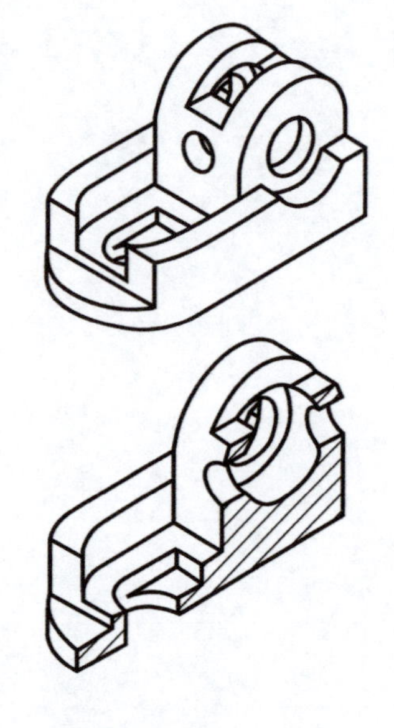

40.1 实体成型过程

本题为在一复合底板上加一复合凸台，又在复合底板左侧开一复合凹槽，并在复合底板前后各开一个圆弧凹槽，槽深至复合凸台，然后在复合凸台上开正垂通孔及圆形内腔和侧垂通槽，在图示位置开底板通孔及复合凹槽，最后铣左端切口并在复合凸台上开侧垂通孔。

40.2 实体变化过程图解

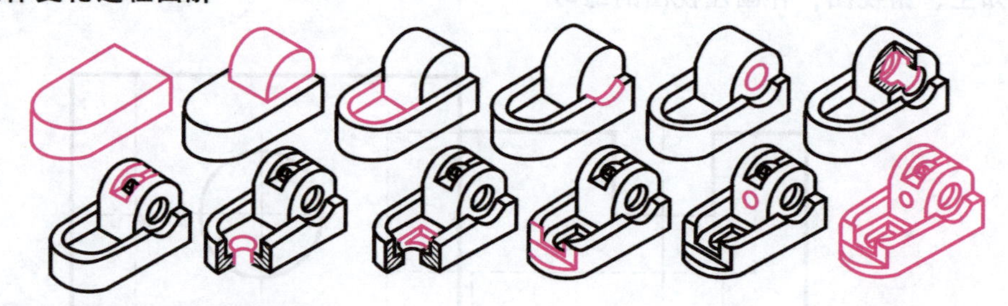

40.3 实体三视图分步画法详解

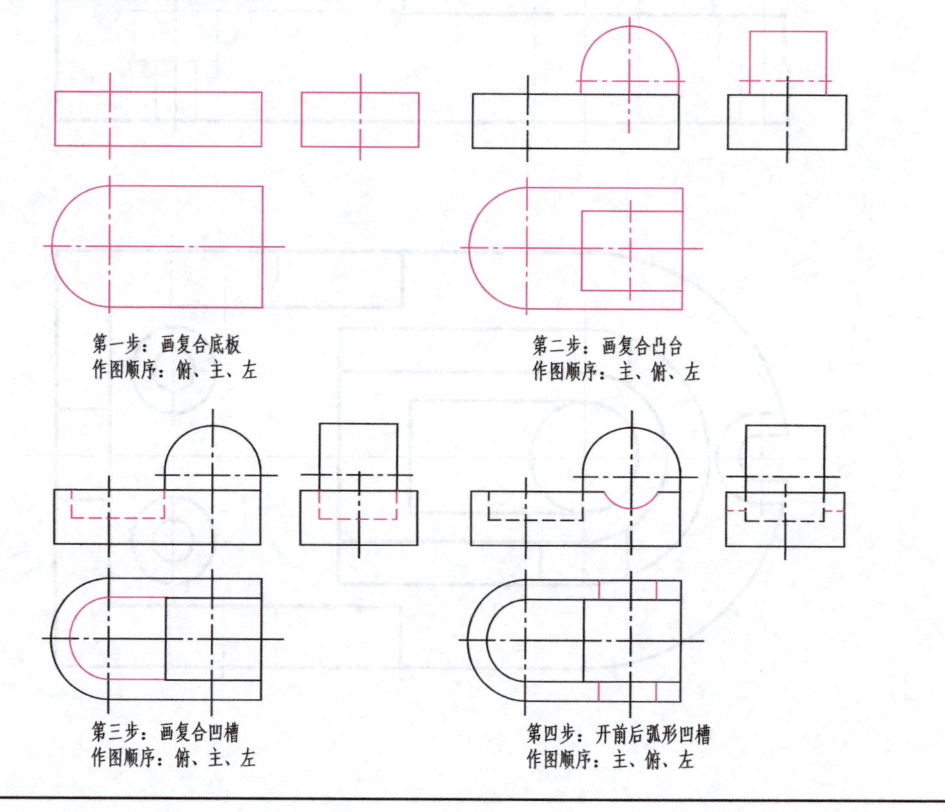

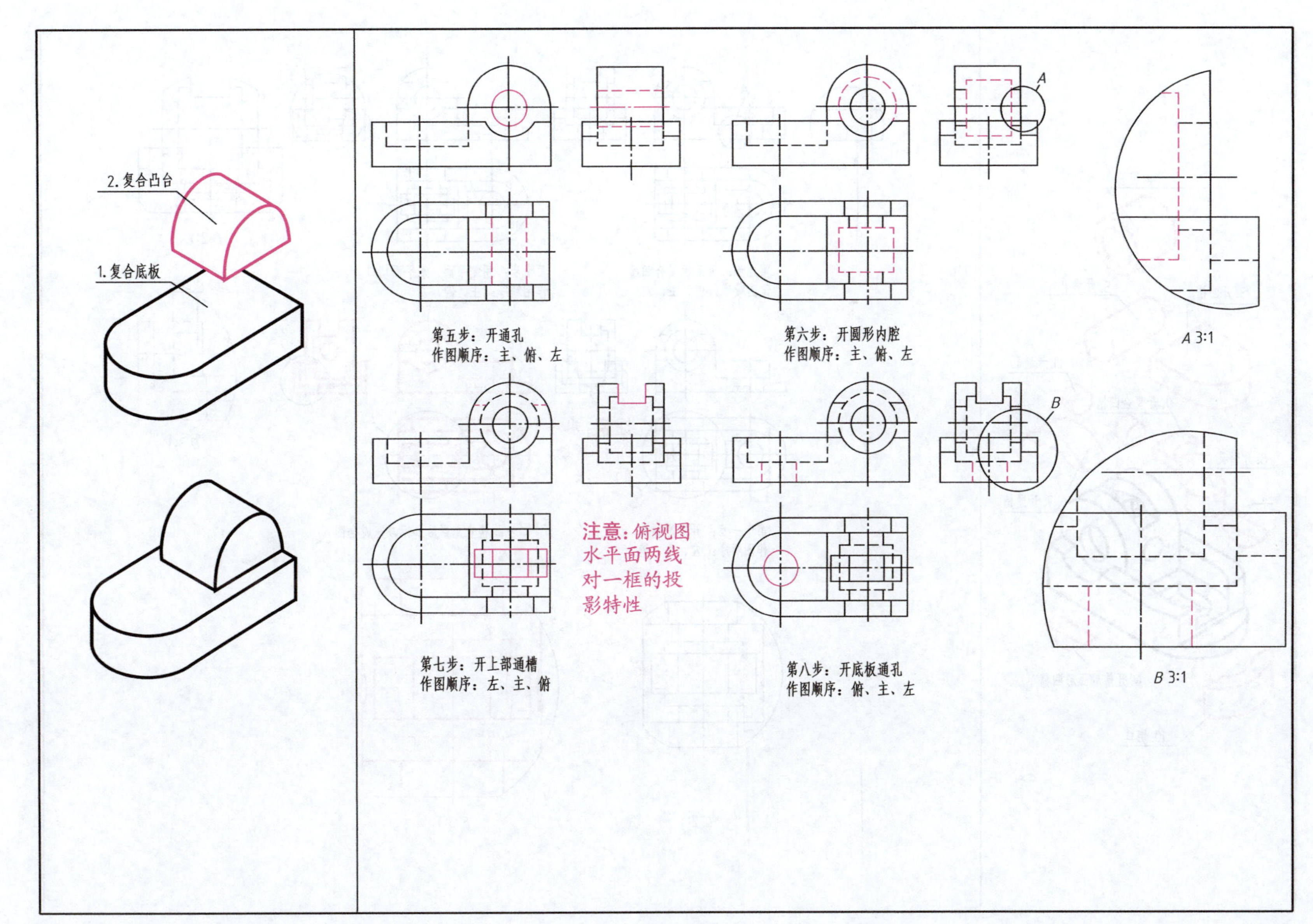
2. 复合凸台
1. 复合底板
第五步：开通孔
作图顺序：主、俯、左
第六步：开圆形内腔
作图顺序：主、俯、左
A
A 3:1
第七步：开上部通槽
作图顺序：左、主、俯
注意：俯视图水平面两线对一框的投影特性
第八步：开底板通孔
作图顺序：俯、主、左
B
B 3:1

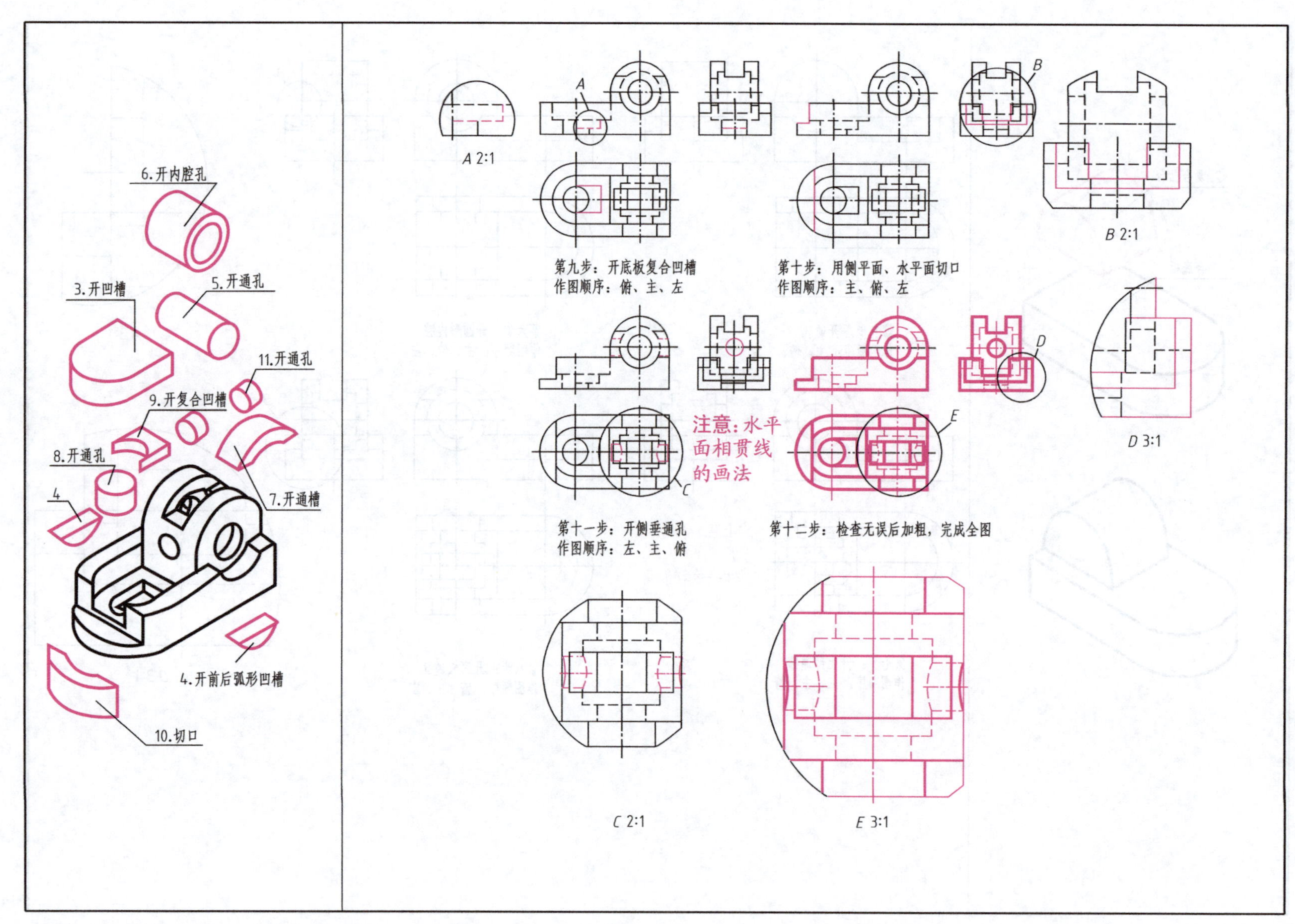
6.开内腔孔
3.开凹槽
5.开通孔
11.开通孔
9.开复合凹槽
8.开通孔
4
7.开通槽
4.开前后弧形凹槽
10.切口
A
A 2:1
B
B 2:1
第九步：开底板复合凹槽
作图顺序：俯、主、左
第十步：用侧平面、水平面切口
作图顺序：主、俯、左
D
D 3:1
注意：水平面相贯线的画法
C
E
第十一步：开侧垂通孔
作图顺序：左、主、俯
第十二步：检查无误后加粗，完成全图
C 2:1
E 3:1

40.4 已知主、俯视图，补画左视图的练习

例 41

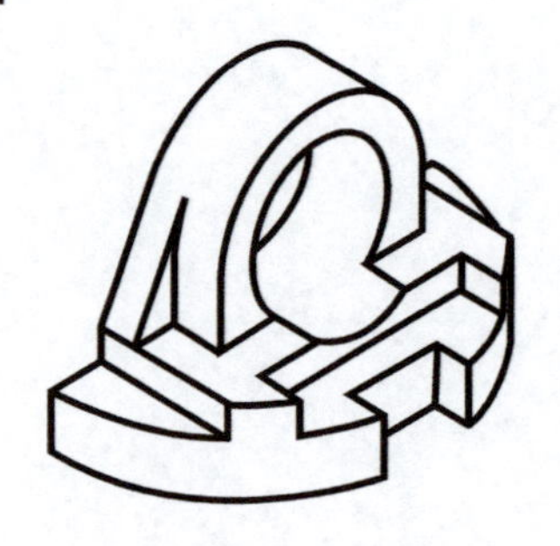

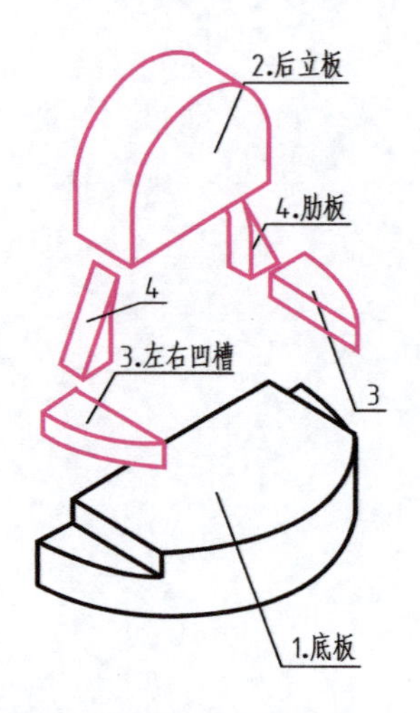

41.1 实体成型过程

本题为先将件 1、件 2 叠加并开左右凹槽，然后加肋板、开前部凹槽、开前部通槽，最后开正垂通孔。

41.2 实体变化过程图解

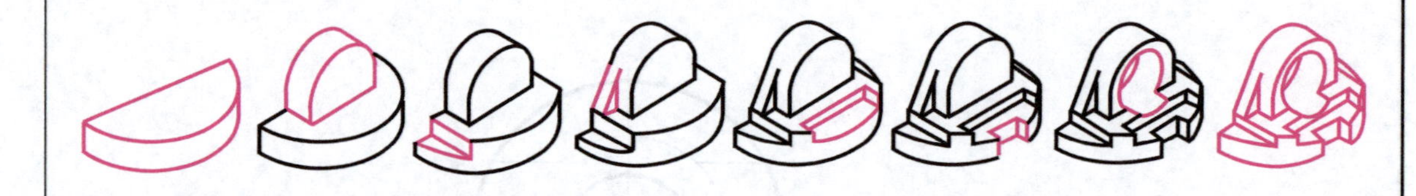

41.3 实体三视图分步画法详解

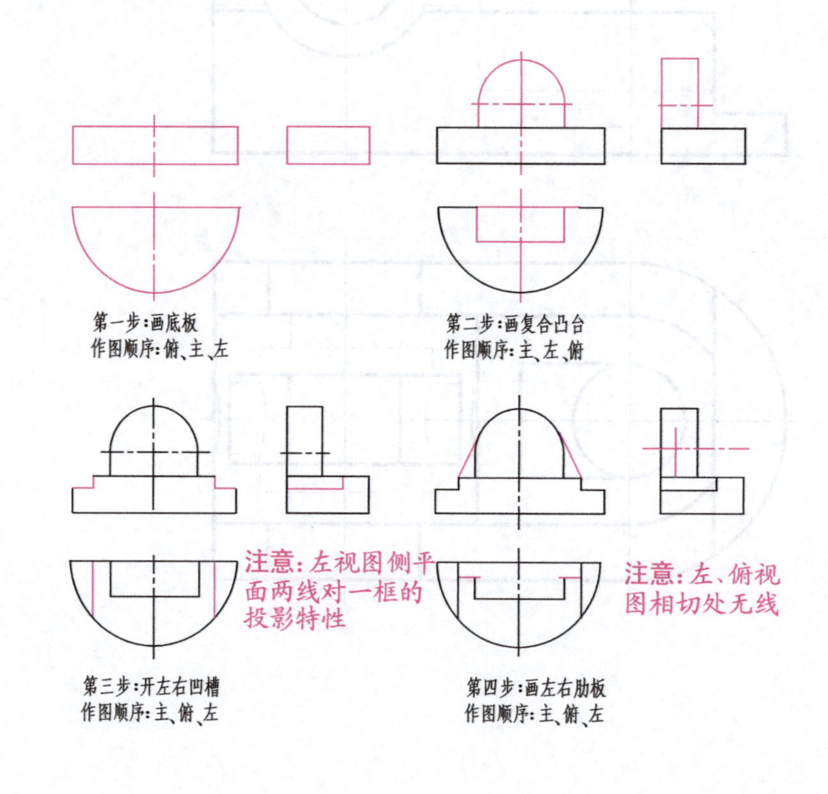

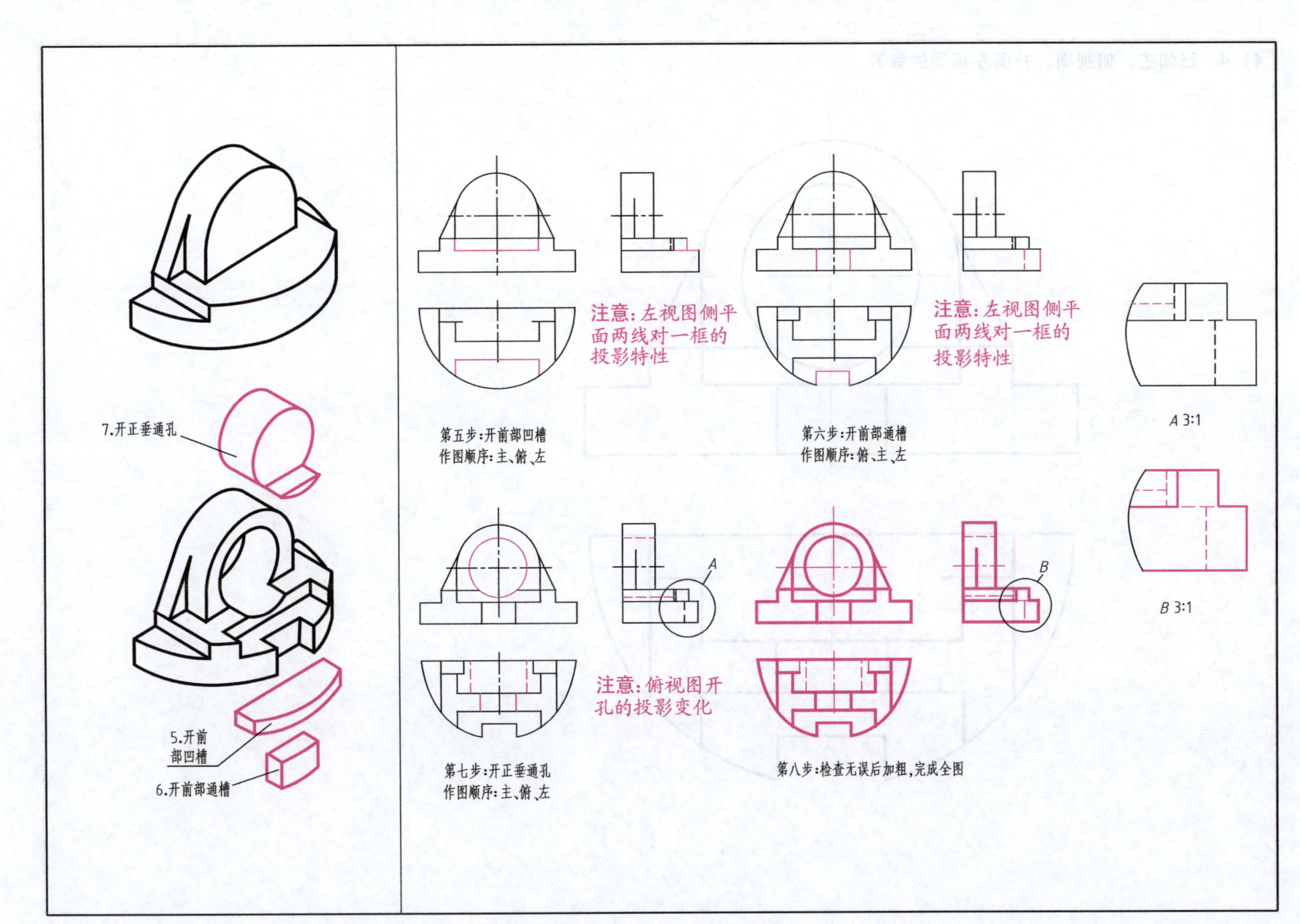
7.开正垂通孔
5.开前
部凹槽
6.开前部通槽
第五步:开前部凹槽
作图顺序:主、俯、左
注意:左视图侧平
面两线对一框的
投影特性
第六步:开前部通槽
作图顺序:俯、主、左
注意:左视图侧平
面两线对一框的
投影特性
A 3:1
A
B
B 3:1
第七步:开正垂通孔
作图顺序:主、俯、左
注意:俯视图开
孔的投影变化
第八步:检查无误后加粗,完成全图

41.4　已知主、俯视图，补画左视图的练习

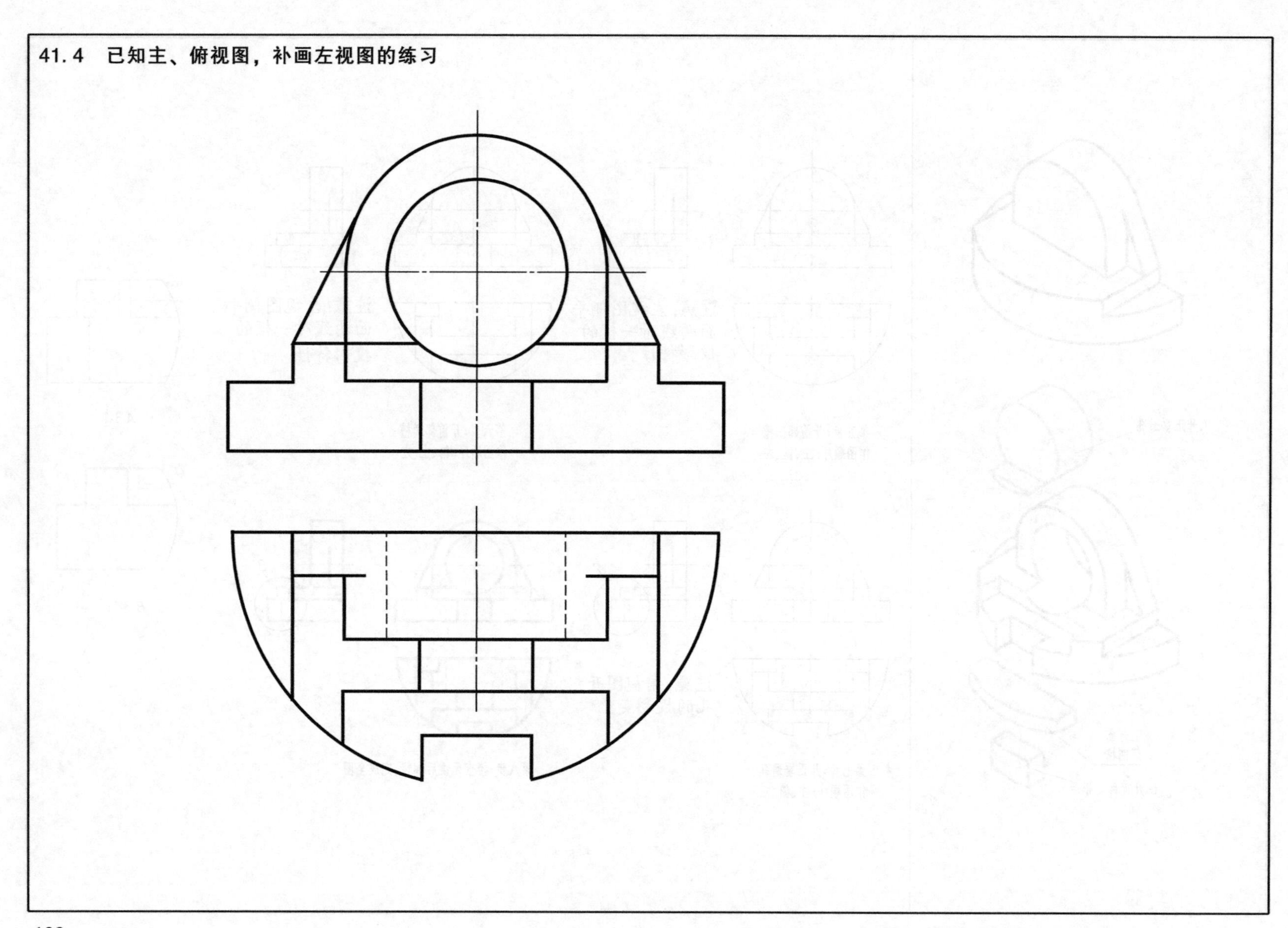

例 42

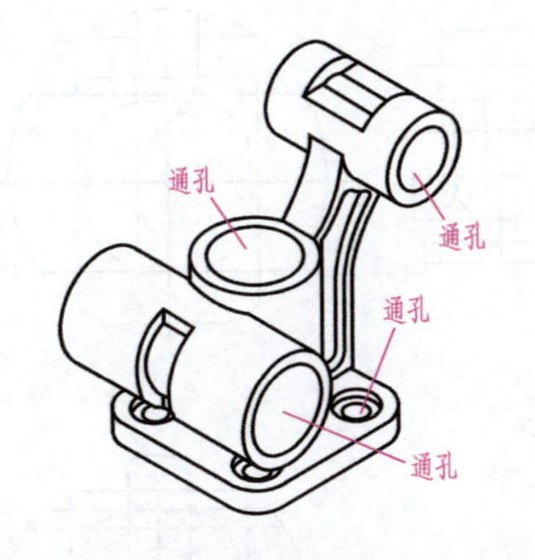

42.1 实体成型过程

本题为一方形底板上加一铅垂圆柱，圆柱左端贯一正垂圆柱，在铅垂圆柱右上再加一正垂圆柱，然后用一支承板将其与铅垂圆柱相连，并逐步在图示位置按顺序开通孔、开凹槽、倒圆角、起止口、开阶梯孔、开上部侧垂通槽、开下部铅垂通槽，最后完成整个造型。

42.2 实体变化过程图解

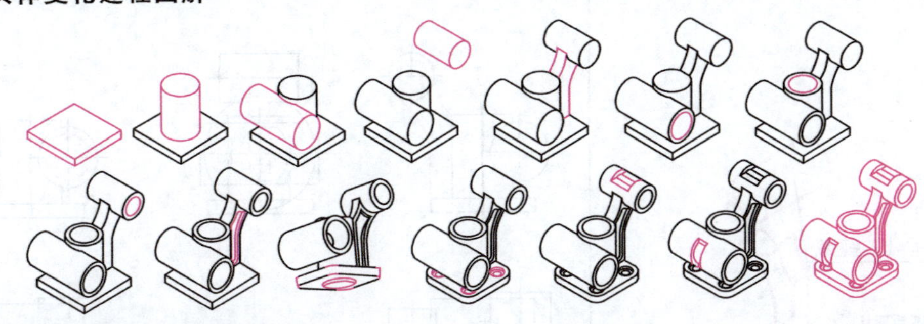

42.3 实体三视图分步画法详解

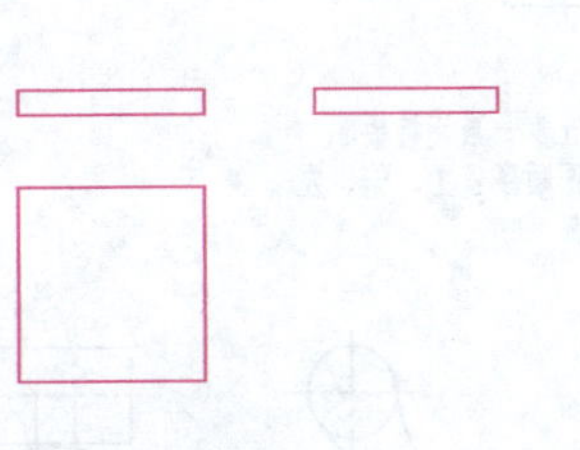

第一步：画底板
作图顺序：俯、主、左

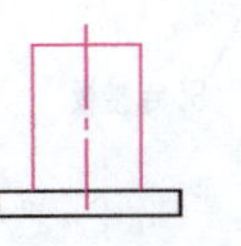

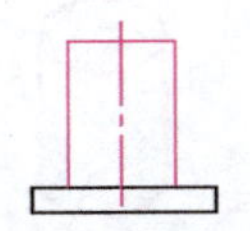

第二步：画铅垂圆柱
作图顺序：俯、主、左

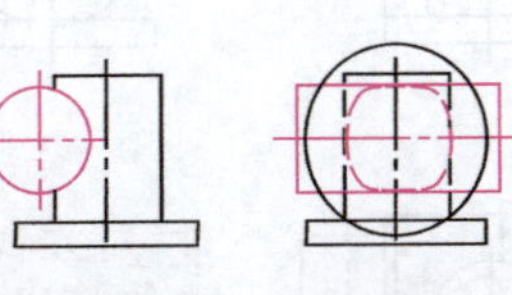

注意：左视图相贯线的画法及俯视图可见性的变化

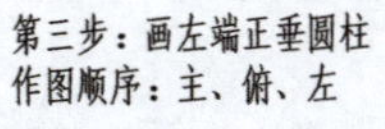

第三步：画左端正垂圆柱
作图顺序：主、俯、左

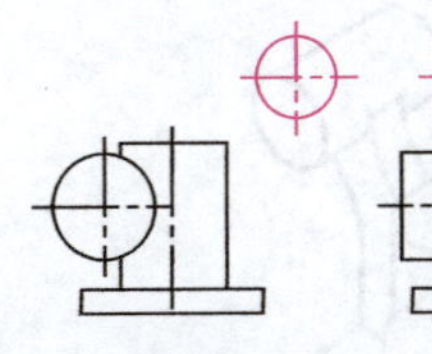

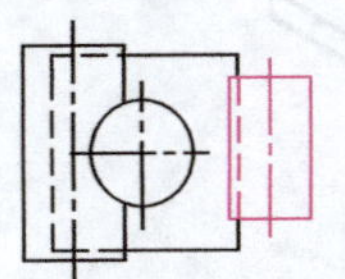

第四步：画右上部铅垂圆柱
作图顺序：主、俯、左

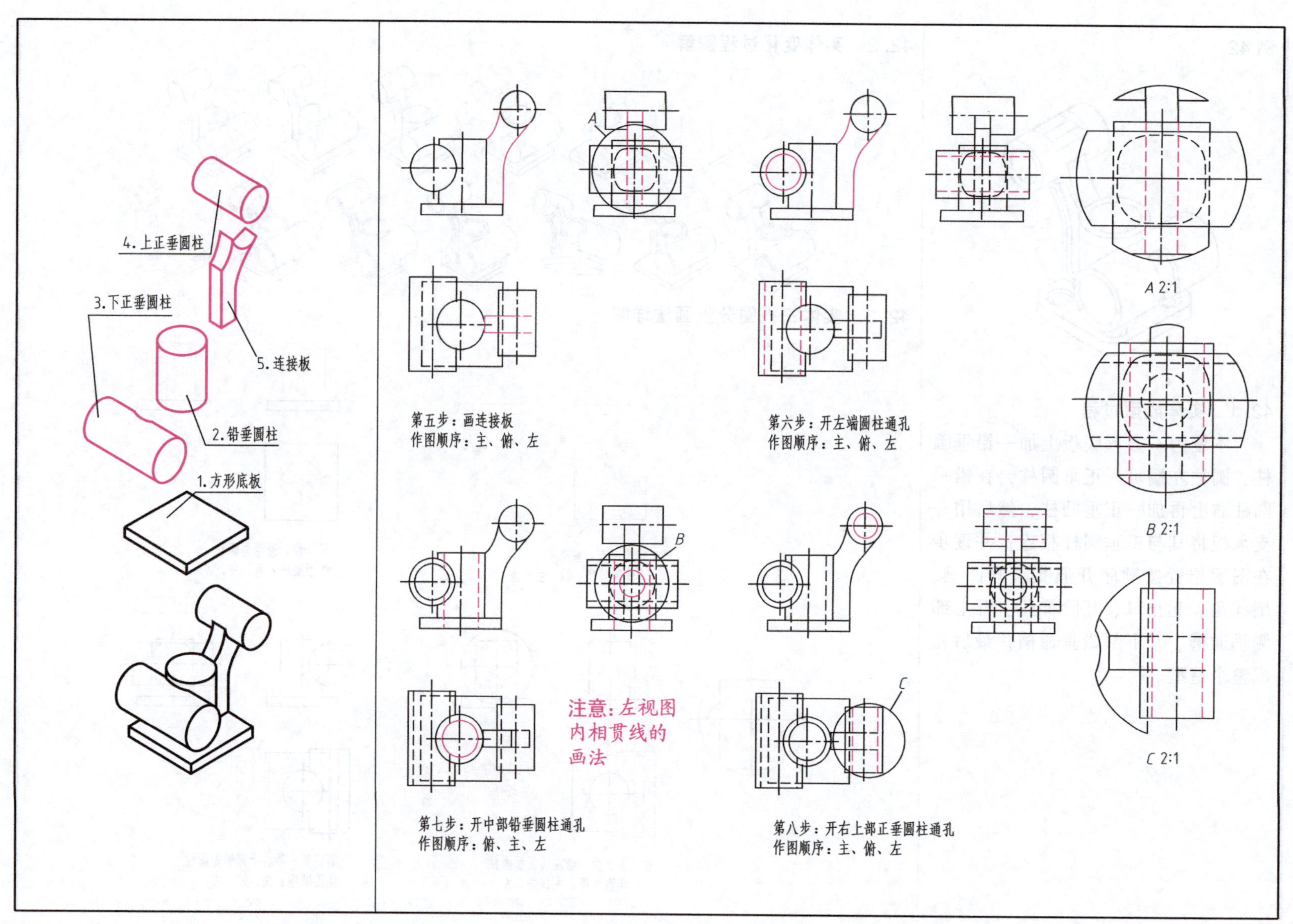
4. 上正垂圆柱
3. 下正垂圆柱
5. 连接板
2. 铅垂圆柱
1. 方形底板
A
第五步：画连接板
作图顺序：主、俯、左
第六步：开左端圆柱通孔
作图顺序：主、俯、左
A 2:1
B 2:1
B
注意：左视图内相贯线的画法
C
C 2:1
第七步：开中部铅垂圆柱通孔
作图顺序：俯、主、左
第八步：开右上部正垂圆柱通孔
作图顺序：主、俯、左

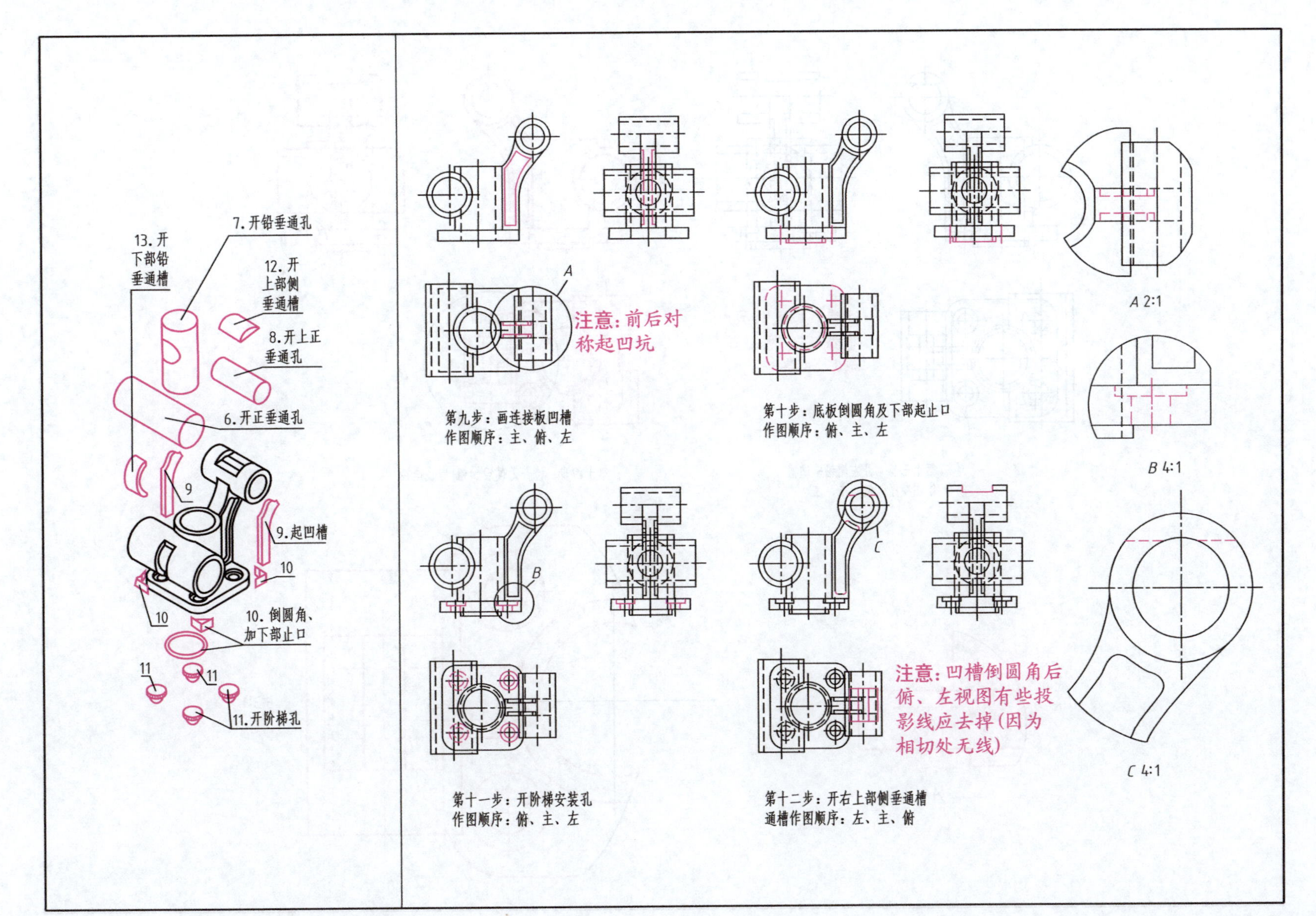
7.开铅垂通孔
13.开
下部铅
垂通槽
12.开
上部侧
垂通槽
8.开上正
垂通孔
6.开正垂通孔
9
9.起凹槽
10
10
10.倒圆角、
加下部止口
11
11
11.开阶梯孔
A
注意：前后对
称起凹坑
第九步：画连接板凹槽
作图顺序：主、俯、左
第十步：底板倒圆角及下部起止口
作图顺序：俯、主、左
A 2:1
B 4:1
B
C
注意：凹槽倒圆角后
俯、左视图有些投
影线应去掉(因为
相切处无线)
C 4:1
第十一步：开阶梯安装孔
作图顺序：俯、主、左
第十二步：开右上部侧垂通槽
通槽作图顺序：左、主、俯

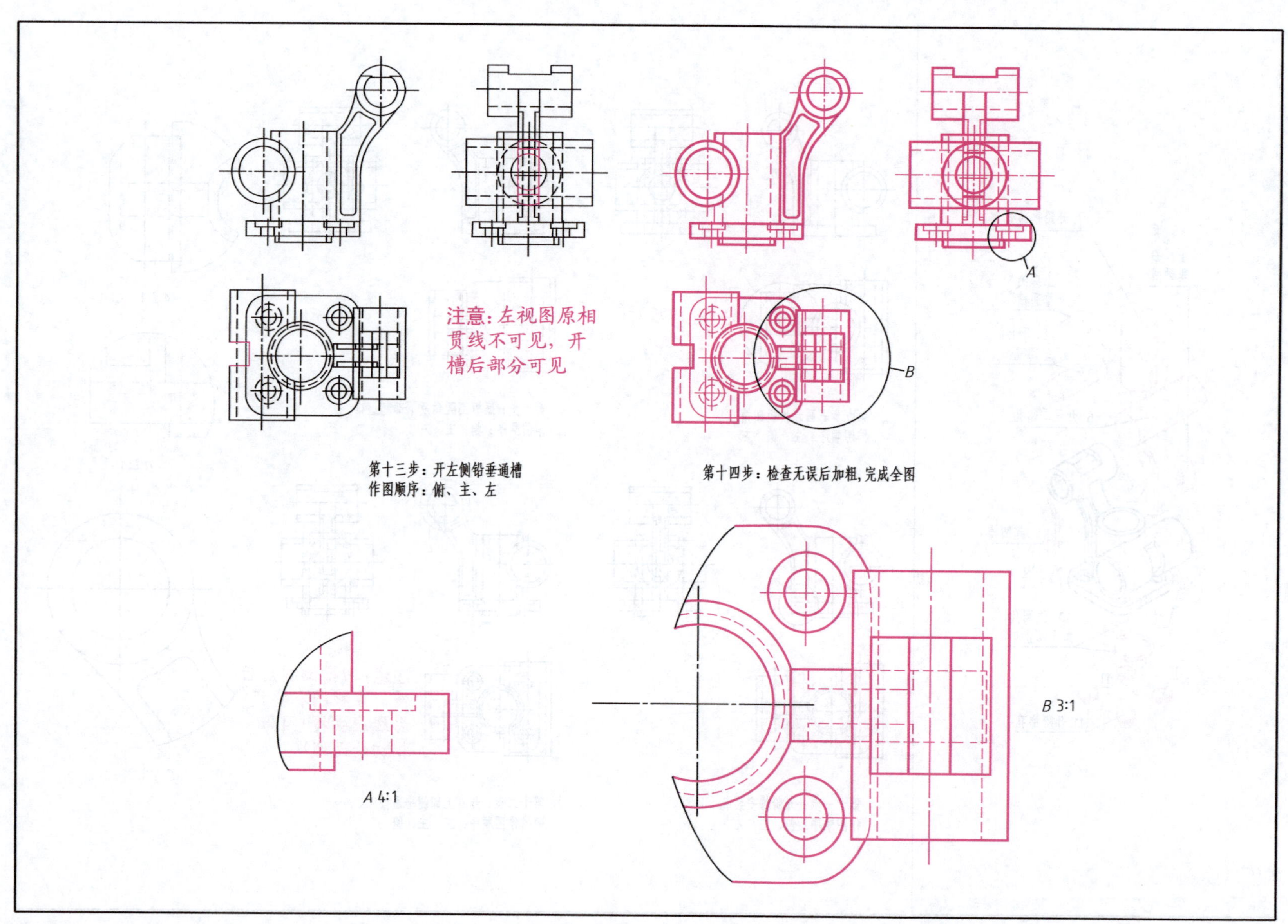

第十三步：开左侧铅垂通槽
作图顺序：俯、主、左

第十四步：检查无误后加粗，完成全图

42.4　已知主、俯视图，补画左视图的练习

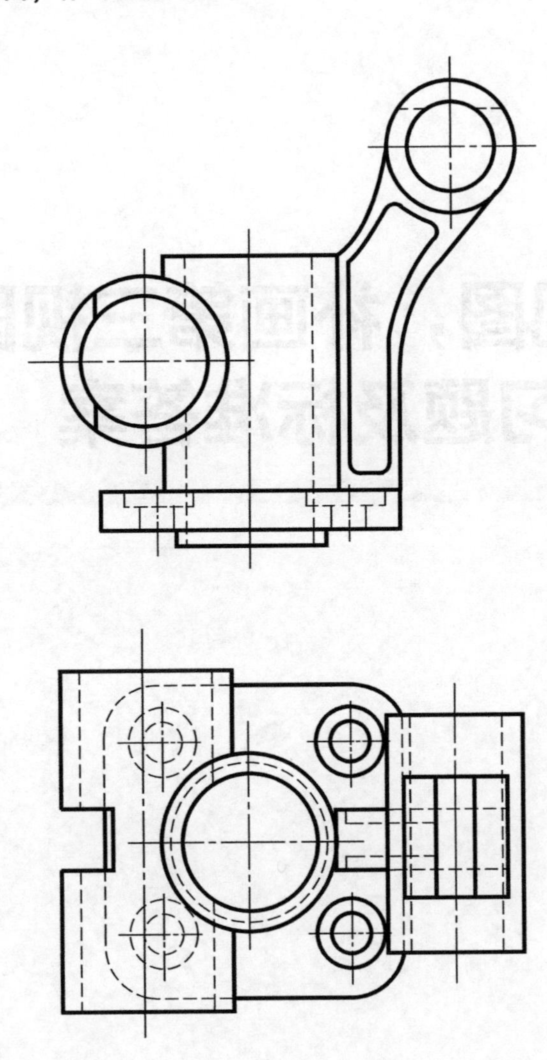

第二部分

已知两视图，补画第三视图的练习题及标准答案

练习题 1　已知俯、左视图，补画主视图

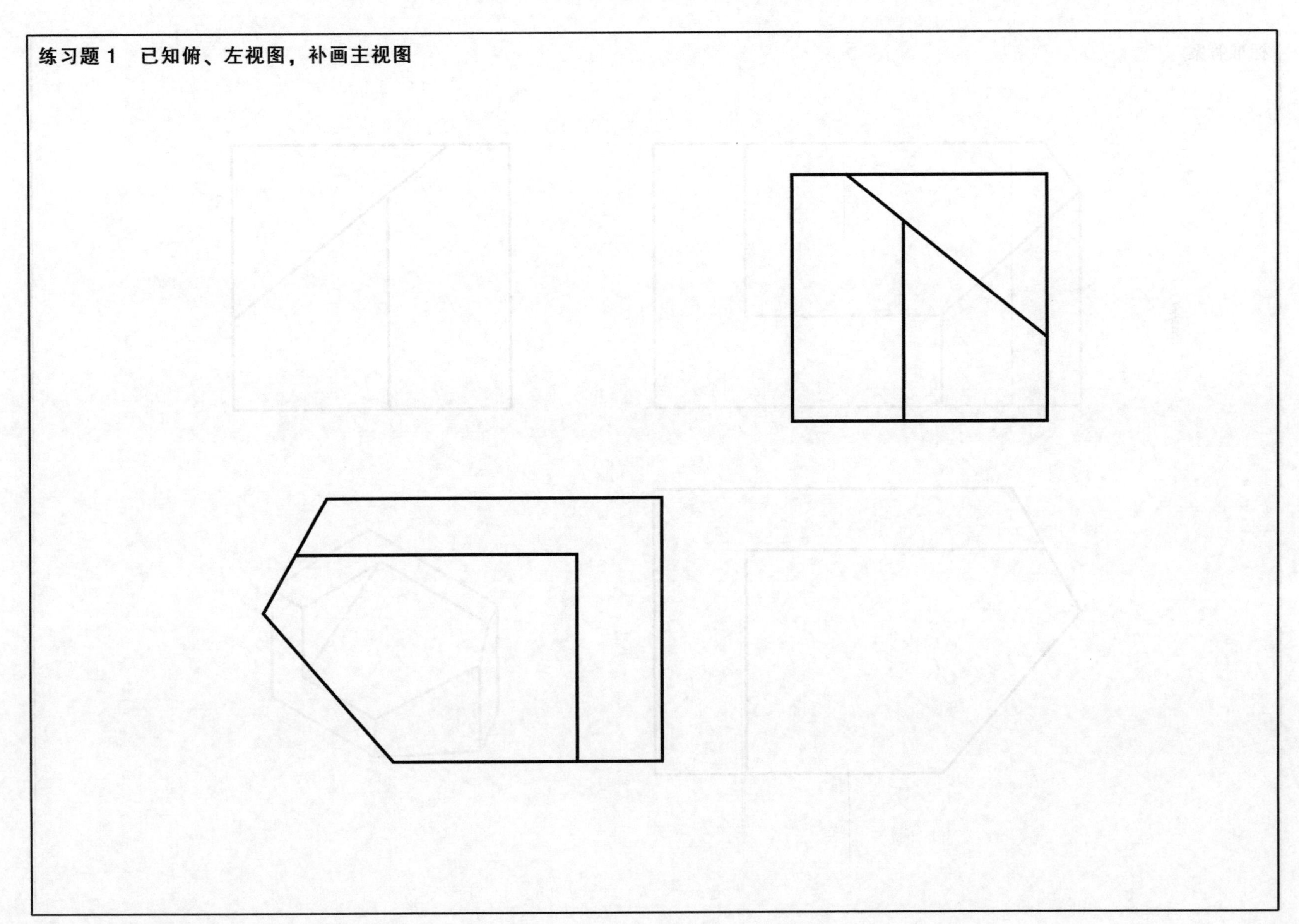

标准答案

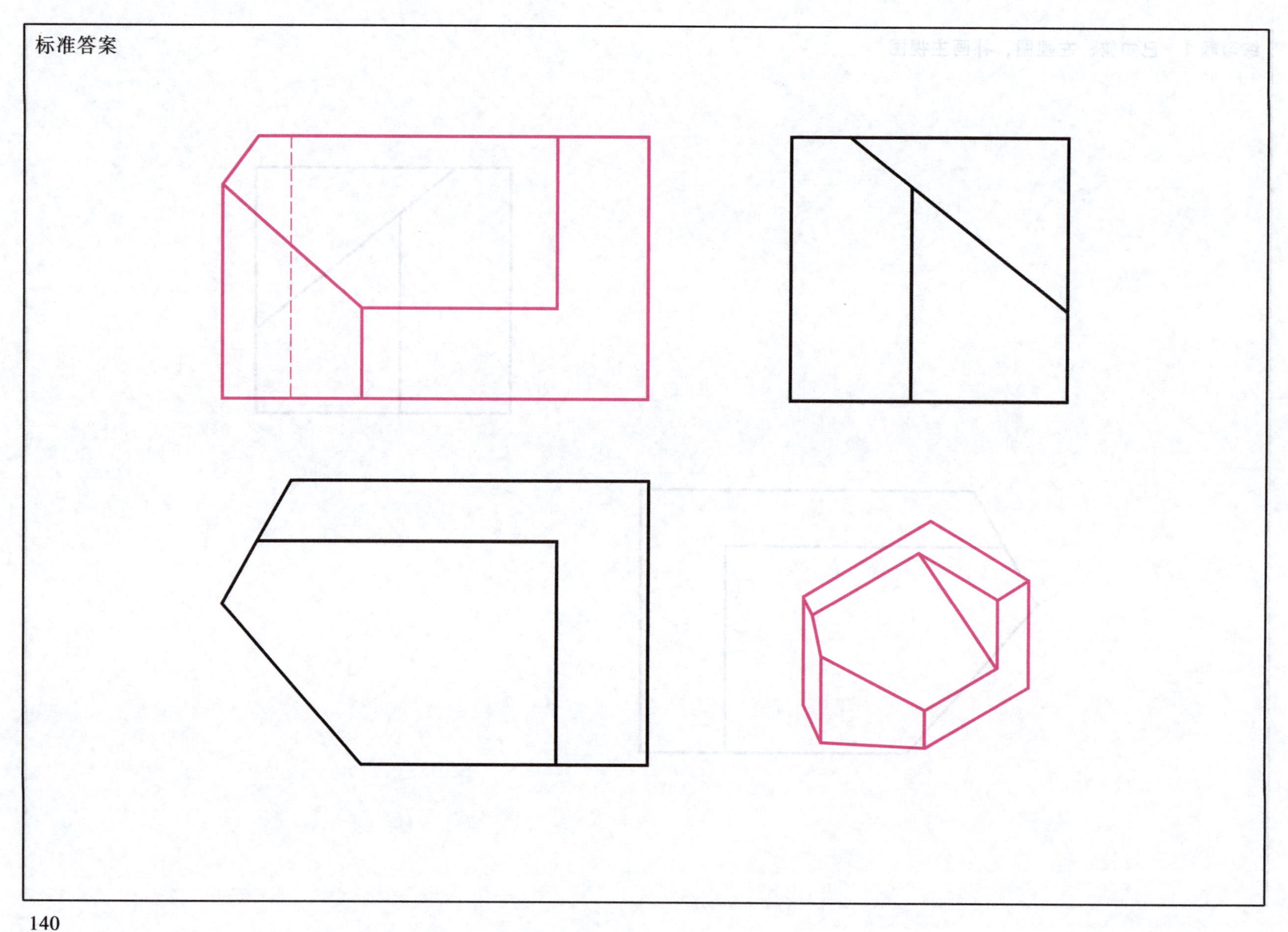

练习题 2　已知主、左视图，补画俯视图

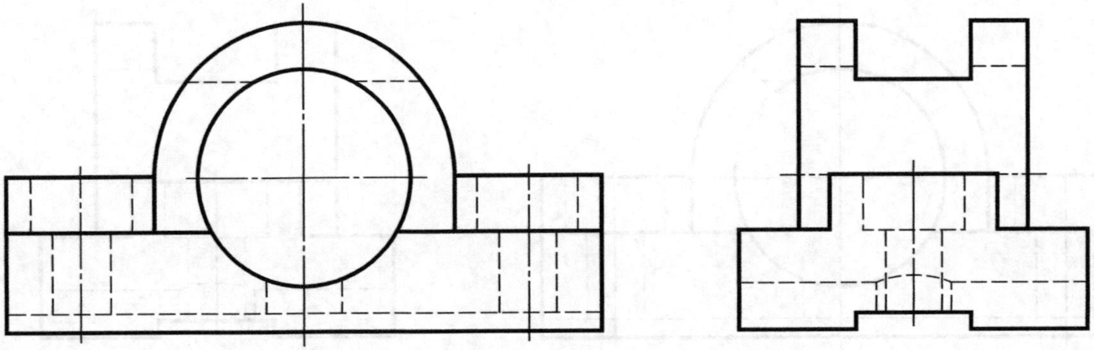

标准答案

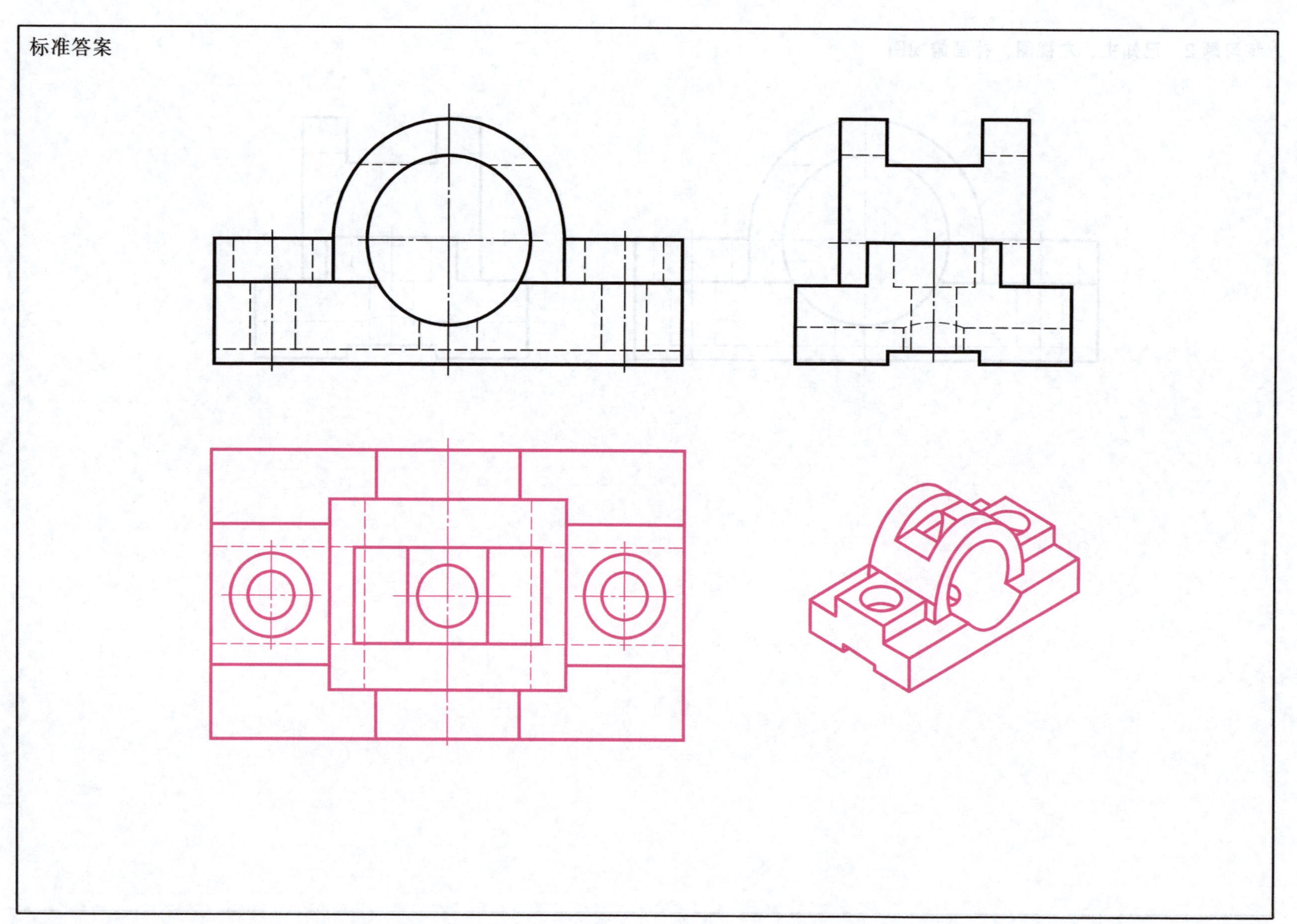

练习题 3　已知主、俯视图，补画左视图

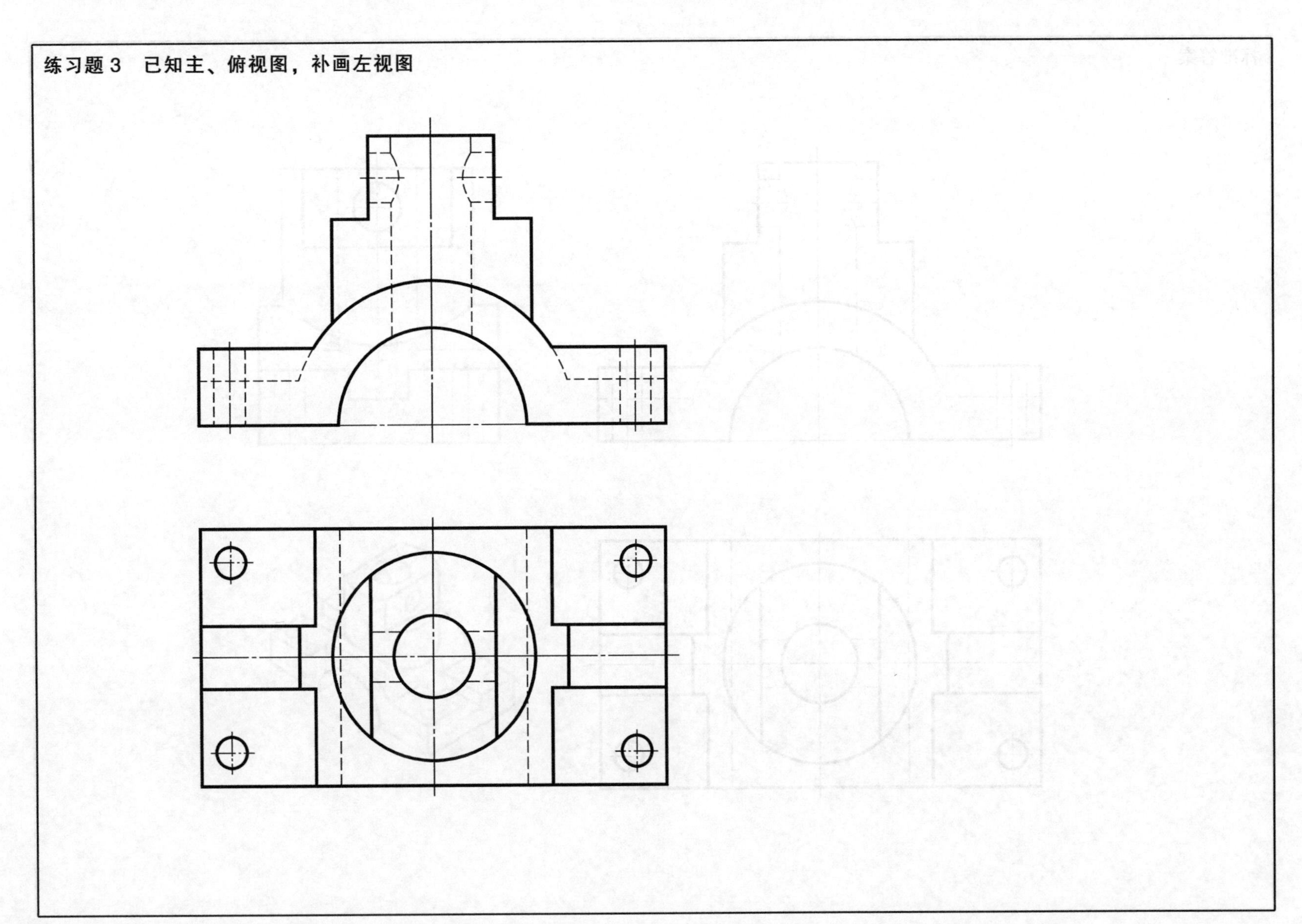

标准答案

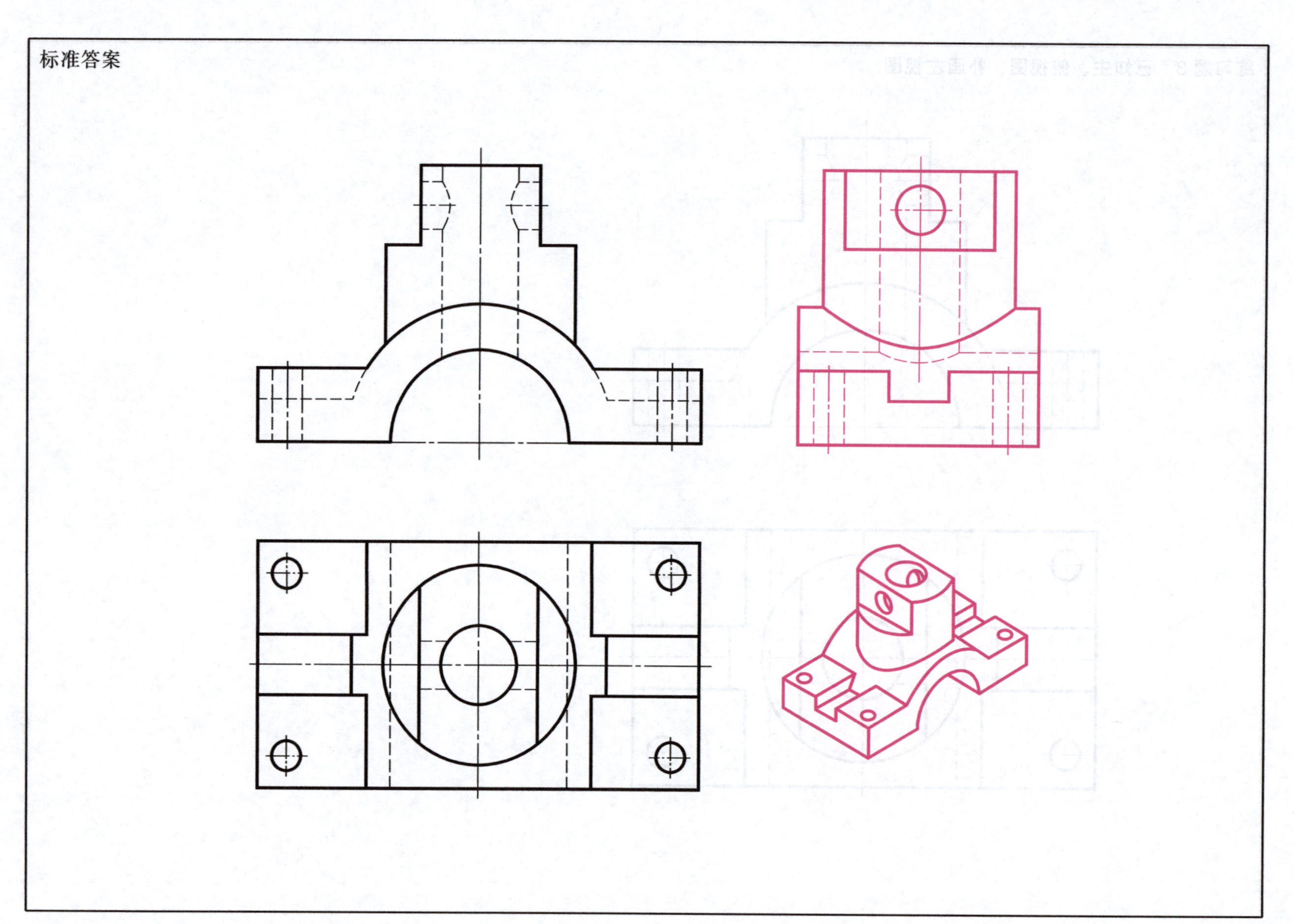

练习题 4　已知主、左视图，补画俯视图

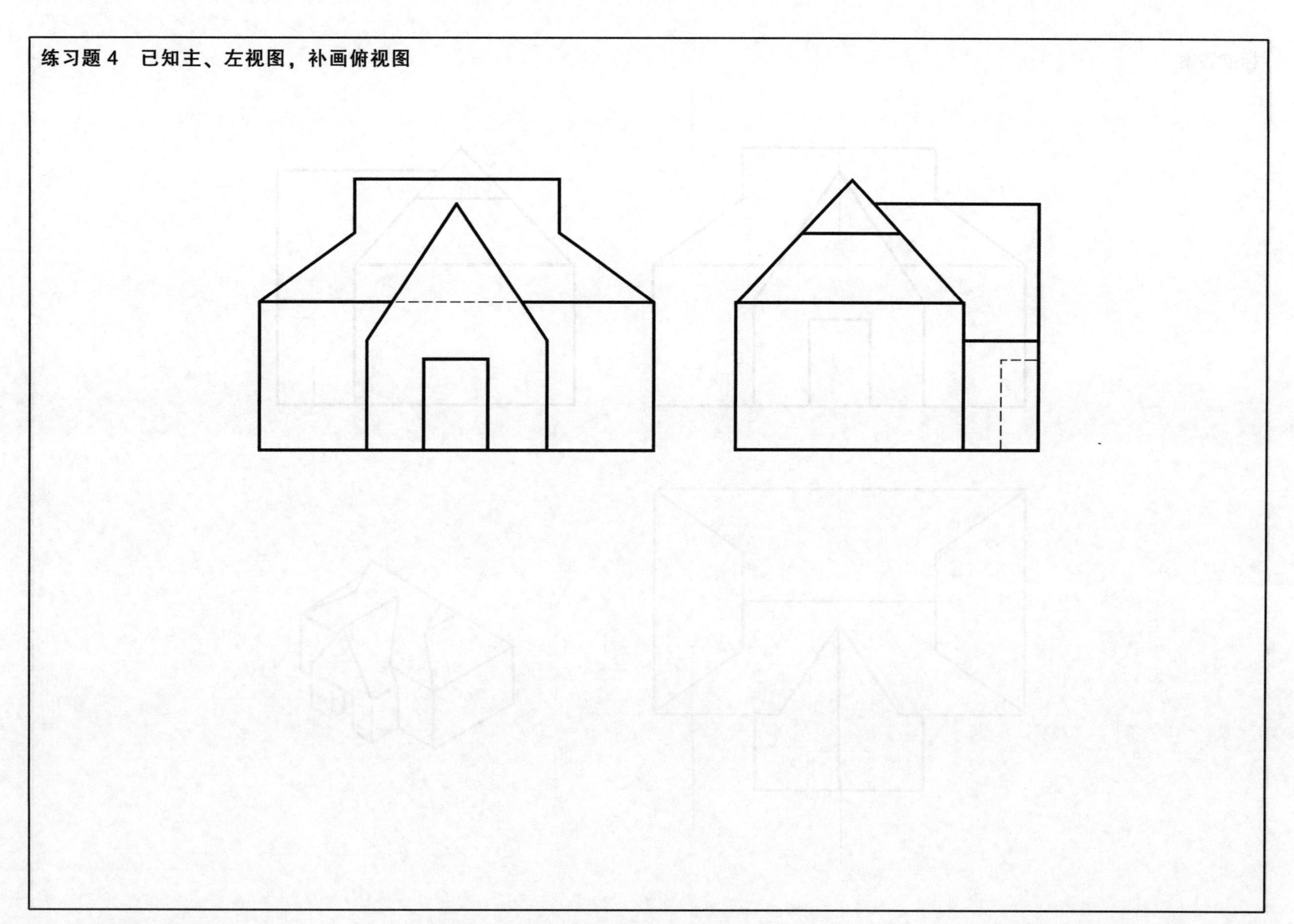

标准答案

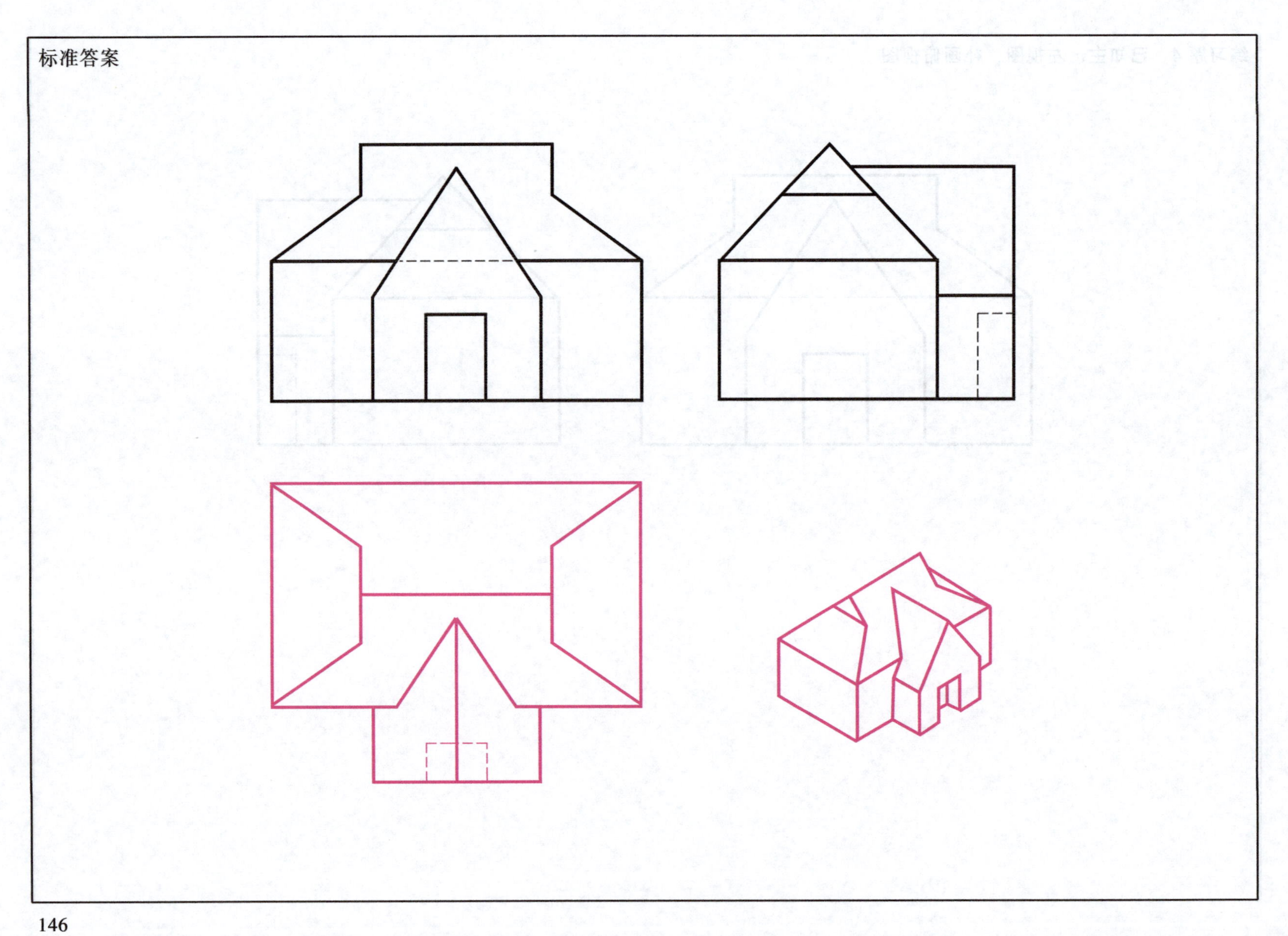

练习题 5　已知主、俯视图，补画左视图

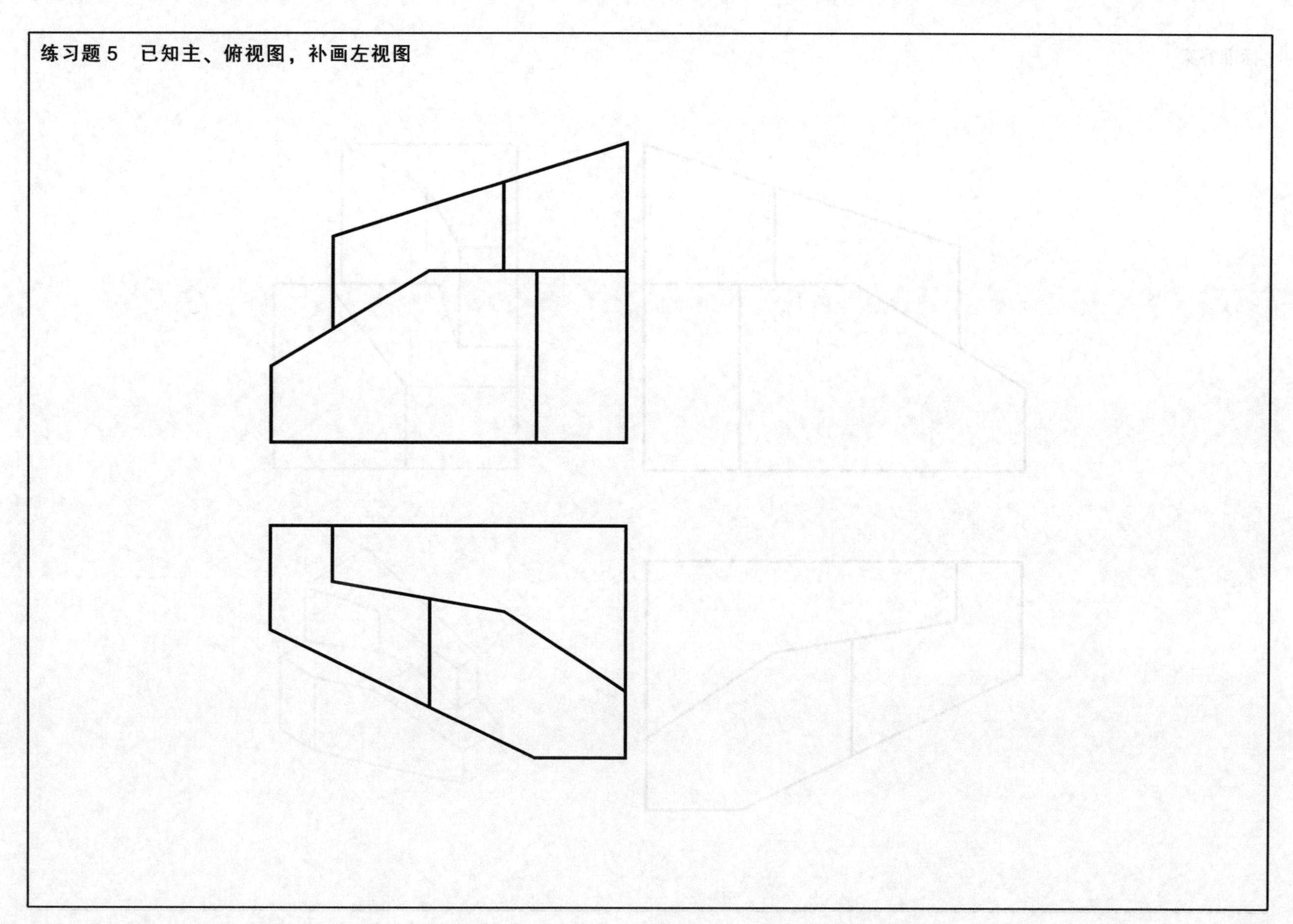

标准答案

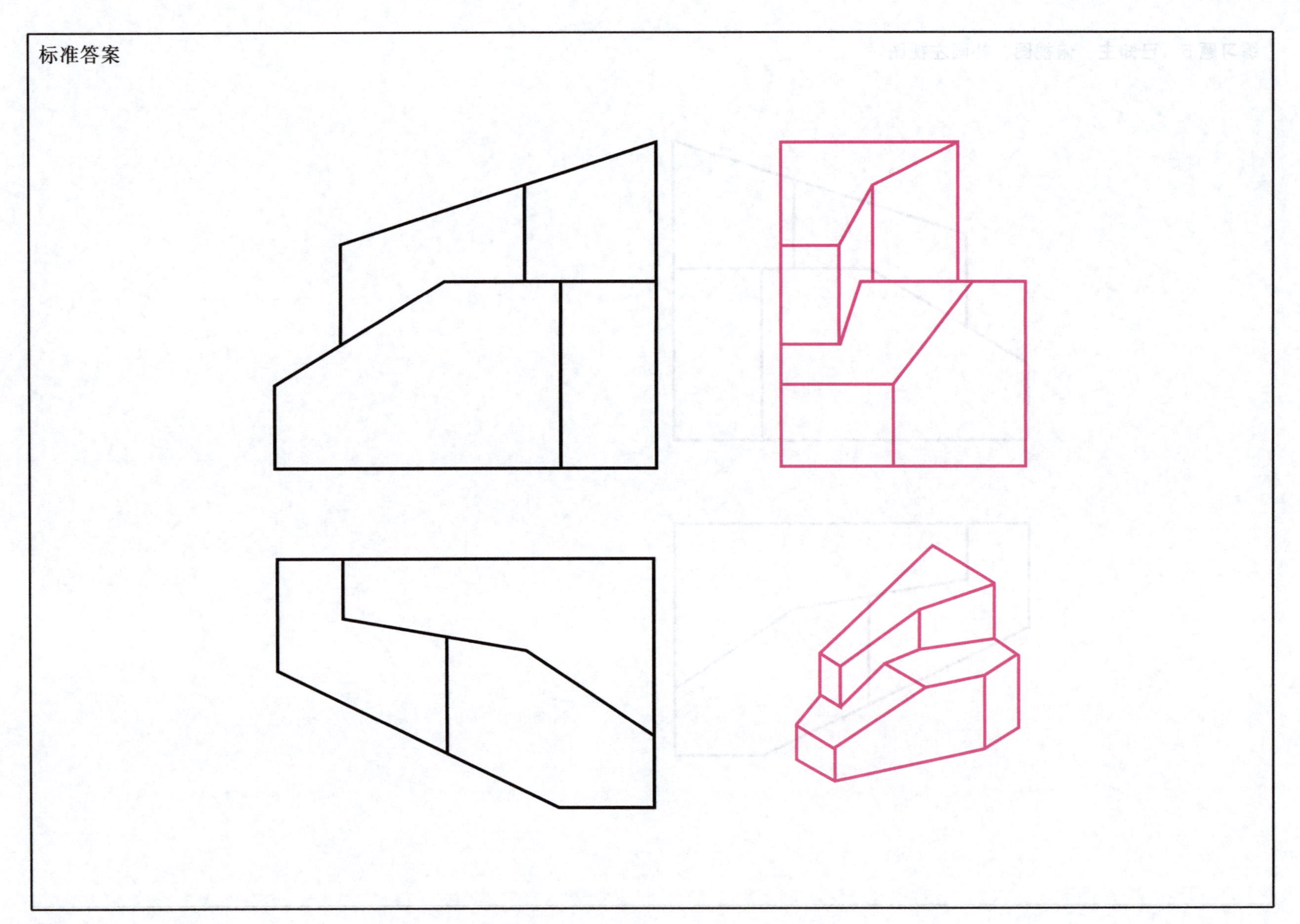

练习题 6　已知主、俯视图，补画左视图

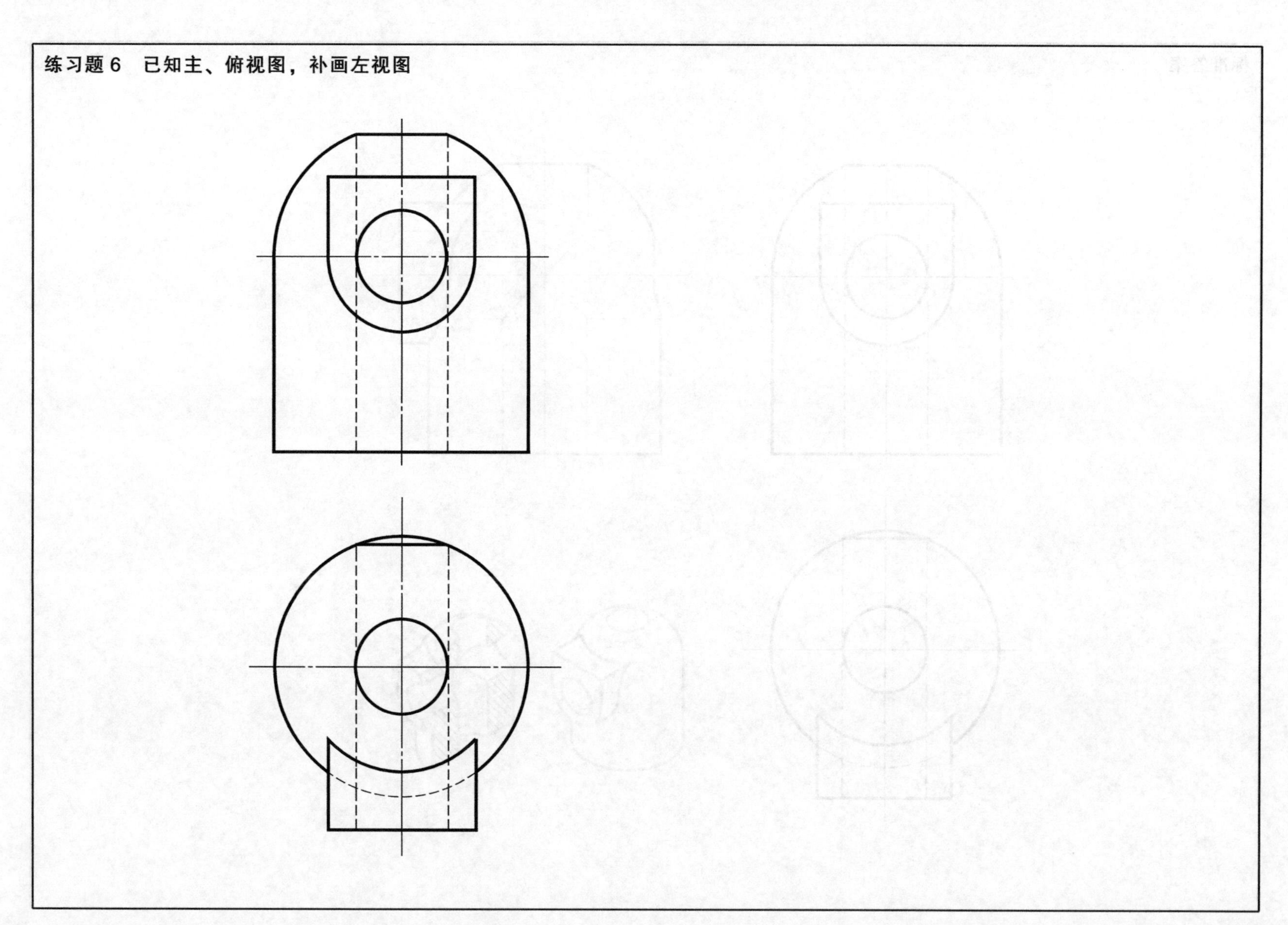

标准答案

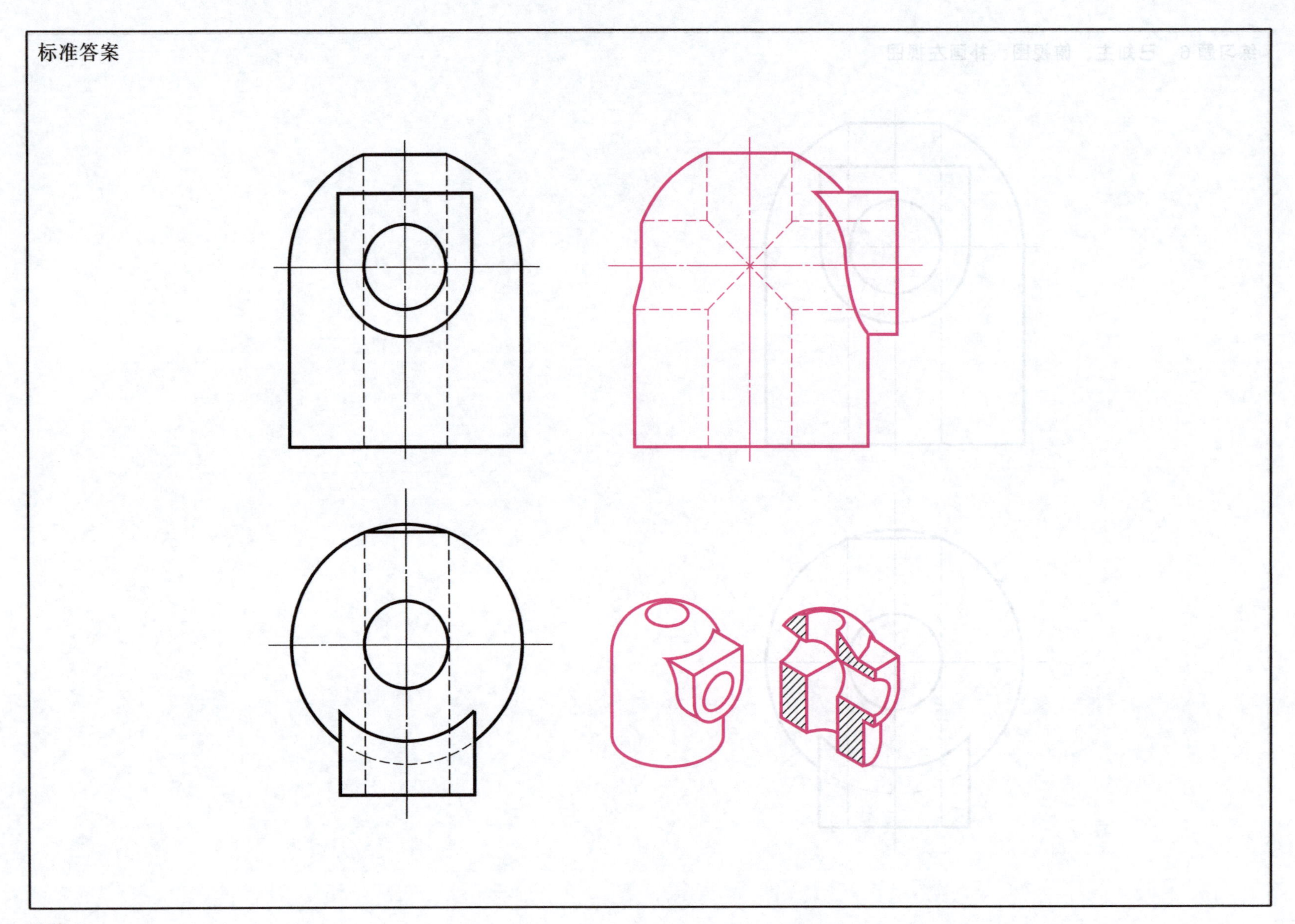

练习题 7　已知主、左视图，补画俯视图

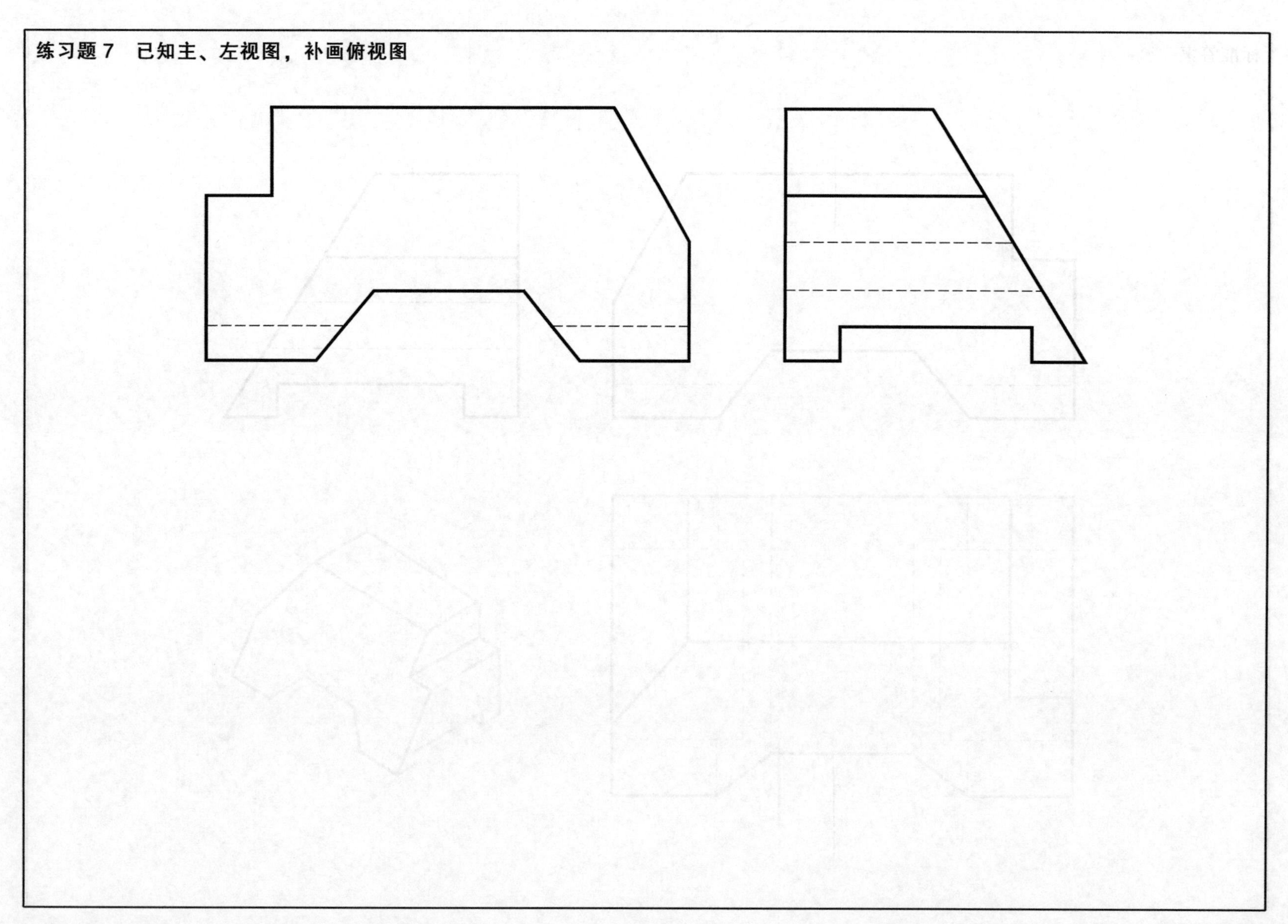

标准答案

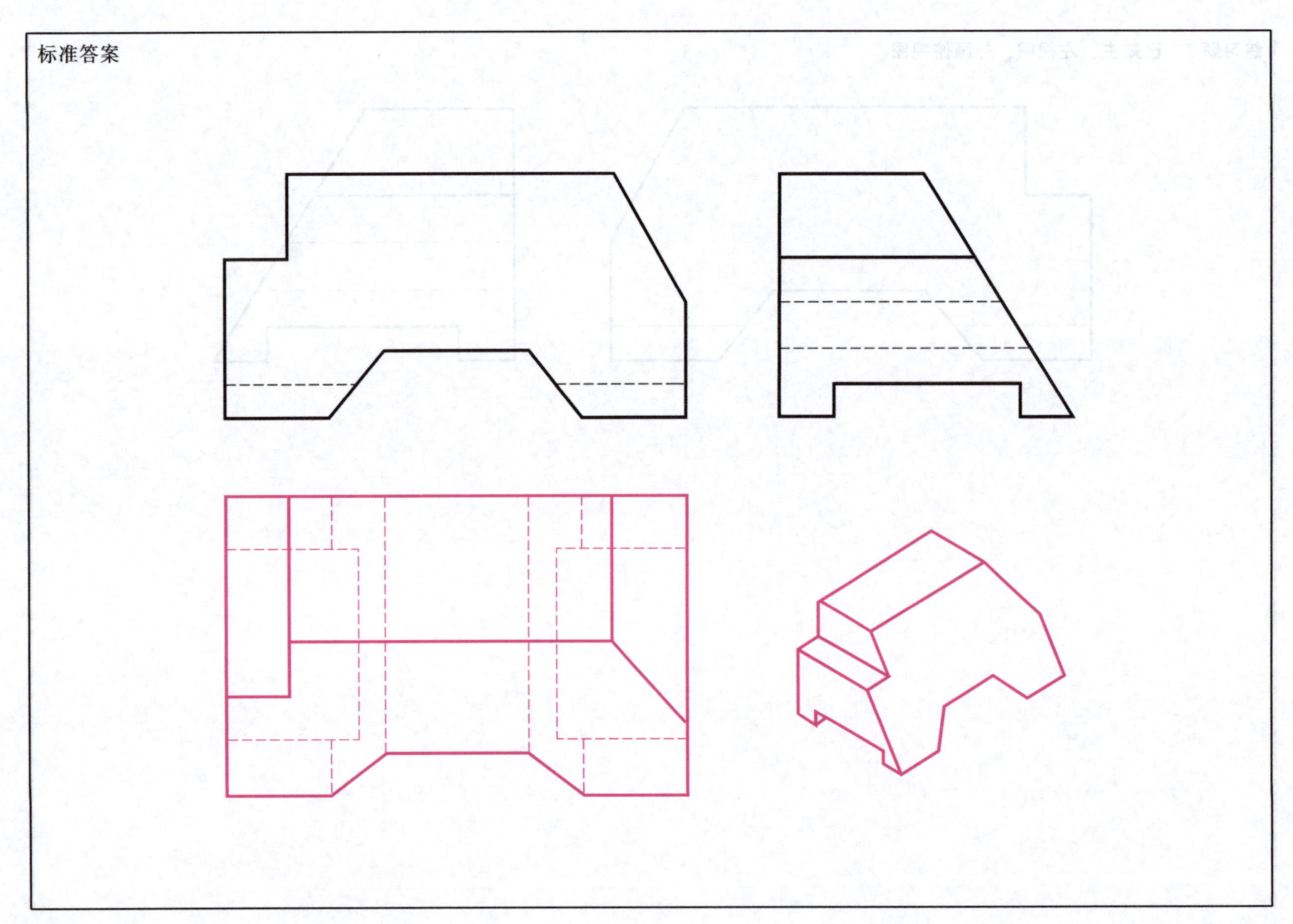

练习题 8　已知主、俯视图，补画左视图

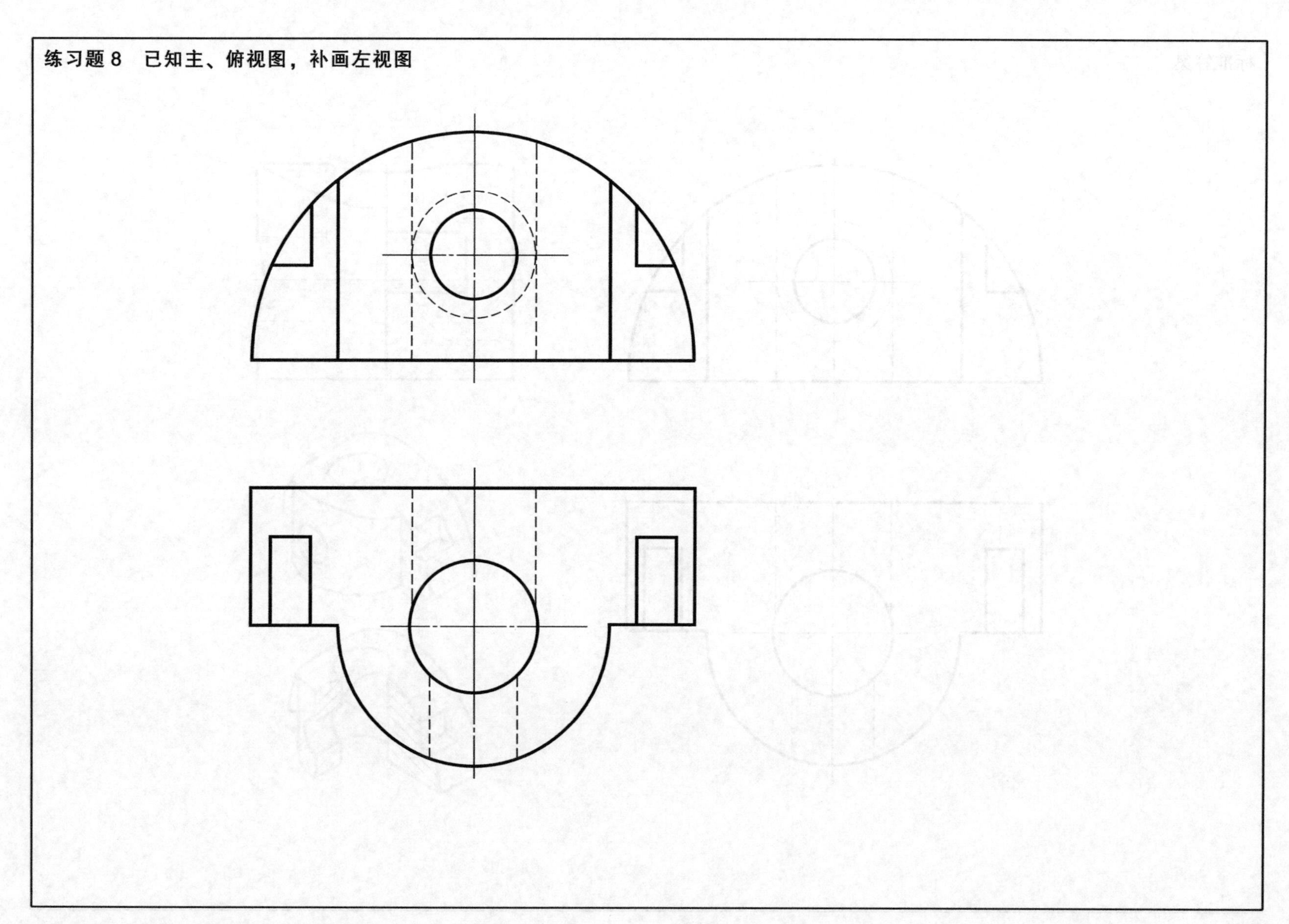

标准答案

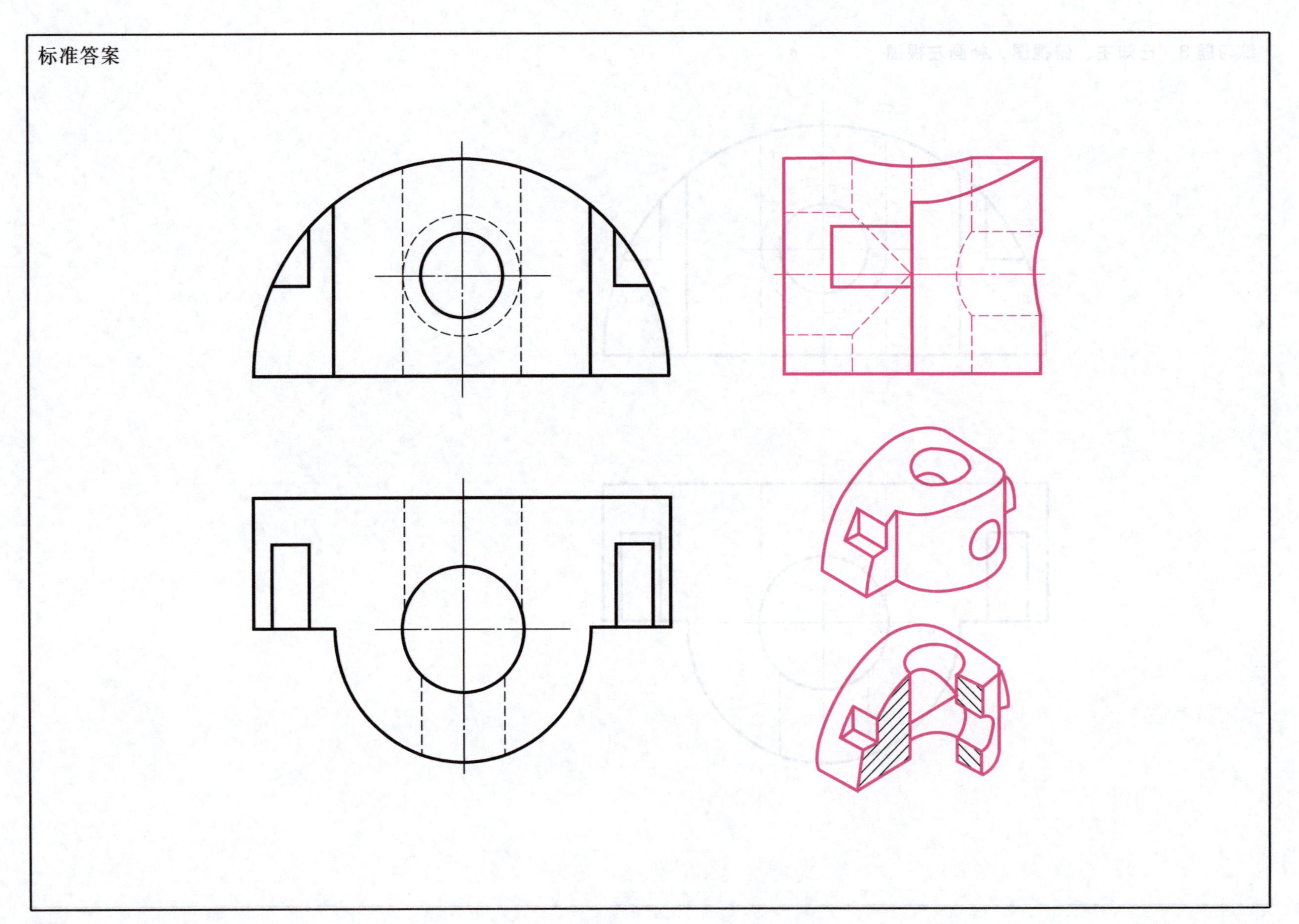

练习题 9　已知主、俯视图，补画左视图

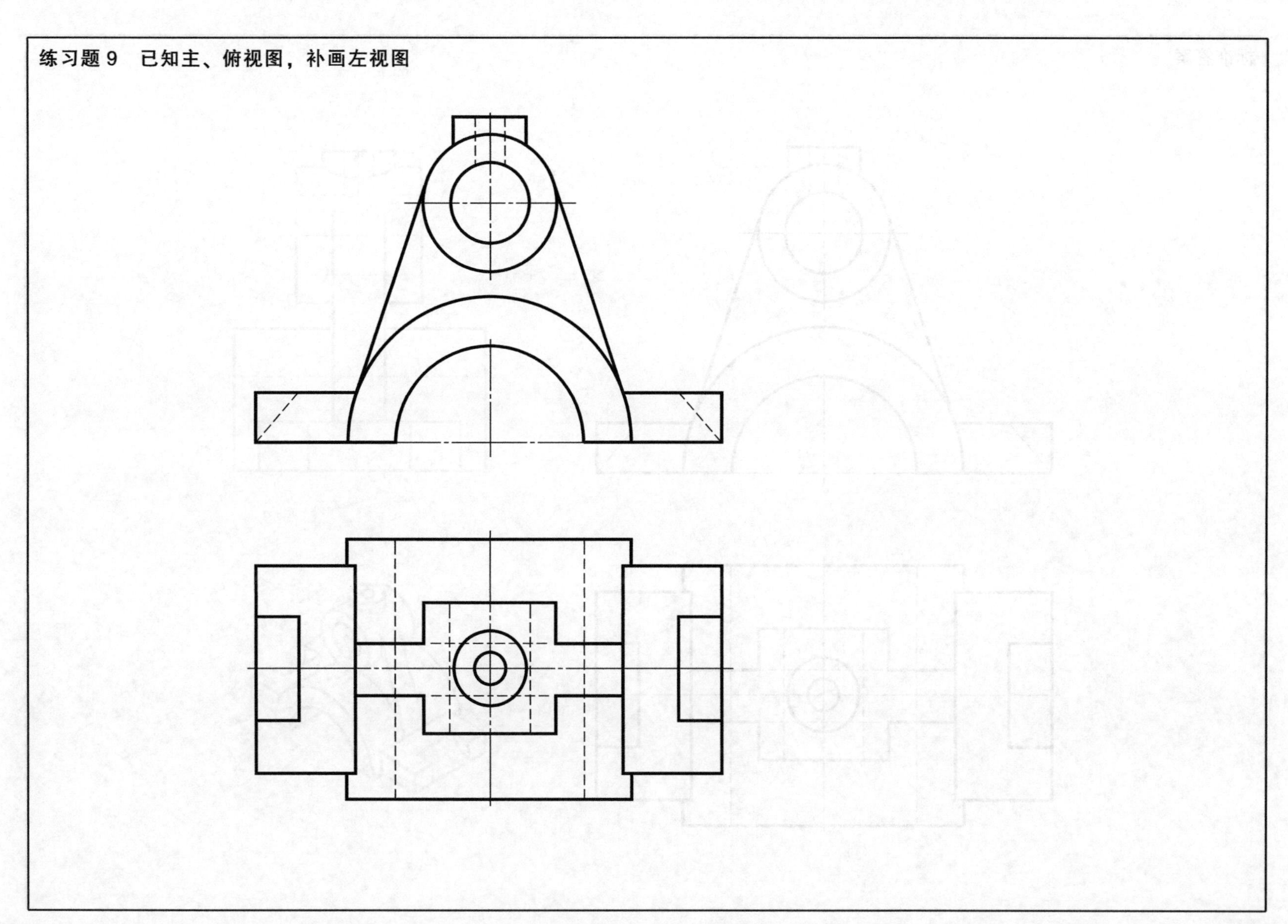

标准答案

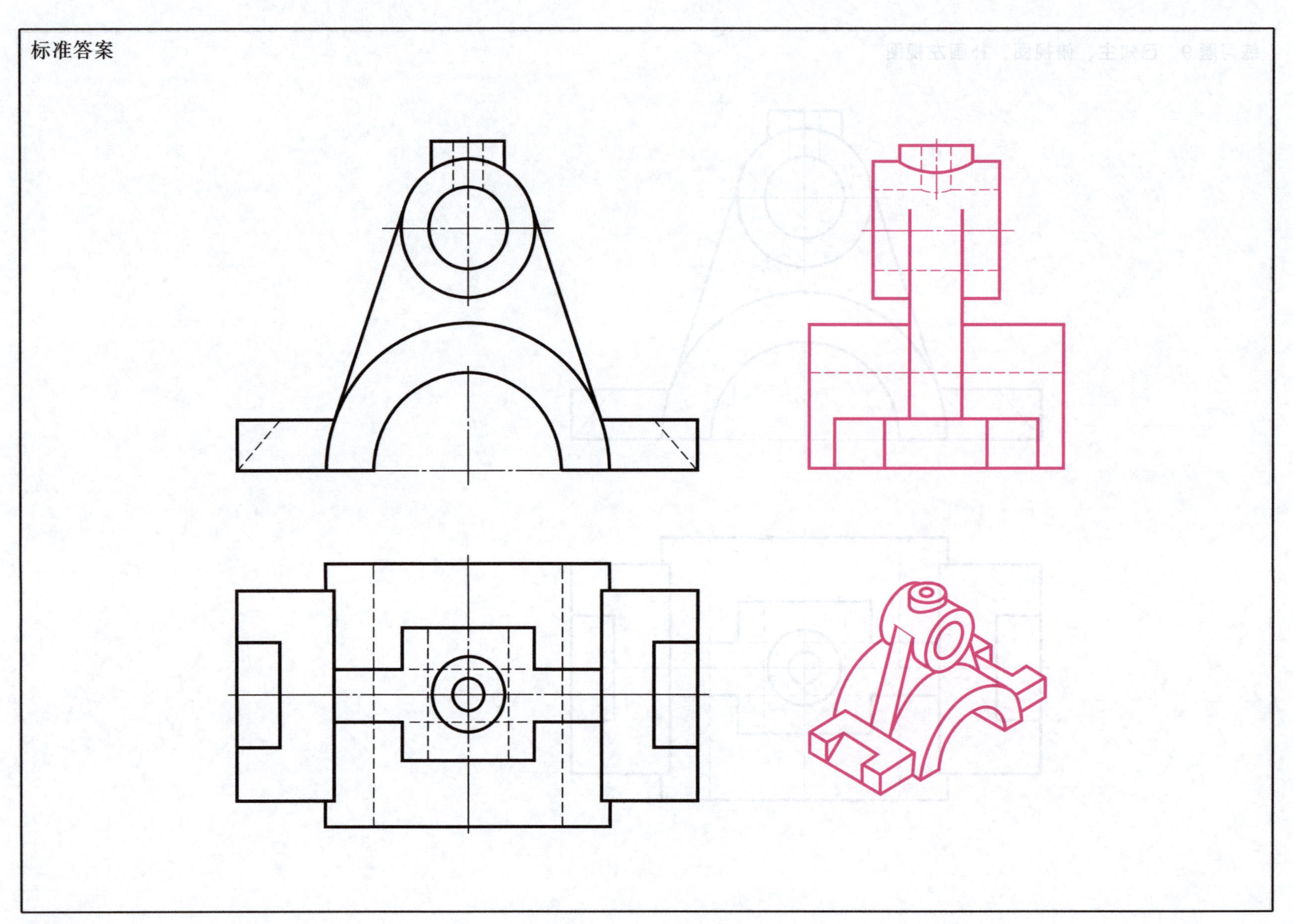

练习题 10　已知主、俯视图，补画左视图

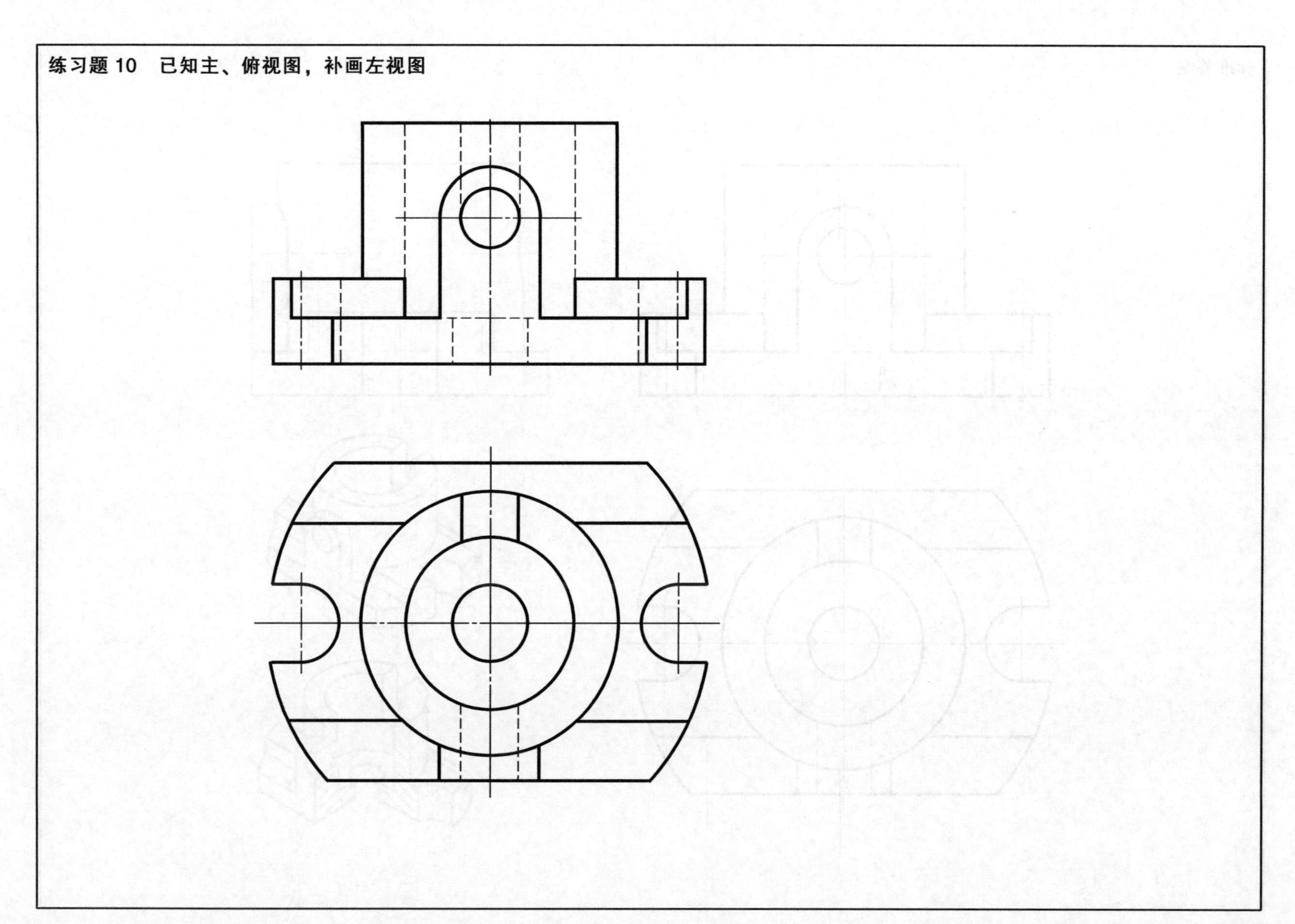

标准答案

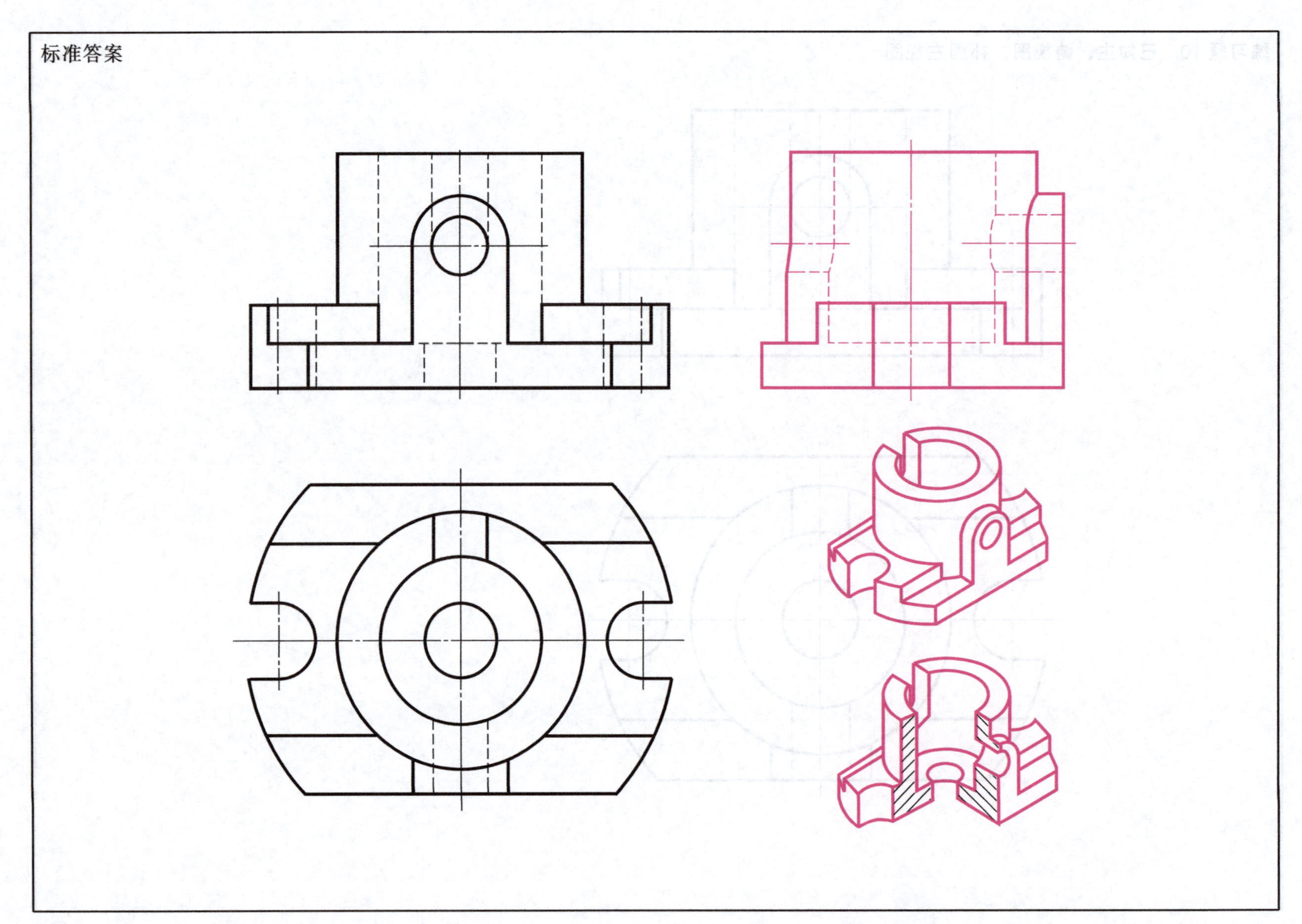

练习题 11　已知俯、左视图，补画主视图

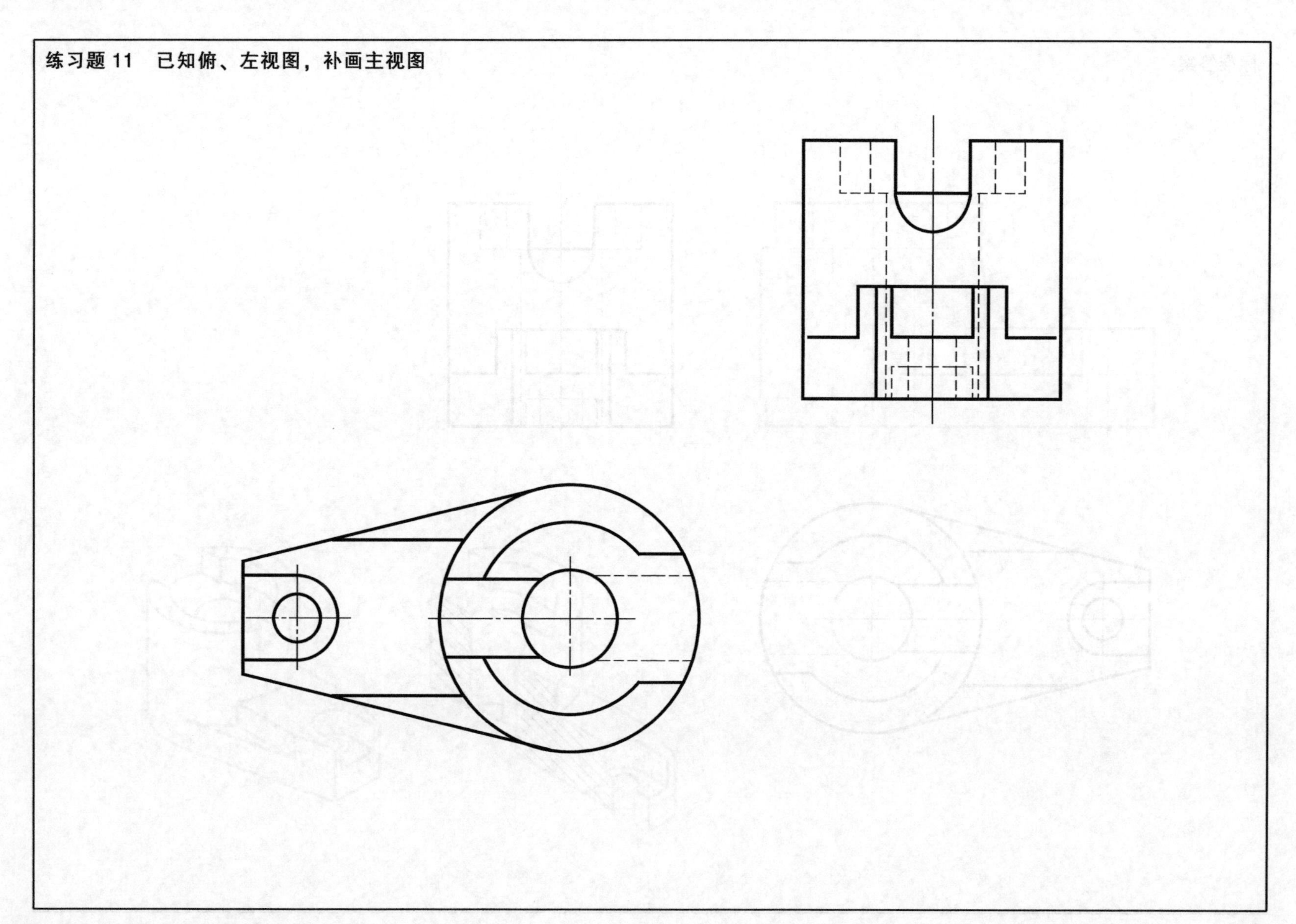

标准答案

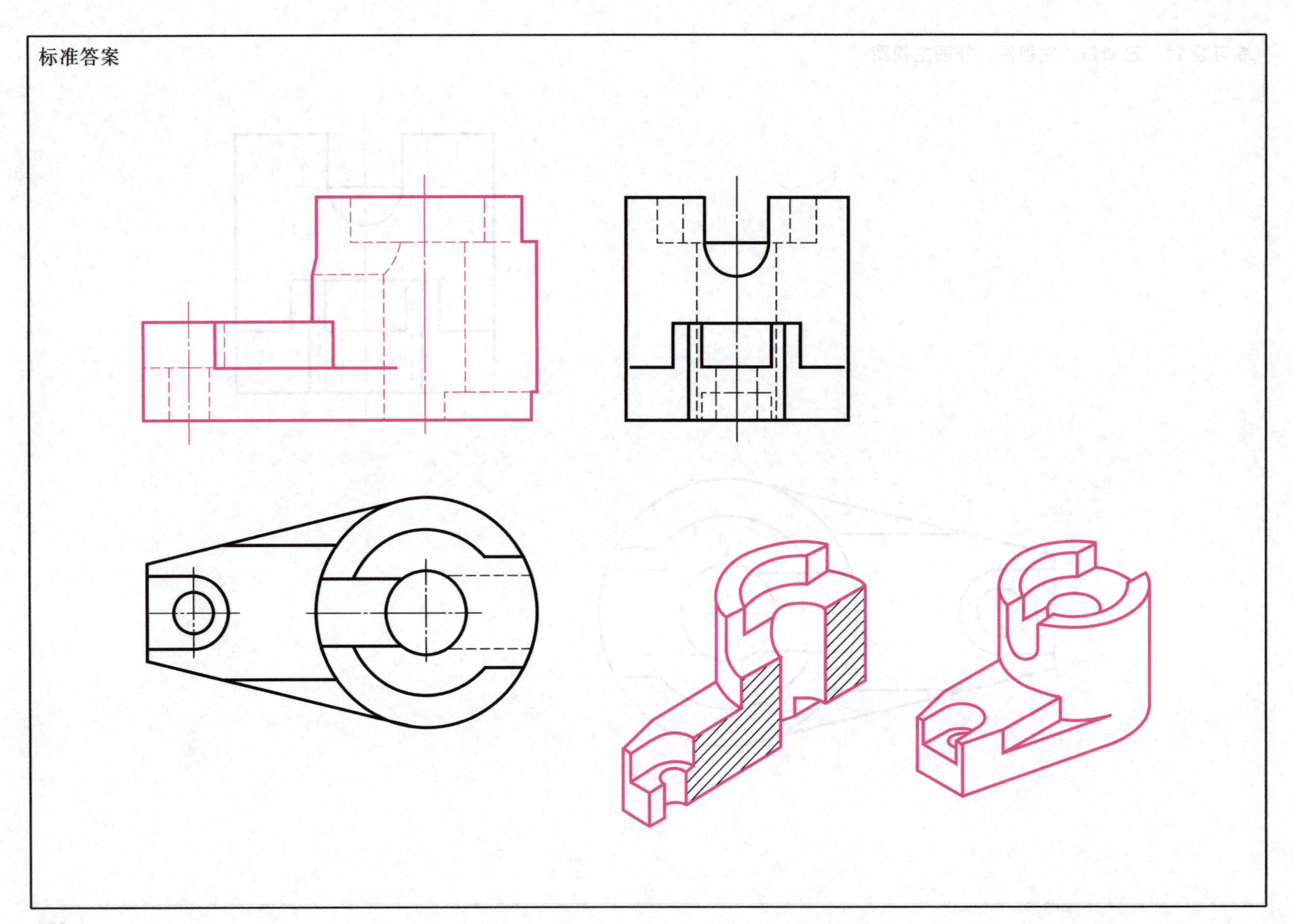

练习题 12　已知主、俯视图，补画左视图

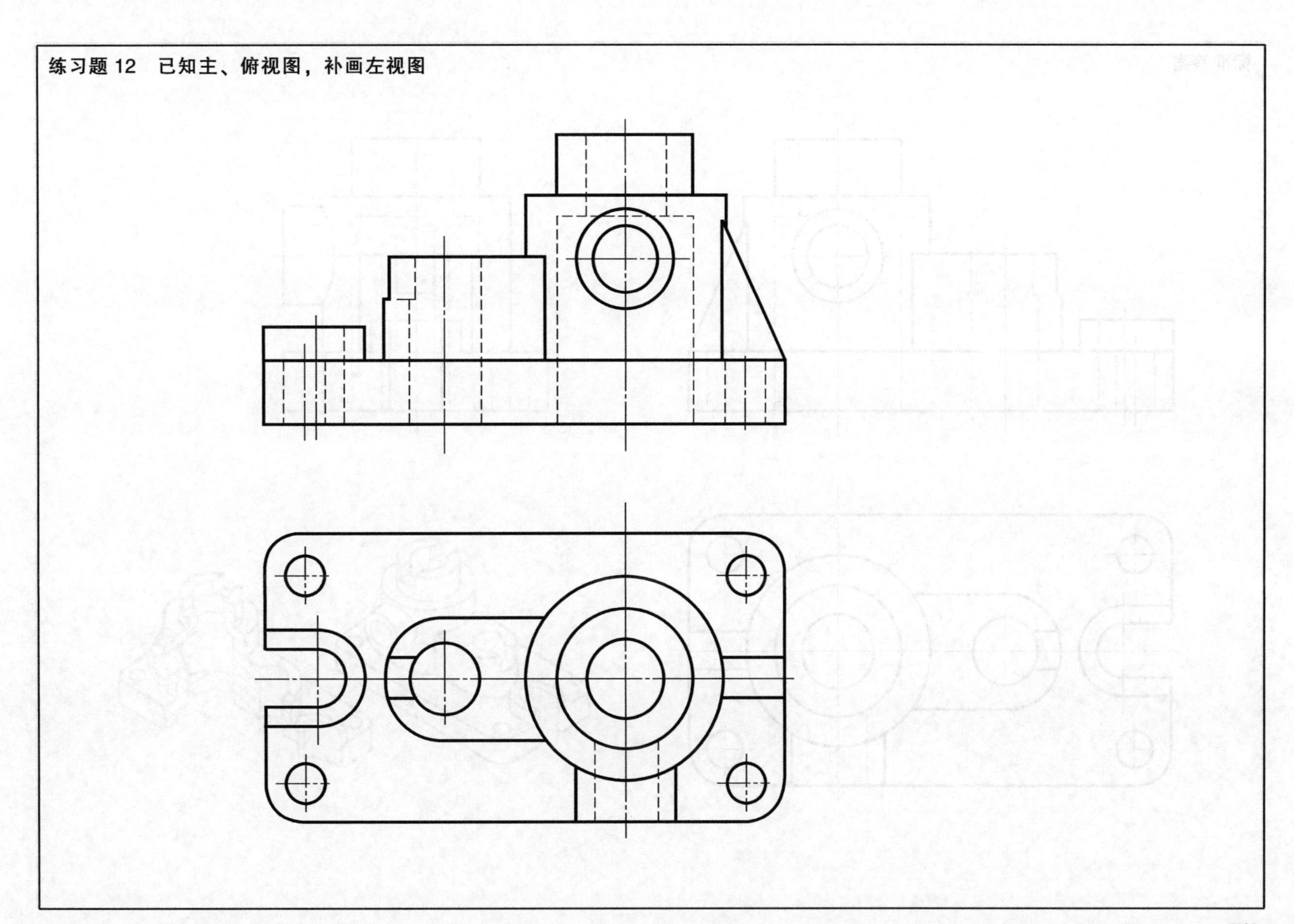

标准答案

练习题 13　已知俯、左视图，补画主视图

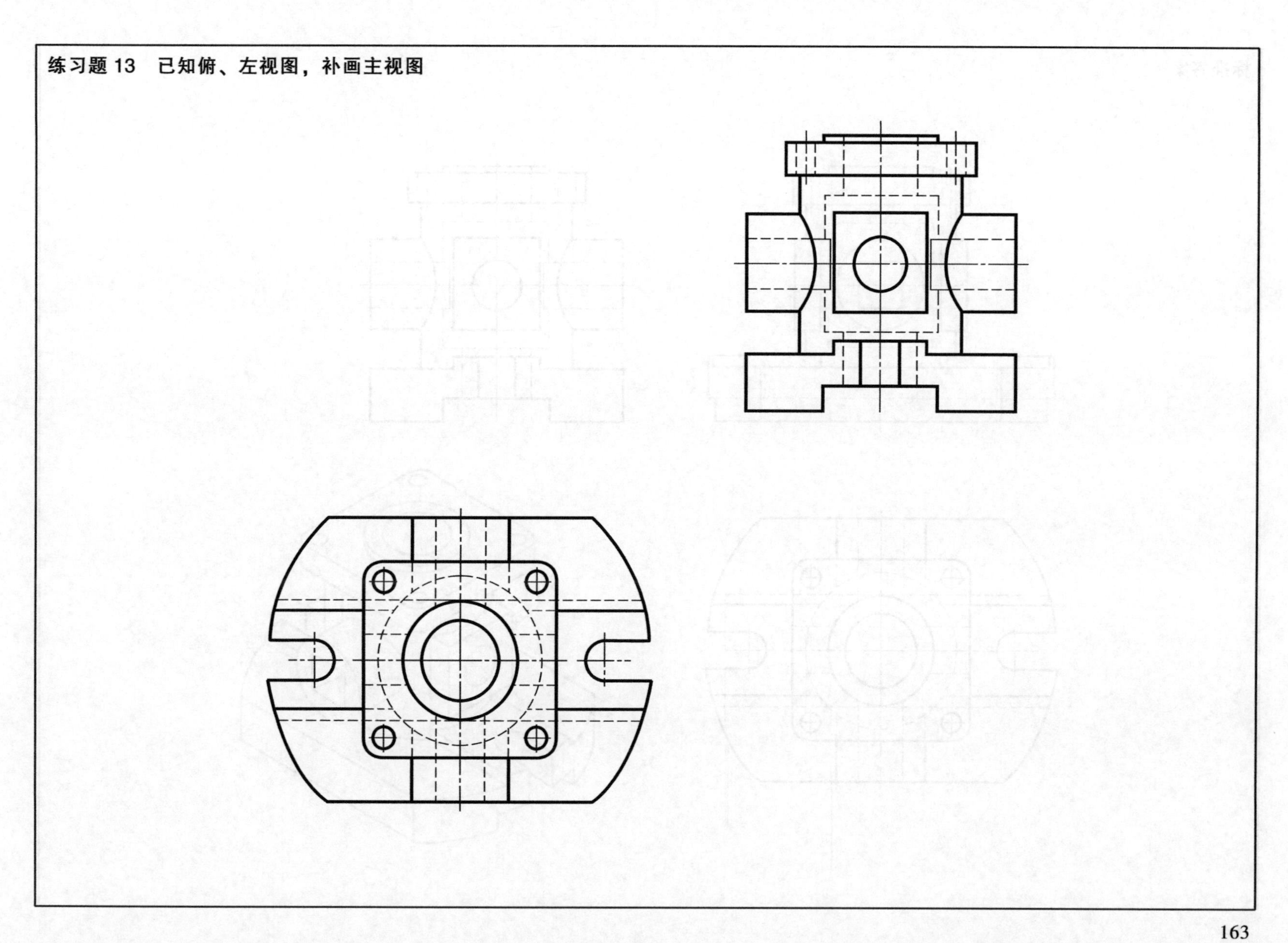

标准答案

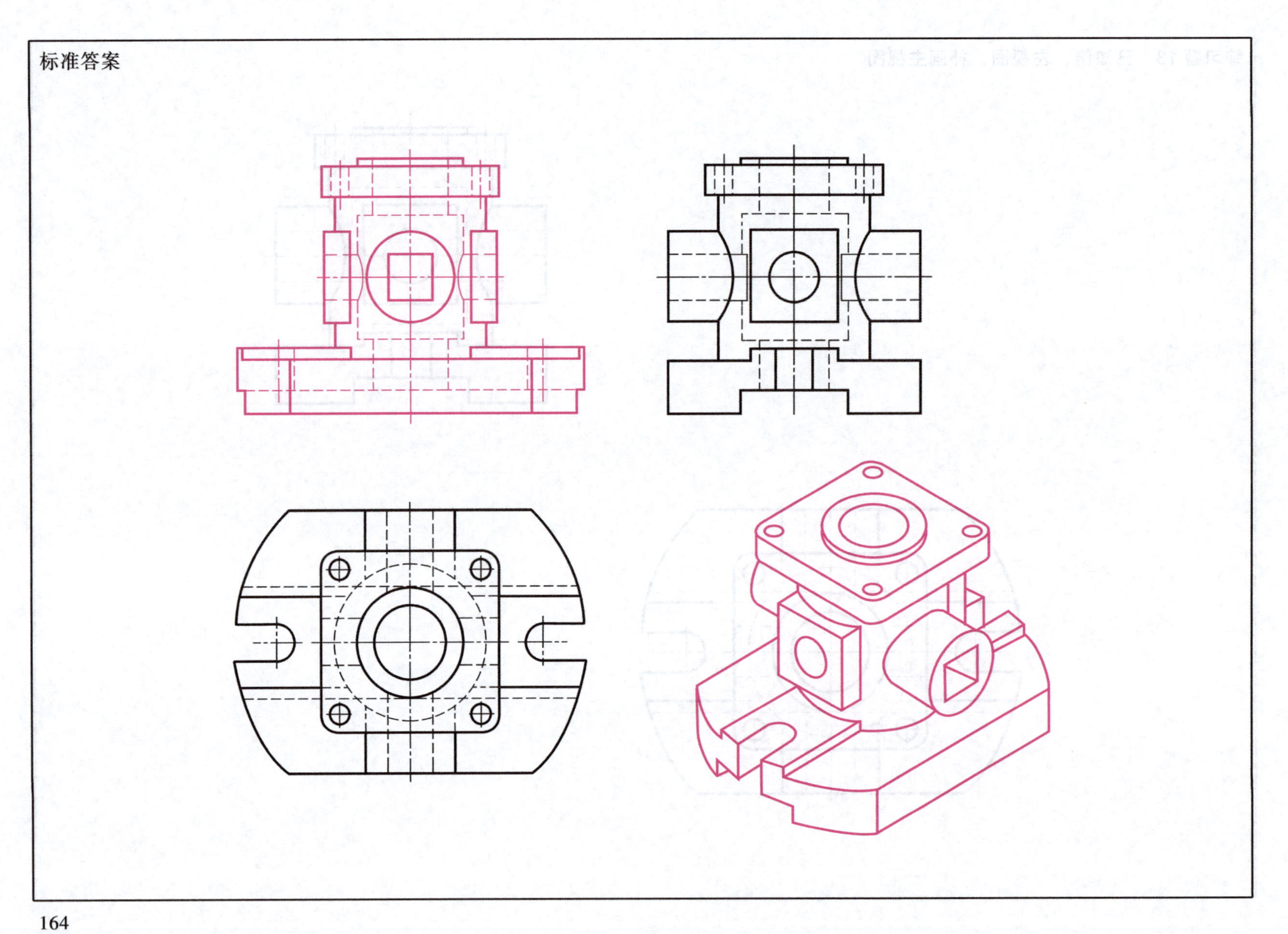

练习题 14　已知主、俯视图，补画左视图

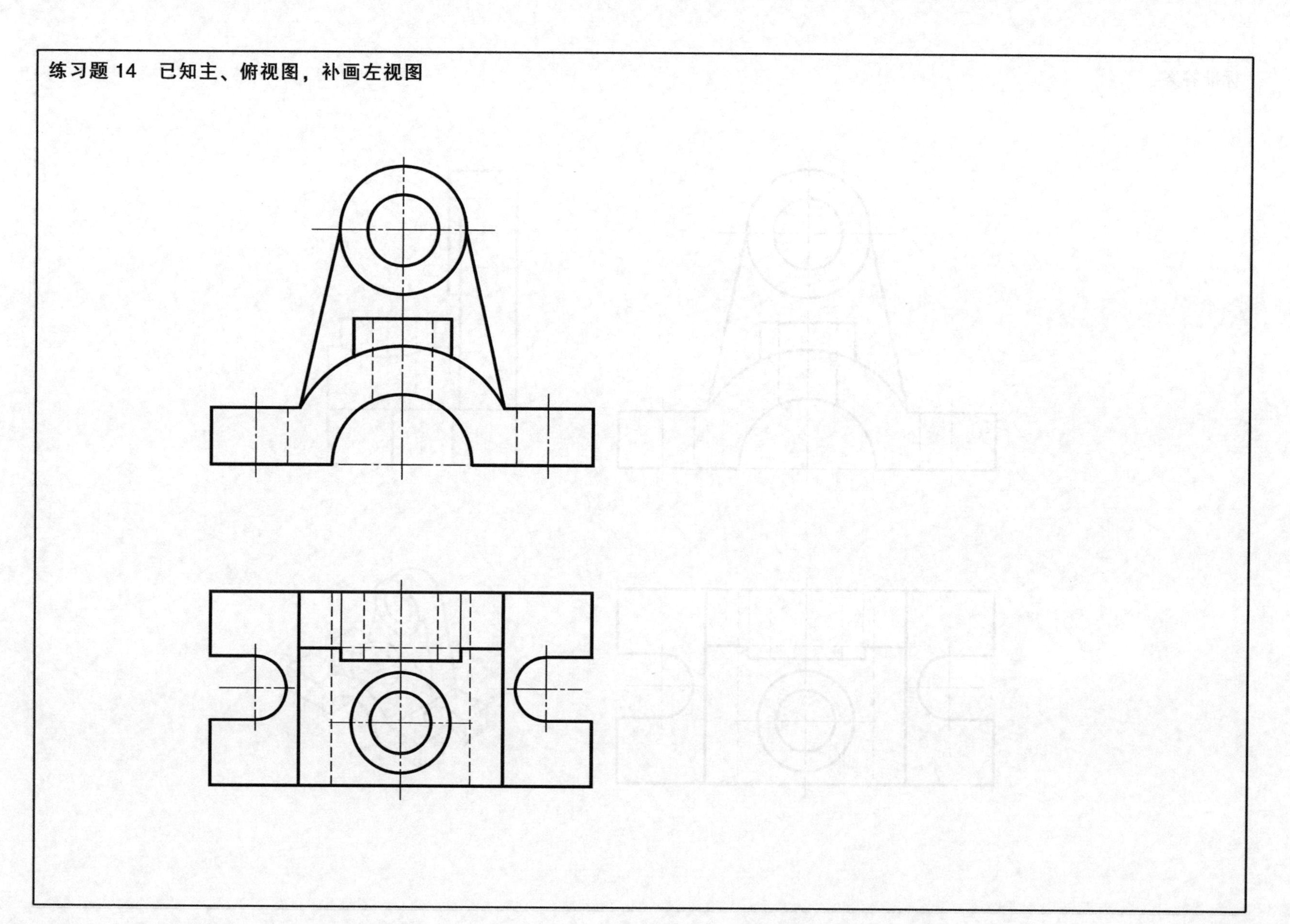

标准答案

练习题 15　已知主、俯视图，补画左视图

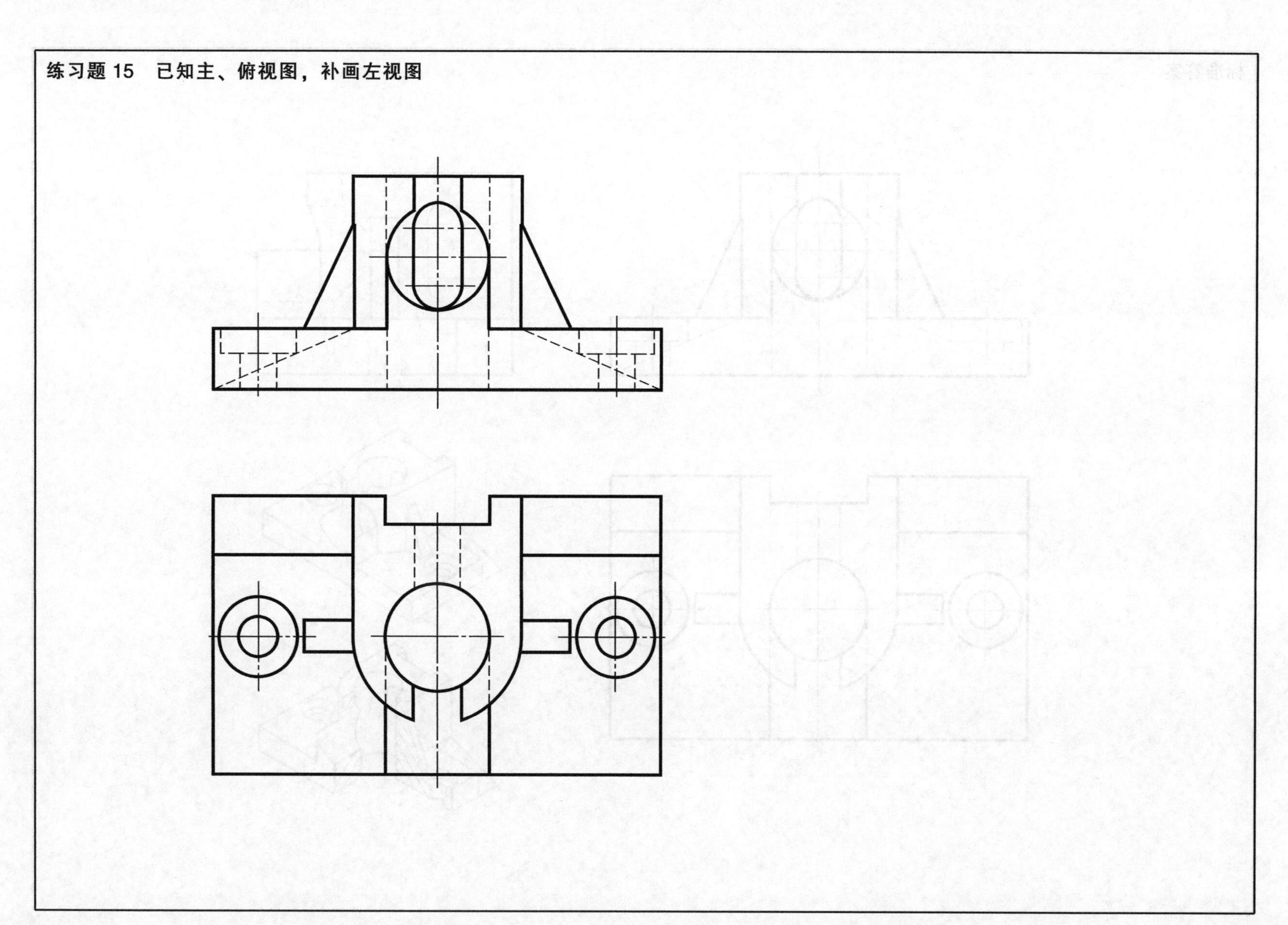

标准答案